UNE MATHÉMATIQUE DE LA PERSONNE

site : www.librairieharmattan.com
e.mail : harmattan1@wanadoo.fr

ISBN : 2-7475-9235-9
EAN : 9782747592352

Alain GUILLON

UNE MATHÉMATIQUE DE LA PERSONNE

L'Harmattan
5-7, rue de l'École-Polytechnique ; 75005 Paris
FRANCE

L'Harmattan Hongrie
Könyvesbolt
Kossuth L. u. 14-16
1053 Budapest

Espace L'Harmattan Kinshasa
Fac..des Sc. Sociales, Pol. et
Adm. ; BP243, KIN XI
Université de Kinshasa – RDC

L'Harmattan Italia
Via Degli Artisti, 15
10124 Torino
ITALIE

L'Harmattan Burkina Faso
1200 logements villa 96
12B2260
Ouagadougou 12

Sciences et Société
fondée par Alain Fuchs et Dominique Desjeux
et dirigée par Bruno Péquignot

Déjà parus

Marie-Thérèse COUSIN, *L'anesthésie-réanimation en France, des origines à 1965.* Tome I : *Anesthésie.* Tome II : *Réanimation. Les nouveaux professionnels*, 2005.

Fernand CRIQUI, *Les clefs du nouveau millénaire*, 2004.

Karine ALEDO REMILLET, *Malades, médecins et épilepsies, une approche anthropologique*, 2004.

Claude DURAND (*sous la dir.*), *Regards sur les biotechnologies*, 2003.

Pierre-Yves MORVAN, *Dieu est-il un gaucher qui joue aux dés ?*, 2002.

Jacques ARSAC, *Y a-t-il une vérité hors de la science ? Un scientifique s'aventure en philosophie*, 2002.

Jean-Georges HENROTTE, *Entre Dieu et Hasard : un scientifique en quête de l'Esprit*, 2001.

René GROUSSARD, Pierre MARSAL, *Monde du vivant, agriculture et société*, 1998.

Alessandro MONGILI, *La chute de l'U.R.S.S. et la recherche scientifique*, 1998.

Godefroy BEAUVALLET, *Un voyage d'exploration en sciences cognitives*, 1996.

Charles HALARY, *Les exilés du savoir. Les migrations scientifiques internationales et leurs mobiles*, 1994.

Sommaire

IV Appendices 237

Préambule

"La mathématique est la science du nombre". Ainsi en décidait Aristote, il y a plus de 2300 ans. Cette formule a soulevé un tel succès qu'elle a pu se propager telle quelle à travers les siècles en sorte qu'elle continue à être promulguée sans le moindre amendement à ce jour. Certes, il faut bien en convenir, pendant très longtemps l'essor des mathématiques a prospéré à peu près exclusivement à travers des notions qui, bien qu'en constituant des extensions considérables, pouvaient se ramener sous la coupe d'une sorte de concept pouvant raisonnablement se ranger sous la bannière de l'épithète de nombre ; et ceci tendait à laisser croire que ce décret devait rester immuable.

Ainsi, et c'est là une prouesse, cette formule a réussi à survivre au bouleversement scientifique et industriel du dix-neuvième siècle, qui pourtant n'a pas épargné les mathématiques. Se sont en effet profilés, dès cette époque, des concepts irréductibles au nombre, tels les ensembles, les groupes et autres structures algébriques, ... et plus près de nous, ont vu le jour des notions encore plus riches comme les catégories. Même les manipulations propres au nombre, comme la continuité, ont été englobées dans des théories bien plus générales dont la topologie constitue une illustration exemplaire. Enfin le point d'orgue est peut-être la mathématisation de la logique, qui aboutit dans le second quart du vingtième siècle aux très grands théorèmes (théorème de Gödel en tête, sur lequel le chapitre 1 ne résistera pas à s'étendre quelque peu), qui, sans doute, feront dire aux âges futurs qu'il s'agit là d'un des plus grands moments de l'histoire de la pensée.

C'est pourquoi, quiconque possédant aujourd'hui quelque culture mathématique contemporaine ne peut reprendre à son compte la proposition d'Aristote. Et pourtant cela n'empêche nullement de la voir remise sur le tapis par nombre de tenants de la philosophie classique. Et bien sûr la tentation est grande, pour les plus virulents du clan mathématique, d'y aller de leur sarcasme envers qui se montre à ce point ignare en la matière.

Évidemment, il est hors de question, ici, d'emboîter le pas à une quelconque polémique, et il est, certes, bien plus judicieux de chercher à décrypter le fond des choses. Et, dans cet esprit, il se trouve que tous ceux qui professent cette formule partagent l'hypothèse qui veut que la nature de l'homme ne saurait en aucune façon se ramener à un quelconque échafaudage prenant appui sur le concept de nombre. Or, malgré toutes les conquêtes de l'univers mathématique, les plus informés profitent de l'observation selon laquelle celles-ci ont tout le mal du monde à transcender le nombre et s'en déconnecter totalement. En effet, par exemple, même en ce qui concerne la logique, la rigueur de la preuve appelle à la rescousse le nombre (les nombres de Gödel).

Que les mathématiques, même dans leurs aspects les plus extrêmes, ne puissent guère se passer du nombre, voilà qui attise toutes les méfiances envers toutes ses éventuelles tentatives à s'aventurer dans la réflexion sur l'homme. La lourde inquiétude qui en résulte chez le philosophe est telle qu'elle finit par adresser aux mathématiques une formelle interdiction à s'aventurer dans quelque propos que ce soit touchant à la nature de l'homme, qui, par essence même, est supposée se situer bien au delà du nombre. Le poids de cet ukase apparaît à ce point insurmontable que, à ce jour, tout discours traitant de l'homme comme "être supérieur" (en tous cas irréductible à une émanation physique), se déroule exclusivement dans le mode de la culture classique[1], lequel se trouve, comme cela apparaîtra plus tard, parfaitement aux antipodes de la veine mathématique.

Mais c'est là qu'une critique d'importance peut s'adresser à ces partisans, car on peut à bon droit juger le résultat de leurs réflexions réellement non probant. D'une part la mathématique, langage exclusif des sciences et techniques, a démontré une efficacité colossale sur la nature physique des choses, et par là déclenche la fascination, et finalement l'incitation à investir le maximum des énergies créatrices en ce domaine.

D'autre part, les rapports socio-économiques des personnes restent évalués à l'intérieur de modes absolument sans lien avec ce moteur, ce qui ramène le niveau de rationalité à un degré fort ténu. Par exemple, à l'aube de l'ère industrielle, aucune argumentation sérieuse n'avait pu être opposée à la quasi esclavagisation des moins doués (ou moins chanceux) ; à l'époque, cet axiome suffisait : c'est la rançon du progrès. Aujourd'hui ce n'est guère mieux semble-t-il, si l'on en croit la masse des personnes qui se laissent toujours convaincre par des ritournelles du type de celle glorifiant celui qui s'est enrichi : "désormais, par ses dépenses, il va faire vivre beaucoup de monde". Donc, il n'y aurait pas de manière plus efficace de faire vivre beaucoup de monde !

Aussi d'une façon générale, voit-on ces rapports socio-économiques qui n'arrivent pas à se dégager résolument de comportements relevant des lois de la jungle, et où l'intelligence sert trop souvent à contourner et devancer un arsenal légal qui s'essouffle en se compliquant à l'infini à tenter d'insuffler des règles de modération.

Et ceci culmine avec le spectacle des professions scientifiques et techniques elles-mêmes où l'on assiste à ce dédoublement de la personnalité assez stupéfiant : d'une part un engagement d'une très haute rationalité dans le contenu du métier, d'autre part des rapports entre les personnes qui côtoient le passionnel en tous genres. Tout se passe comme si les processus à l'œuvre dans les relations entre les personnes restaient totalement déconnectés de l'intelligence qui a présidé aux activités techniques. La démarche du second temps n'a strictement aucun impact sur le premier.

[1] C'est-à-dire la culture rassemblant les domaines qui hébergent les études à prédominance littéraire

Une raison apparaît à elle seule suffisante. Les discours sur l'homme, quels qu'ils soient (du moins tant qu'ils ne se réduisent pas aux mécanismes), se déroulent dans un mode totalement déconnecté de la rationalité mathématique. Dès lors, la surefficacité de celle-ci sur la nature reste sans objet à l'égard du rapport entre les personnes.

Dans ces conditions il est urgent de reconsidérer l'ukase adressé aux mathématiques. Et il n'est pas bien difficile de décliner des motifs qui mettent sérieusement à mal son bien-fondé.

En tout premier, tenter de récuser les mathématiques en cherchant à toute force à les réduire au nombre, cela implique de se situer dans un contexte qui n'accorde qu'un bien médiocre statut au nombre ... ceci en parfaite non-conformité avec ce qui ressort du théorème de Gödel, lequel permet d'énoncer en quelque sorte : l'arithmétique ne tient debout qu'à la condition que cela reste indémontrable. Autrement dit, il est nécessaire que le fait de tenir debout reste inaccessible à toute preuve finie. Dès lors, quel argument pourrait autoriser à plaquer une quelconque mesure sur l'objet que manipule cette arithmétique, alors qu'elle-même échappe à ce point à toute tentative de justification de son fondement ?

Un second point éclaire un peu plus le premier. En effet, que le nombre reste sous-jacent dans les preuves de la logique, théorème de Gödel compris, cela ne préjuge en rien du résultat obtenu. Par exemple, en ce qui concerne ce théorème, le résultat apparaît incontestablement plus que troublant. Par conséquent, le nombre n'est certainement pas cet être au statut prétendument simpliste. Bien au contraire, tout ceci laisse à penser qu'il représenterait une clé efficace pour ouvrir une brèche vers la transcendance de la pensée. Mais est-ce si étonnant de la part d'une notion dont le fondement s'avère finalement inaccessible ?

Une troisième raison peut être considérée comme une assise des précédentes. Dans la démarche philosophique usuelle, l'objectif est de chercher à représenter le contenu intime des choses. La mathématique prend très exactement le contre-pied. Elle cherche uniquement à désigner la spécificité des choses, de la façon la plus exacte et minimale possible. Et de ce fait, le mathématicien, dès qu'il a réussi cette désignation juste, sait fort bien qu'il ne connaît encore que bien peu le contenu même des objets qu'il vient d'appréhender ; et il ne lui fait aucun doute que son savoir est à cet instant autrement plus réduit que ce dont le philosophe espère pouvoir rendre compte. Le nombre constitue d'ailleurs une illustration exemplaire de cette ambiguïté qui explique pour une bonne part le dénigrement dont il est l'objet de la part de la culture classique. Celle-ci le ravale, en effet, à une définition naïve et éculée à laquelle chacun a été rompu depuis son enfance, pour, sans aucun discernement, l'y réduire de façon péremptoire, ceci encore une fois a contrario de ce que les mathématiques savent en produire de bien plus essentiel (le théorème de Gödel en constitue d'ailleurs une sorte de point d'orgue : bien que la logique demeure hautement irréductible au nombre, pourtant cela n'empêche nullement celui-ci d'être appelé à la rescousse pour y peaufiner les preuves). Ainsi, le mathématicien, sait très bien qu'une fois posées ses bases, il ne connaît encore que bien peu de choses sur ses objets. En revanche, il aura un avantage colossal : toute vérité qu'il parviendra à prouver constituera une vérité acquise définitivement, sans aucune remise en cause possible, et ceci pour l'éternité. C'est la source de l'efficacité des mathématiques dans l'emprise de l'homme sur la nature.

D'où l'ambition spécifique de cet essai : simplement chercher à désigner juste, à la façon des mathématiques, ce qui est accessible à propos de la nature de l'homme. Chacun l'aura bien compris ; il n'est nullement question de réutiliser quelque savoir mathématique bien répertorié, et s'acharner à l'appliquer de toute force à la personne. Le projet consiste, tout au contraire, à ne réutiliser que la spécificité des mathématiques, c'est-à-dire ce qui soutend son essence même, pour s'atteler à scruter la réalité intime de l'homme. Il s'agit là d'une entreprise qui ne vise rien moins que cette double perspective. En premier vérifier si les résultats atteints ne laisseraient pas entrevoir quelque trait qui rappelle la surefficacité des mathématiques dans l'emprise de l'homme sur la nature ; et par suite, rétablir une connexion rigoureuse entre d'une part le discours sur la spécificité de la personne et d'autre part les processus qui supportent et alimentent les développements de la société scientifico-technique. Le pari est clair. À résorber le divorce entre le discours sur l'homme et la mathématique, on court le maximum de chances à voir l'efficacité propre, que celle-ci a su démontrer sur le monde physique, faire irruption au coeur même de ce qui régente les relations entre les personnes. Et cela entraînerait au minimum une conséquence de taille qui consisterait à compliquer très sérieusement la tâche de ceux qui persisteraient à tenter de rallier une foule de disciples serviles qui d'une part adopteraient la vision d'un monde continuant à profiter de la rationalité mathématique dans son pan relatif à l'efficacité technique, mais d'autre part se complairaient à bafouer la panoplie de ses conséquences en ce qui concerne la spécificité de la personne.

Première partie

La signification

Chapitre 1

Le nombre

Rien de plus banal, le nombre entier est perçu universellement par l'homme, et ceci très tôt, puisque c'est chose faite chez l'enfant dès l'âge de six à huit ans. Cela veut dire que, dès cet âge, le double aspect caractéristique est entériné, à savoir, le dénombrement infini et son application infiniment diversifiée.

Il est peut-être un peu moins banal de constater qu'aucune espèce animale n'atteint cette potentialité. Malgré tous les efforts qui y ont été dispensés, jamais un réel équivalent à une telle perception n'a pu être observé, y compris chez les espèces les plus évoluées : chimpanzés, gorilles etc..., puisque les bribes de dénombrements qui ont pu leur être inculquées restent non seulement finies mais également rivées aux stimuli par lesquels elles ont été apprises.

Voici donc un objet bien sympathique pour une perspective mathématisante :

- Sa perception semble spécifique à *Homo sapiens sapiens.*
- Sa perception y est universelle.
- Il appartient au domaine du prouvable.

Que cette perception reste le privilège du seul *Homo sapiens sapiens*, laquelle, au moins jusqu'à ce jour, reste rebelle à toute tentative d'apprentissage par une autre espèce, cela pourrait probablement suffire aux yeux de beaucoup pour décréter la non équivalence de toute signification avec le monde physique, telle que va s'empresser de la poser le début du chapitre 2. Toutefois, voici un constat qui ne se montre pas encore suffisamment percutant pour que le mécaniste convaincu se sente ébranlé dans ses certitudes, et encore moins qu'il se voit contraint de jeter l'éponge ; par conséquent, cela nécessite de s'étendre quelque peu sur l'hypothèse assujettissant la perception du nombre entier à ne relever que d'un simple processus physique. Ainsi, paraît-il utile de consacrer tout ce chapitre à une étude technique, et donc quelque peu laborieuse, des conséquences où mène cette éventualité. Et il va s'avérer, finalement, que la vision du monde, à laquelle elle conduit, pourra difficilement se targuer d'être de tout confort en ce qui concerne le point de vue logique. Ceci attribuera davantage de crédibilité au chapitre 2, lorsqu'il va d'emblée prendre le contre-pied de l'axiome mécaniste.

Dès lors, le fil conducteur de ce chapitre peut s'énoncer ainsi : est-il possible que la perception du nombre entier (encore une fois si universelle chez *Homo sapiens sapiens*) puisse être attribuée à une quelconque machinerie finie ? Il va de soi que, puisque le tout se déroule sous le signe du prouvable, il est hors de question de se contenter d'à-peu-près ; et donc la question va se traduire en ces termes quelque peu plus rigoureux : existe-t-il une construction finie de processus mécaniques finis qui permette de décrire un ensemble équivalent à celui des nombres entiers ? Enfin, étant donné qu'existe une définition mathématique que les professionnels reconnaissent comme circonscrivant de façon incontestable cet objet, la question se transforme en fin de compte dans les termes ci-après.

Existe-t-il un ensemble fini de processus mécaniques qui s'avère équivalent à la donnée de la définition mathématique du nombre ? Il existe une réponse évidente : c'est la donnée des axiomes constituant cette définition elle-même. Et ceci délivrerait la réponse finale suivante. *Homo sapiens sapiens* perçoit le nombre entier parce que, d'une façon ou d'une autre, les axiomes de l'arithmétique (comprenant nécessairement ceux de la logique) sont codés dans ses gènes.

Réponse qui, dans la foulée, aboutit à l'interrogation spécifique dont va traiter tout ce chapitre : Existe-t-il une autre solution ?

Apporter à ceci une résolution solide et rigoureuse est loin d'être si simple. Et pour faire reposer la réflexion sur des bases sérieuses, il faut au préalable appeler à la rescousse quelques notions concernant deux sujets indispensables ici, à savoir d'une part la notion de cardinalité et d'autre part quelques notions et résultats clés des théories logiques. La cardinalité dans les ensembles peut s'identifier au nombre de leurs éléments, pour les ensembles finis, et caractériser d'une certaine façon le degré d'infinité dans les autres. Les considérations qui suivent vont montrer l'énormité du matériel qui est requis, quoi que l'on veuille, si l'on prétend pouvoir définir une cardinalité infinie précise, comme l'est celle des nombres entiers[1].

1.1 La cardinalité dans la théorie des ensembles

À titre historique, la cardinalité a été le déclencheur par lequel les mathématiques ont vécu un traumatisme critique, à la fin du dix-neuvième siècle. Elle est apparue comme le révélateur du fait selon lequel des contradictions pouvaient apparaître, ce qui en logique mathématique entraîne l'effondrement inexorable de tout l'édifice. C'est en fin de compte à cause d'elle que les mathématiciens se sont investis avec tant d'acharnement dans la mathématisation de la logique, ceci avec l'espoir de pouvoir fonder rigoureusement leur discours.

La cardinalité repose sur la notion de bijection, elle-même cas particulier de la notion d'application. Une application d'un ensemble E dans un ensemble F est une correspondance qui, à tout élément de E, associe un et un seul élément de F. Si on note f cette application, l'élément de F qu'elle associe à l'élément x de E est dénoté $f(x)$. On dit aussi que $f(x)$ est l'image de x par f.

[1] Le lecteur qui, dans un premier temps, ne souhaite pas se plonger dans ces considérations mettant quelque peu à l'épreuve les neurones régissant la logique, peut se reporter directement à la section titrée : Discussion

Une application est une bijection si la correspondance est bi-univoque. Plus précisément il existe une autre application de F dans E (donc agissant dans le sens opposé), appelée application inverse et notée f^{-1}, qui, à tout élément y de F, associe un et un seul élément x de E, qui sont tels que l'élément associé à x par f soit y très précisément[2]. Autrement dit, intuitivement, une bijection est une application qui s'avère en mesure d'établir une correspondance terme à terme entre deux ensembles, et qui soit exhaustive pour chacun des deux.

Sur les applications, on définit une opération appelée composition. Soient E, F, G trois ensembles, f une application de E dans F, et g une application de F dans G. On appelle composition de f par g l'application de E dans G définie ainsi : si y est l'élément $f(x)$ de F, l'élément $g(y)$ est l'élément de G associé à x par la composition de f par g, et il est noté $z = g(f(x))$[3].

Or si f et g sont toutes deux des bijections, leur composition est également une bijection. En effet, si f est une bijection, elle a une application inverse f^{-1} telle que $x = f^{-1}(y)$; de même si g est une bijection, il existe g^{-1} telle que $y = g^{-1}(z)$. Or la composition des deux donne $x = f^{-1}(g^{-1}(z))$.

Ainsi donc s'il existe une bijection entre E et F, et une autre entre F et G, il en existe donc une entre E et G. On dit que la bijection établit, via la composition, une relation d'équivalence entre les ensembles.

Qu'est-ce qu'une relation d'équivalence? Une classe générale de relations, tout particulièrement choyée dans la théorie des ensembles, est constituée de celles qui ont pour unique caractéristique d'être transitive. Cette propriété n'est rien d'autre que la généralisation de la vertu élémentaire de l'égalité : deux valeurs égales à une même troisième sont égales entre elles. De façon précise, une relation R est transitive si chaque fois que trois éléments x, y, z sont reliés par R ainsi : on a à la fois xRy et yRz, alors ceci entraîne nécessairement xRz. On désigne par domaine de la relation la classe de tous les éléments où elle est définie ; à savoir, x appartient au domaine de R s'il existe y tel que xRy.

Une relation est une équivalence si, en outre, elle est symétrique : xRy entraîne yRx. On en déduit immédiatement qu'elle est réflexive : on a toujours xRx. Soit en effet x appartenant au domaine de R ; ceci veut dire qu'existe y tel que xRy ; par symétrie on en déduit yRx ; enfin par transitivité, les deux donnent xRx.

La relation d'équivalence est d'un usage intensif en mathématiques car elle divise son domaine en classes disjointes dénommées classes d'équivalence. En effet dénotant $C1$ la classe de tous les éléments équivalents à x, et $C2$ celle des éléments équivalents à y, on voit tout d'abord que tous les éléments d'une classe sont équivalents entre eux : soient $x1$ et $x2$ deux tels éléments de $C1$; on a donc $xRx1$ et $xRx2$, d'où $x1Rx$ par symétrie et enfin $x1Rx2$ par transitivité. Ensuite $C1$ et $C2$ sont disjointes ou confondues. En effet si leur intersection est non vide,

[2]Dans les manuels, on trouvera plus volontiers la définition suivante : une bijection est une application à la fois injective et surjective. Cette approche, plus abstraite, a l'avantage de se montrer bien plus commode pour les manipulations. Mais, c'est en raison même de ce caractère plus abstrait, qu'une définition davantage intuitive est ici préférée.

[3]On fera grâce au lecteur de la notation plus usuelle dans les manuels (car plus commode pour les manipulations formelles), qui au lieu d'écrire $g(f(x))$ note la même opération $(f \circ g)(x)$.

elle contient au moins un élément z tel que xRz et yRz, d'où zRy par symétrie, puis xRy par transitivité. Donc y, élément quelconque de $C2$, est dans $C1$; par conséquent tout $C2$ est dans $C1$ et réciproquement (puisqu'il suffit d'échanger les rôles de $C1$ et $C2$).

De retour à la bijection, on vérifie aisément qu'elle établit une relation d'équivalence entre les ensembles : elle est symétrique (il suffit d'échanger les rôles de f et f^{-1}), et elle est transitive (par le soin de la composition). On dénote cette relation la cardinalité. Autrement dit, deux ensembles ont même cardinalité si et seulement s'il existe une bijection entre eux deux.

Quelques exemples s'imposent. Tout d'abord, en ce qui concerne les ensembles constitués d'un nombre fini d'éléments (on dit ensembles finis, pour faire court), ils ont même cardinalité si et seulement s'ils ont le même nombre d'éléments. Dans ce cas, on peut en quelque sorte identifier la cardinalité au nombre d'éléments. L'intuition y retrouve bien son compte. En effet on voit mal comment on pourrait établir une correspondance exhaustive terme à terme entre deux ensembles finis, s'ils n'ont pas le même nombre d'éléments.

Pour les ensembles infinis, les choses apparaissent beaucoup plus subtiles. Un ensemble peut fort bien en englober strictement un autre, et pourtant avoir même cardinalité. Un exemple simple est l'ensemble N des nombres entiers positifs ou nuls, et l'ensemble P des nombres pairs ou nuls ; une bijection évidente entre les deux est la multiplication par deux dans le sens N vers P et la division par deux dans l'autre sens.

On appelle dénombrable la cardinalité de N. Ainsi un ensemble est dénombrable s'il existe un processus qui peut énumérer (c'est-à-dire classer selon les entiers) de façon exhaustive tous ses éléments. Contre toute attente, est, par exemple, dénombrable l'ensemble Q des nombres rationnels (c'est-à-dire des nombres représentables par une fraction d'entiers), bien que, de toute évidence, du point de vue de l'appartenance ensembliste, il soit considérablement plus vaste que l'ensemble des entiers. Un dénombrement exhaustif peut être le suivant. On classe d'abord les rationnels en paquets, en sorte que dans le même paquet figurent tous les rationnels tels que, une fois mis sous forme de fraction irréductible, la somme du numérateur et du dénominateur a la même valeur ; ensuite l'intérieur de chaque paquet est classé par ordre croissant du numérateur (par exemple). Enfin les paquets sont classés entre eux selon l'ordre croissant de la susdite somme.

Encore plus étonnant, même l'ensemble des nombres algébriques (il s'agit des nombres solutions d'une quelconque équation algébrique à coefficients entiers, et comprend par conséquent, entre autres, toutes les racines carrées, cubiques, etc) est lui aussi dénombrable.

Pour construire une cardinalité supérieure au dénombrable, il faut aller jusqu'aux nombres réels. En réalité, nouvelle surprise, les nombres réels entre 0 et 1 suffisent. La preuve utilise un processus appelé "argument de la diagonale", ou également "paradoxe de la diagonale". Voici pourquoi.

On suppose ces nombres réels représentés par leur développement décimal infini. Si l'on dispose d'une énumération exhaustive de ces nombres, il suffit de disposer leur représentation les unes en dessous des autres selon cette énumération. Ceci peut en quelque sorte se visualiser comme un carré infini, dont une ligne permet d'égrener la liste des décimales d'un même nombre, et la succession des lignes constitue explicitement la suite des nombres que l'on suppose avoir ainsi classés. Or dans ce classement, ne peut figurer aucun des nombres construits ainsi : leur représentation décimale possède, à la position d'ordre n, un chiffre différent de la décimale de même ordre appartenant au nombre de rang n selon le classement ci-dessus ; autrement dit, cette représentation est construite en sorte qu'aucune de ses décimales ne coïncide avec la diagonale du carré infini qui est supposé donné en hypothèse. Tout nombre ainsi formé n'est manifestement dans aucune ligne du carré, puisqu'il vient d'être agencé en sorte de différer de toute ligne d'un rang donné, au moins par la décimale située à la position qui a ce même rang, autrement dit celle qui est située sur la diagonale. Ceci prouve qu'aucune énumération ne peut être exhaustive. Ainsi les nombres réels entre 0 et 1 ont une cardinalité supérieure au dénombrable. On l'appelle la cardinalité du continu.

Cette preuve consiste par conséquent à produire un nombre dont chacun des éléments de sa représentation décimale est différent de celui de la séquence obtenue en prenant la diagonale du "carré infini" représentant le classement effectué en hypothèse. D'où l'appellation "argument de la diagonale".

La généralisation de cet argument est devenue très célèbre à deux titres au moins. D'une part elle a permis d'établir le théorème de Cantor, qui va entraîner un séisme dans tout l'édifice mathématique, qui lui-même va déclencher la recherche de fondements rigoureux, et finalement la mathématisation de la logique. D'autre part, il constitue l'argument clé de nombre des grands théorèmes de la logique.

À titre d'illustration, cela vaut la peine de présenter le théorème de Cantor : tout ensemble a une cardinalité strictement inférieure à celle de l'ensemble de ses parties (étant donné un ensemble E, on considère chacun de ses sous-ensembles X comme s'il était un élément d'un nouvel ensemble dénoté ensemble des parties de E ou P(E) ; en d'autres termes, P(E) est l'ensemble des sous-ensembles de E).

La preuve s'effectue par l'absurde. On suppose donc qu'il existe une bijection f entre E et P(E). On construit un sous-ensemble F de E de la façon suivante : un élément y appartient à F si et seulement si y n'appartient pas à $f(y)$ (c'est-à-dire l'image de y dans P(E) par f) ; autrement dit F est le sous-ensemble des éléments de E qui sont situés en dehors de leur image par f. F est en fait la généralisation de la diagonale ci-dessus. Si f était bijectif, puisque F est sous-ensemble de E, il devrait exister un élément z de E tel que F= $f(z)$. Mais alors, cet élément z est-il dans F ? Or par construction même de F, z est dans F si et seulement s'il n'appartient pas à F : contradiction. Donc z ne peut pas existér, et il s'ensuit que f ne saurait être une bijection.

Théorème lourd de conséquences. En effet, à l'époque il engendrait une contradiction immédiate, car, dans la théorie du moment, était autorisée une notion telle que "l'ensemble de tous les ensembles". Or par le théorème de Cantor, l'ensemble des parties de "l'ensemble de tous les ensembles" a une cardinalité supérieure à celui-ci, ce qui exclut absolument qu'il ait pu être l'ensemble de tous les ensembles. D'où la nécessité d'être bien plus rigoureux dans le langage même des mathématiques, à savoir la logique.

Quoi qu'il en soit, cette notion de cardinalité introduit une classification fortement caractérisée dans les ensembles infinis. D'une certaine façon, une cardinalité supérieure exprime que le degré d'infinité est tel qu'aucune construction n'utilisant que la cardinalité inférieure ne peut en rendre compte.

Manifestement, il s'agit là d'une notion tout sauf évidente. Et cela a été vécu comme tel, au vu des avatars qu'a dû affronter le nombre lorsqu'a émergé ce concept. Certes, à cette époque, on connaissait déjà une construction, découverte quelques dizaines d'années auparavant, qui permettait de fabriquer des nombres non algébriques (il suffit de décomposer la représentation décimale binaire en séquences contiguës, en sorte que d'une part la séquence d'ordre n contienne le double d'éléments de la précédente, et d'autre part que chaque séquence ne contienne que des zéros, sauf un seul élément). Ces nombres, rebelles à se laisser représenter comme solutions d'équations algébriques à coefficients entiers, avaient hérité de la dénomination de transcendants. Et l'on était bien près de les considérer comme représentant une petite classe d'êtres bizarres, sans véritable usage pour les mathématiques. Aussi, on peut s'imaginer le choc des contemporains, lorsque, presque simultanément, d'une part, le théorème de Cantor a révélé que ces nombres transcendants étaient colossalement plus nombreux que les nombres algébriques, mais que d'autre part, deux des plus célèbres nombres des mathématiques, "pi" et "e", allaient être prouvés transcendants (la preuve en est très compliquée).

Ainsi, il a fallu se rendre à cette évidence : la plupart des nombres apparus au cours des développements des mathématiques s'avéraient constituer une sous-classe insignifiante de tous les nombres possibles. C'est pourquoi aujourd'hui, le terme transcendant n'est plus très usité, et l'on préfère le qualificatif de non algébrique.

Toutefois cette irréductibilité extrême propre aux cardinalités distinctes reste mal aisée à bien appréhender, et demeure assez intrigante. Ainsi, quelle que soit la méthode qui chercherait à énumérer les nombres réels, non seulement elle échoue, mais elle n'aura réussi à en dénombrer qu'une infime partie : l'ensemble des nombres réels qu'elle n'aura pas pu prendre en compte conserve toujours la cardinalité du continu, et donc reste infiniment plus grand que le malheureux petit ensemble qui aura pu être énuméré.

1.2 L'axiomatisation de la logique

Suite à la fameuse contradiction dont il vient d'être question, les mathématiciens se sont mis en devoir de formuler les lois de la logique, avec une rigueur intraitable. Cette section va tenter d'effectuer une présentation succinte d'une forme classique qui en a été obtenue.

Pour ce faire, il faut en premier lieu définir le vocabulaire que se permet de régenter la logique. Il comprend quatre catégories d'objets : les variables, les fonctions, les relations, et enfin les opérations logiques elles-mêmes.

Il n'y a pas grand chose à dire des variables, sinon qu'elles sont censées représenter des éléments d'ensembles aussi quelconques que l'on voudra[4].

Les fonctions sont des applications aussi générales que possible. Elles peuvent aller de la simple application d'un ensemble dans un autre à l'application du produit cartésien d'ensembles aussi complexe que l'on voudra dans un autre ensemble. En réalité il s'agit de la généralisation aussi extrême que possible des opérations usuelles. Par exemple, la multiplication d'entiers prend ses deux arguments dans N, et a pour résultat un autre élément de N. De façon équivalente, on peut dire que le couple de ces deux arguments constitue un élément du produit cartésien de N par N ou NxN, et donc la multiplication est une application de NxN dans N. Autre exemple : dans la théorie des ensembles, l'union, l'intersection, ainsi que "l'ensemble des parties" sont des fonctions au sens ci-dessus.

Toute construction finie faite avec des fonctions est dénotée terme. Par exemple, une expression arithmétique aussi complexe que l'on voudra est un terme construit sur des fonctions qui sont des opérations arithmétiques. Dès lors, une relation est une opération aussi compliquée que l'on voudra, dont les arguments sont des termes et dont la valeur est un résultat logique[5]. Parmi les exemples simples de relations figurent dans le creuset des nombres "plus grand", "égal", ou "plus petit" ; de même, pour les ensembles, on trouve "appartenir", etc... Dans la logique usuelle, il n'y a que deux résultats possibles, le vrai et le faux, que le logicien, échaudé par les bévues insidieuses de la connotation, préfère dénoter 1 et 0. Bien évidemment il n'y a aucune objection à construire des logiques à plus de deux valeurs, et même à une infinité de valeurs. Et les mathématiciens ne se sont pas privés de le faire, mais ceci déborde du cadre de cette discussion.

Enfin le vocabulaire logique proprement dit se réduit aux connecteurs (principalement : "et", "ou", "implication"), aux quantificateurs ("quel que soit", "il existe") et aux valeurs logiques vrai et faux. En réalité, parmi ces symboles, trois suffisent. Sont choisis usuellement les symboles suivants : l'implication, qui, conformément à l'usage mathématique, est symbolisée ici par $\supset$, faux, symbolisé par 0 et quel que soit : quel que soit x, qui, également selon l'usage mathématique est symbolisé par $\forall$x. Les autres peuvent être considérés comme des abréviations. Par exemple, "non x" (symbolisé ici par $\neg$x) est l'abréviation de "x $\supset$ 0" (si "non x" est vrai, c'est que x est faux), "x ou y" est l'abréviation

[4]Pour le puriste, il y aurait lieu de remplacer ici, et dans la suite, le terme d'ensemble par celui de classe. Ce dernier concept a été introduit dans la théorie des ensembles pour permettre de contourner la contradiction apparue avec le théorème de Cantor. Il s'agit d'un cousin germain de la notion d'ensemble, mais qui a été amputé de la fonctionnalité similaire à celle qui est accordée d'office aux ensembles, qui n'est autre que la possibilité de construire l'ensemble des parties d'un ensemble. Par la faute de cette restriction, il devient impossible de parler de la classe des parties d'une classe. Et ceci permet, finalement, de pouvoir parler de la classe de tous les ensembles, sans encourir la susdite contradiction.

[5]La notion de relation utilisée par la section précédente (et donc notamment la relation d'équivalence) représente un exemple de relation au sens logique, telle qu'elle est introduite ici : la notation xRy est une expression condensée de la propriété affirmant que la relation R entre x et y a bien la valeur logique "vrai".

de "$\neg x \supset y$" (si "x ou y" est vrai et que x est faux, alors nécessairement y est vrai), "x et y" est l'abréviation de "$\neg(\neg x$ ou $\neg y)$", et le quantificateur "il existe x" (ou encore ∃x) est tel que ∃xP(x) sera l'abréviation de $\neg\forall x\neg$P(x) (la proposition "il existe x tel que P(x) soit vrai" est identique à la proposition "il est faux que P(x) soit faux partout").

Avec ces notations, l'une des axiomatisations les plus classiques comporte cinq axiomes et deux règles d'inférence. Les cinq axiomes sont les suivants :

1. $p \supset (q \supset p)$ (si p est vrai, n'importe quoi implique p)
2. $[p \supset (q \supset r)] \supset [(p \supset q) \supset (p \supset r)]$ (transitivité de l'implication)
3. $[(p \supset 0) \supset 0] \supset p$ (s'il est faux que p implique le faux, alors p est vrai ; il s'agit d'un équivalent du "tiers exclu")
4. $\forall x(p \supset q) \supset (p \supset \forall xq)$ (si, pour tout x, p implique q, alors p implique q pour tout x : distributivité du quantificateur à travers les connecteurs)
5. $\forall xp(x) \supset p(t)$, *où t est un terme qui ne contient aucune occurrence liée de la variable x* (on dit qu'une occurrence de variable est liée dans une formule si elle figure, dans cette formule, juste après "quel que soit" ; sinon elle est dite libre).

L'axiome 5 représente la substitution.

Les deux règles d'inférence sont :

Le modus ponens *les deux formules "p" ainsi que "$p \supset q$" permettent de déduire "q".*

La généralisation *p(x) permet de déduire $\forall yP(y)$.*

Ainsi ces 5 axiomes et ces deux règles d'inférence permettent de démontrer toute proposition valide en logique usuelle. Par exemple on démontre que le faux implique n'importe quoi, ou selon les notations ci-dessus : $(p \supset 0) \supset (p \supset q)$. Toutefois le labeur n'est pas instantané, car il ne faudra pas moins d'une dizaine de dérivations pour y parvenir.

On peut également montrer que la contradiction est la mort de toute théorie, puisque alors toute proposition devient indifféremment vraie et fausse. Cela peut se montrer ainsi. Soit p une proposition à la fois vraie et fausse. Puisque p est fausse (c'est-à-dire $p \supset 0$ est vrai), l'application du modus ponens sur la proposition du paragraphe précédent donne $p \supset q$, ceci pour q quelconque. Mais, puisque p est également vrai (c'est-à-dire, on a p), encore une fois par le modus ponens avec $p \supset q$, on obtient q. Ainsi quel que soit q, q est vrai ; donc en particulier $\neg$q est vrai. C'est dire que, finalement, quel que soit q, q et $\neg$q sont tous deux vrais simultanément.

C'est pourquoi, étant donné la catastrophe qu'induit la moindre des contradictions, la plus élémentaire précaution consiste à l'éviter à tout prix. Mais alors, qui garantit que l'axiomatisation de la logique indiquée ci-dessus ne réserve pas ce triste sort au détour de quelques malencontreuses déductions ? Et alors à quoi servirait tout cet attirail quelque peu abscons, s'il n'était d'aucune sécurité ? Les mathématiciens ont résolu la question via un théorème dit parfois de complétude, parfois d'adéquation.

Pour ce faire, il faut définir les notions de validité et de modèle. La première permet de revenir aux sources de l'intuition, en ce qui concerne l'aspect logique des choses. On dira qu'une formule logique est valide si sa valeur logique est le vrai quelles que soient les valeurs des variables qui y figurent. Par exemple, $\forall x(2x > x)$ n'est pas une formule valide dans l'ensemble des nombres réels, puisqu'elle est manifestement fausse si x est négatif. La formule valide serait $\forall x(x > 0) \supset (2x > x)$. Il s'agit donc bien là de l'intuition usuelle de validité.

Ensuite, on dénomme modèle un ensemble de formules qui ne contient que des formules valides. Il va de soi que ces deux notions de validité et de modèle sont relatives à un vocabulaire précis donné, c'est-à-dire, les ensembles de variables, de fonctions et de relations étant bien fixés. Par exemple, la formule ci-dessus est bel et bien valide dans les nombres réels, mais certainement pas dans les nombres complexes (où la notation $x > 0$ n'a en général pas de sens) ; or ces deux cadres représentent évidemment deux vocabulaires différents.

Ceci posé, un modèle, par construction, ne contient pas de contradiction, puisqu'il ne comprend que des formules valides. Ainsi donc l'intuition y trouve son compte, mais certes pas l'efficacité. En particulier, la simple vérification de validité devient un labeur inaccessible, dès lors que le modèle possède une variable susceptible de parcourir un ensemble infini de valeurs (on dit alors que le modèle est infini). En revanche, là réside l'avantage du point de vue axiomatique, puisque, à partir d'un petit nombre de formules posées vraies de façon axiomatique, il permet de dériver d'autres formules vraies. D'où l'intérêt de faire cohabiter les deux points de vue.

C'est chose faite grâce au théorème dit de complétude, ou d'adéquation :

Toute théorie axiomatisée est non contradictoire si et seulement si elle a un modèle.

Autrement dit, étant donné une définition axiomatique quelconque, si l'on est capable d'associer aux sigles figurant dans les formules axiomatiques les éléments d'un modèle, alors cette axiomatisation définit une théorie non contradictoire.

Le bilan est désormais simple. La notion de validité logique (c'est-à-dire tout ensemble de formules vraies quelles que soient les valeurs des variables), est correctement atteinte via la mécanique quelque peu laborieuse, mais rigoureuse, de la logique axiomatisée. Celle-ci représente donc bien un outil adéquat minimal pour supporter le développement des théories mathématiques, celle du nombre entier en particulier.

1.3 Le théorème de Gödel

Toutefois, au grand dam de ceux qui espéraient voir les mathématiques s'auto-fonder, un obstacle rédhibitoire s'est opposé à ce que l'on réussisse à tout valider par une description finie.

Dans un premier temps, on aurait bien aimé que, via les preuves, toutes les formules valides d'une théorie non contradictoire puissent être atteintes. Ceci s'avère impossible, sous certaines conditions ; c'est la première forme du théorème de Gödel.

De façon précise, lorsque dans une théorie, on peut trouver une formule qui soit en mesure de caractériser qu'une suite de formules constitue une preuve, on dira que la théorie sait exprimer la prouvabilité. De même, s'il existe une formule qui sait caractériser l'application d'une formule à une autre, on dira qu'elle sait exprimer la substitution (dans la rigueur extrême du logicien, la définition de ces notions passe par ce que l'on dénote les nombres de Gödel ; mais il n'est pas utile d'aborder ici ce niveau de description détaillée).

Dès lors, la première forme du théorème de Gödel est la suivante. Si une théorie sait exprimer la substitution et la prouvabilité, alors cette théorie est non contradictoire si et seulement si existent, dans cette même théorie, des formules qui soient vraies mais improuvables[6].

Ainsi, parmi les formules valides, certaines ne sont pas accessibles à la preuve. Or, comme le logicien sait prouver, avec beaucoup de labeur il est vrai, que les conditions de ce théorème s'appliquent à l'arithmétique usuelle (avec ses deux opérations addition et multiplication), il s'avère donc que dans l'arithmétique usuelle, tout n'est pas prouvable !

Le malheur est que l'ensemble des formules non prouvables est tout sauf anodin, ceci par la faute du théorème de Gödel dans sa seconde forme, laquelle peut s'énoncer ainsi :

Si une théorie sait exprimer la substitution et la prouvabilité, alors, dans cette théorie, il existe des formules exprimant la non contradiction de la théorie, mais aucune de ces formules n'est prouvable.

Ainsi, pour faire lapidaire, ces théories ne sont non contradictoires qu'à la condition que ceci reste improuvable. Et bien sûr, puisque les conditions sont les mêmes que pour la première forme du théorème de Gödel, ceci s'applique à l'arithmétique usuelle.

Ceci est manifestement complètement définitif. En effet, si le théorème de Gödel affirme qu'une théorie, telle l'arithmétique usuelle, ne peut s'auto-valider, qu'est-ce qui empêche qu'une théorie T1 plus puissante puisse valider l'arithmétique ? Rien, à ceci près que cette validation restera pure fiction, car a fortiori T1 vérifie les conditions du théorème de Gödel, qui donc s'y applique aussi ; ainsi la validité, qui aurait pu être prouvée pour l'arithmétique dans T1, reste suspendue à la validité de T1, qui, elle, reste improuvable !

Finalement la validation de ces théories est déstinée à rester pour toujours hors de portée de quelque processus fini que ce soit.

---

[6]L'idée de la preuve, ramenée à des termes intuitifs, est la suivante. Les deux hypothèses permettent de construire la proposition : "il existe une formule pour laquelle il n'est pas prouvable qu'elle s'applique à elle-même". Si appliquer cette formule à elle-même conduisait à une formule fausse, cela voudrait dire qu'il serait prouvable qu'elle s'applique à elle-même, autrement dit, bien qu'étant fausse, elle serait prouvable. Mais ceci est impossible puisque, dans une théorie non contradictoire, aucune formule fausse ne peut être prouvée. Il en résulte que cette formule est vraie, mais par construction reste improuvable.

Il s'agit donc d'un constat quelque peu sévère : il n'existe aucun processus fini qui assure le bien-fondé du nombre entier muni de l'addition et de la multiplication. A fortiori, il ne saurait y avoir aucune nécessité logique à son existence. Tout cela se situe désormais bien loin de toute appréciation naïve du nombre !

1.4 Le théorème de Lovenheim-Skolem

À ce point, le bilan est le suivant. Il existe bel et bien une quincaillerie finie (et même très succinte) qui axiomatise correctement la logique ; correctement renvoie au théorème d'adéquation : toute théorie bâtie sur cette logique est non contradictoire si et seulement si elle a un modèle.

Par conséquent, tout ce qui tient debout en logique peut trouver une axiomatisation dans ce matériel. Toutefois, une première limitation provient du théorème de Gödel. Pour les théories suffisamment puissantes, aucune preuve finie ne peut fonder leur non contradiction, pourtant si nécessaire à leur survie, puisque l'on se rappelle que la moindre petite contradiction entraîne implacablement que toute proposition devient à la fois vraie et fausse !

Or une nouvelle limitation se présente à son tour. Le langage engendré par l'axiomatisation de la logique, présentée plus haut, s'avère en définitive impuissant à représenter exactement la plupart des théories mathématiques usuelles, ... à commencer par l'arithmétique elle-même !

C'est ce qui ressort du théorème de Lovenheim-Skolem. Il peut s'énoncer ainsi :

Si une théorie a un modèle infini, on peut lui trouver des modèles de toutes cardinalités.

Appliquer ceci à l'arithmétique apparaît quelque peu paradoxal. Étant donné une axiomatisation (AX) convenable pour l'arithmétique, cette dernière en constitue un modèle. Pourtant, on pourra faire fonctionner correctement (AX) sur des modèles de cardinalité toute autre que celle des entiers (le dénombrable), ... ceci en apparence en parfaite contradiction avec la définition même du dénombrable qui la caractérise comme la cardinalité spécifique des entiers ! Par conséquent, aucune telle axiomatisation ne peut être en mesure de décrire spécifiquement les seuls entiers.

Or dans le cas précis de l'arithmétique, il n'est pas difficile de dénicher le pot aux roses. Il a pour nom le principe de récurrence. En clair, il peut s'énoncer ainsi : pour toute proposition P, si P est vraie pour zéro, et si P(n) entraîne P(n+1), alors P est vraie pour tout n. Selon le vocabulaire introduit plus haut : $\forall P(P(0) \text{ et } (P(n) \supset P(n+1)) \supset \forall n P(n)$

Dans cette formule, apparaît un quantificateur "quel que soit" portant sur des propositions (ou formules), ce qui figure strictement hors des attributions que l'axiomatisation présentée plus haut a pu lui assigner, car, pour celle-ci, la quantification ne peut porter tout au plus que sur des termes.

Toutefois, force est de tolérer cette extension, sinon, plus d'arithmétique !... C'est pourquoi le logicien attribue à cette extension le titre de logique du second ordre, l'axiomatisation présentée plus haut étant baptisée logique du premier ordre. Autrement dit, si le théorème d'adéquation affirme que, quel que soit l'ensemble précis et explicite de formules valides, il sera toujours possible de représenter chacune d'elles dans le cadre de cette susdite logique, en revanche, ce sera une toute autre paire de manches si l'on veut circonscrire un ensemble non explicite de formules, comme celui correspondant à la caractéristique du dénombrable. Ainsi, le contenu du théorème de Lovenheim-Skolem appliqué à l'arithmétique revient à lui interdire de délimiter correctement l'ensemble des formules qui y sont valides, avec les seuls bons soins de la logique du premier ordre.

Or on découvre bien vite que cela n'est pas le lot de la seule arithmétique, car de toute évidence le théorème de Lovenheim-Skolem fonctionne de la même façon pour toute théorie décrivant un modèle de cardinalité précise (par exemple les nombres réels, les nombres complexes, les fonctions sur ces ensembles etc...), mais également des théories générales pour toutes les cardinalités (par exemple la théorie des ensembles, la théorie des groupes ainsi que toutes les théories algébriques etc), ... autant dire la quasi totalité des mathématiques !

1.5 Discussion

Cet exposé succinct du matériel mis en place par le logicien va permettre d'examiner avec un certain sérieux la question initiale. Comment se fait-il que le petit d'*Homo sapiens sapiens*, dès l'âge de 6 à 8 ans, perçoive à coup sûr l'intuition du dénombrement illimité ? Selon les termes qui viennent d'être posés, il ne s'agit rien moins que de la perception d'un modèle de cardinalité dénombrable, strictement dénombrable !

Ce qui précède ne laisse place à aucune échappatoire : les processus en jeu contiennent nécessairement un équivalent du principe de récurrence. Une définition intuitive des nombres pourrait se ramener à la détermination de l'ensemble de tous les objets obtenus par une application réitérée, de façon finie, de l'opération "suivant", à partir de zéro (ou bien un). Or, cette intuition d'une "application réitérée de façon finie" n'a aucune chance de pouvoir s'exprimer par un quelconque attirail rigoureux sans la rescousse du principe de récurrence, ou plus généralement d'une description requérant la logique du second ordre. Il s'agit là d'une vérité mathématique, qui découle du théorème de Lovenheim-Skolem, et qui est donc établie définitivement, et par conséquent ne saurait présenter la moindre exception : la détection d'un ensemble de cardinalité dénombrable demeurera hors d'atteinte, et ceci pour l'éternité, à moins d'appeler à la rescousse la logique du second ordre.

Ainsi donc, aucun processus ne pourra se targuer de pouvoir isoler un ensemble dénombrable, ou plus généralement de cardinalité précise, s'il ne fait pas appel à la logique du second ordre, comme se le permet le principe de récurrence. Voici qui est tout sauf anodin, puisqu'il s'agit de faire appel à une quantification sur les propositions. Or ceci ne peut avoir de sens qu'à la condition que l'on sache attribuer avec précision une signification à ce qu'est une proposition. C'est dire que ceci ne peut avoir le moindre sens tant que la logique du premier ordre n'est pas intégralement déterminée.

Ceci étant acquis, il suffit de l'appliquer à la perception du dénombrement par l'enfant. S'il existe un processus mécanique fini assurant à coup sûr cette perception, il implique que d'une certaine façon, le tout petit soit nécessairement equipé d'un dispositif qui, comme le principe de récurrence, fait appel à la logique du second ordre, et par voie de conséquence présuppose la donnée de toute la logique du premier ordre. Or, il est manifestement exclu que ceci ait pu être le fait d'une quelconque transmission culturelle. Il est trop clair qu'il s'agit là d'un savoir totalement hors de portée non seulement du tout jeune, mais également de tout son entourage (au moins dans l'immense majorité des cas) lequel n'a donc pas pu transmettre quoi que ce soit de ce genre. S'il ne s'agit pas de la transmission par l'entourage, l'émergence à coup sûr de cette perception implique que l'attirail nécessaire figure quelque part dès la naissance. Ainsi donc, il n'y a pas d'autre solution mécanique : un dispositif équivalent au principe de récurrence assorti de la logique du premier ordre est préprogrammé d'une certaine façon dans les gènes d'*Homo sapiens sapiens*. Tel est le constat incontournable pour qui veut soutenir l'hypothèse mécaniste comme fondement de la perception du nombre entier.

Si cette hypothèse ne sera pas reprise ici, toutefois rien ne permet a priori de l'écarter. Cependant pour quiconque voudrait la reprendre à son compte, deux éléments doivent être pris en considération. En tout premier, seuls les gènes différents de ceux du chimpanzé et autres grands singes sont à étudier, car l'apprentissage du dénombrement illimité s'est toujours soldé par un échec chez ces espèces, malgré tous les efforts consentis pour y parvenir. Et ceci réduit considérablement le matériel génétique à examiner, puisque celui du chimpanzé est, paraît-il selon le biologiste, identique à plus de 98 pour cent à celui de l'homme. En second lieu, il y a peu de chances que seule l'arithmétique soit concernée par ce dilemme, et donc qu'elle soit la seule à rechercher dans les gènes. En effet, nombre d'autres théories mathématiques sont probablement redevables d'une analyse similaire. La perception de leurs notions de base apparaît bien antérieure à la pleine possession du matériel logique qui permet de les définir sérieusement, ce qui exclut qu'il ait pu servir de véhicule à leur transmission par voie culturelle.

Cela dit, cette hypothèse génétique, qui encore une fois ne saurait être écartée tant que son contraire n'a pas été prouvé, représente un choix que le modèle qui va suivre ne reprendra pas à son compte. Une première raison à cela réside dans l'apparente énormité du pari qu'il faut prendre : une grande part des mathématiques est préprogrammée dans les gènes ! Une autre raison au moins aussi importante réside dans les fins de non-recevoir que cela contraint d'entériner, puisque cela élude au moins deux faits qui peuvent légitimement être qualifiés d'essentiels.

Tout d'abord, le théorème de Gödel montre que pour les théories suffisamment complexes, dont l'arithmétique, aucun processus fini ne peut prétendre justifier validement la séparation du vrai d'avec le faux. En particulier, si la théorie tient debout (la séparation est bel et bien réussie), aucune preuve finie ne peut en rendre compte.

Dans la même veine, le théorème de Lovenheim-Skolem enfonce le clou, d'où il en résulte qu'il y a pour le moins quelque insatisfaction logique à se contenter de la seule explication restant dans le clan mécanique : l'agencement génétique, qui aurait rendu possibles les perceptions discutées ici, s'est produit par hasard chez *Homo sapiens sapiens*, nécessairement par hasard. En effet, toute explication logique prétendant aboutir à un système de détection du nombre entier se doit de posséder dès le départ la logique du premier ordre et le principe de récurrence, faute de quoi cela reviendrait à violer ce théorème. Par conséquent, pour qui voudrait éviter de démontrer cette apparition de la perception du nombre sans appeler à la rescousse le résultat final en guise d'hypothèse, il ne reste pas d'autre choix que l'irruption du hasard. De plus, il s'agit d'un hasard hautement improbable : pour les beaux yeux d'*Homo sapiens sapiens*, son système génétique s'est réarrangé pour pouvoir coder et également exprimer logique du premier ordre et principe de récurrence ! En outre, irruption du hasard renouvelée systématiquement pour toutes autres théories redevables de la même analyse !

Autrement dit, si l'on imagine qu'apparaisse un jour une théorie physique qui soit en mesure d'expliquer complètement l'univers, cette théorie restera quoi qu'il arrive incapable d'expliquer l'apparition d'un être doué de la perception du nombre entier ! Pour que soit assurée cette perception, il est absolument nécessaire que le matériel qui le permette soit d'une certaine façon préexistant dans l'ensemble des hypothèses de départ... ce qui est une façon de ne pas l'expliquer du tout.

Insatisfaction logique qui ne fait que s'amplifier au vu du second trait manifestement répudié par le point de vue mécaniste. Il devient nécessaire de nier l'existence du sens. Chacun peut en témoigner, les découvertes ou redécouvertes, dont les hommes se montrent si friands, semblent systématiquement guidées par un mystérieux déclic se déclenchant au moment du bon choix, déclic qui peut être considéré comme le dénominateur commun de tout effet de sens. Cette impression a au moins le mérite de pouvoir éviter l'écueil du hasard, comme source d'avancée spécifique de l'homme. Il s'agit là d'un réel écueil, car faute de l'existence de ce déclic, il devient extrêmement compliqué de tenter de raisonnablement expliquer la vitesse de progression de la connaissance.

Que ce déclic propre à l'effet de sens ne puisse figurer dans l'hypothèse mécaniste, cela est dû au théorème de Tarski, qui s'énonce ainsi.

Si une théorie sait exprimer la substitution (hypothèse identique à celle requise en premier dans le théorème de Gödel), **alors il ne peut y figurer de proposition caractéristique du vrai.**

La preuve ramenée à des termes intuitifs est assez simple, et mérite d'être évoquée ici. Elle s'effectue par l'absurde. Supposant qu'existe une proposition

P0 caractéristique de toutes propositions vraies, à "toutes propositions" on substitue les propositions qui ne s'appliquent pas à elles-mêmes. On obtient ainsi la proposition caractéristique des propositions qui ne s'appliquent pas à elles-mêmes, que l'on dénote P1. Mais alors par construction, P1 ne s'applique à elle-même qu'à la seule condition qu'elle ne s'applique pas à elle-même et réciproquement. Contradiction qui prouve que P0 n'existe certainement pas (au passage, on aura reconnu l'utilisation du paradoxe de la diagonale).

Or si le sens existe, il constitue une caractéristique des propositions vraies. Ce point sera d'ailleurs quelque peu peaufiné par le chapitre 3. Mais selon le théorème de Tarski, il n'existe aucune formule qui soit en mesure de l'expliciter. Dans ces conditions, a fortiori, il ne peut provenir d'un quelconque agencement élaboré avec des processus génétiques, puisque tous ceux-ci ne sauraient évidemment résister à se laisser représenter selon des termes et formules logiques.

1.6 Une mathématique du sens

Au terme de cette discussion où aura conduit une analyse précise de l'intimité du nombre, le débat se restreint à cette alternative : ou bien les seuls processus mécaniques finis sont à l'œuvre dans la perception du nombre, ou bien la perception du nombre n'est pas redevable de processus mécaniques finis.

Dans le premier cas, les axiomes de la logique et le principe de récurrence sont précodés dans les gènes d'*Homo sapiens sapiens*, ceci parfaitement par hasard, et ceci sans que jamais une explication rationnelle finie ne réussisse à en rendre compte. Quant au second cas, il revient purement et simplement à nier l'hypothèse mécaniste.

C'est ce second terme que choisit cet essai. Il préfère donc l'exploration de la perspective qui reste en définitive la seule à ne pas écarter d'avance le fait qui semble manifeste dans le cours de tout effort de compréhension : les objets mathématiques paraissent susceptibles de provoquer des effets de sens. Or cette impression de sens préside apparemment à toutes les activités à propos desquelles l'homme témoigne quelque fierté. À voir l'effet produit sur beaucoup par nombre d'œuvres artistiques volontiers taxées de sublimes, il semble bien que cette impression de sens soit un effet majeur pour *Homo sapiens sapiens*, et pour lui seul.

Par ailleurs, poser d'emblée une réalité non redevable d'une représentation mécanique finie, puisque y contraint d'office la nécessité de se conformer à la logique mathématique, pour autant, cela n'empêche pas une rationalité de type mathématique de s'y exprimer. On a l'exemple du nombre sous les yeux. Ce n'est pas parce que le théorème de Gödel lui interdit toute justification finie que pour autant la démarche mathématique ne s'y exprime pas avec toute son efficacité. C'est qu'elle ne prétendra jamais expliquer le contenu exhaustif des choses. Elle se contente de chercher à désigner leur spécificité, ce par quoi on est sûr de les reconnaître, sans aucune source d'erreur. Et c'est cette seule spécificité qui est l'objet de la stricte rationalité. Bref, ce n'est pas parce que les mathématiques ont pu prouver qu'elles ne pourront jamais prouver la totalité de l'intérieur de leur domaine que pour autant leur efficacité se trouve le moins du monde mise à mal. Que tout n'y soit pas prouvable n'altère en aucune façon la validité de ce qui a pu être prouvé, qui, lui, reste établi définitivement, et ceci pour l'éternité.

C'est pourquoi le modèle ici exposé va tenter d'appliquer toute la rigueur mathématique à une réalité posée d'emblée non accessible par processus fini, puis en un second temps à l'entité susceptible de percevoir cette réalité. D'où la première partie dévolue à la signification et la seconde traitant de la personne. Ceci permettra de glaner quelques résultats, qu'une troisième partie se chargera d'explorer succinctement.

Chapitre 2

La signification : généralités

Que les choses puissent avoir un sens, sensation elle-même non représentable en mécanismes finis, le premier chapitre suggère que cela est tout sauf déraisonnable : l'univers mathématique peut en être pris à témoin. Et, dans la foulée, la multiplicité de concepts en tous genres qui ont pu proliférer sous son égide dispensera ce chapitre 2 de tout état d'âme concernant le paradoxe qu'il va endosser : prétendre ciseler, dans un discours fini, des objets s'avérant non réductibles à des mécanismes finis. D'ailleurs, les considérations rapportées à propos de la cardinalité montrent bien l'adresse des mathématiciens à construire des échafaudages traitant de l'infini, eux-mêmes parfaitement circonscrits dans des textes finis. Et même, il faut bien en convenir, il s'agit là d'un échantillon assez succinct des élucubrations sur l'infini que les mathématiques se sont démontrés en mesure de maîtriser.

Par conséquent, ce serait le contraire qui serait étonnant : se révéler incapable de construire un cadre de compréhension satisfaisant pour désigner et manipuler l'effet de sens, sous la houlette d'une démarche de type mathématique. Toutefois, le lecteur qui n'a pas roulé sa bosse dans cet univers aura tout intérêt à garder en mémoire que quelques traits peu compatibles avec les pratiques en usage dans le mode littéraire vont être, par la force des choses, repris sans vergogne ici. C'est que, comme le montrera le chapitre suivant, aucun concept qui n'est pas né sous les auspices de la mathématique n'a la moindre chance de pouvoir y retourner, quels que soient les tentatives de le ciseler dans ce but. Dans ces conditions, la démarche en cours va se ranger à la pratique usuelle du mode mathématique consistant à introduire des concepts qui, bien que dénotés via des termes usuels et simples, seront chargés d'abstraction de type mathématique qui leur interdira de se réduire à leur connotation habituelle, même si un lien manifeste existe, mais dont l'impact, en ce qui concerne cette démarche même, se borne à l'utilité mnémotechnique. Il s'agit là d'une conduite courante propre à ce mode, qui y trouve son compte par le fait que cela permet d'éviter d'avoir recours à un vocabulaire pompeux, et par là, concourt à alléger la compréhension. Ceci s'applique d'emblée au terme choisi ici pour désigner le sens : la signification.

Dans cette perspective, une première section va préciser les caractères spécifiques de la signification, à savoir la propriété d'être à la fois universelle et non réductible au mécanisme fini. Les deux sections suivantes montreront que l'on peut également la doter de processus de manipulations aussi précis que l'on voudra. Enfin les dernières sections étudieront les caractères généraux propres à une classe de significations en quelque sorte équivalentes à des classes infinies. Ce sera l'univers conceptuel.

2.1 Définition de la signification

Ainsi la couleur est annoncée ; il ne s'agit de rien moins que d'élaborer une définition se devant de circonscrire une notion qui, d'une part soit non représentable par mécanismes finis, et d'autre part puisse manifestement être transmise entre personnes par le truchement d'un support physique, par exemple celui de l'écriture ou la parole pour les modes conceptuels, le son pour la musique, les couleurs pour la peinture, etc...

Il va de soi qu'il n'y a nul besoin de s'embarrasser à reconstruire le monde ex-nihilo et se confondre en interminables longueurs à redéfinir les termes de mécanisme, fini, et support physique. En effet, la ligne directrice de cet essai, dès le départ, emboîte le pas du savoir mathématique ainsi que du savoir des sciences physiques. Ainsi, en ce qui concerne la première notion, il apparaît peu crédible que puisse exister un quelconque mécanisme au sens intuitif, qui résiste à se laisser décrire en termes de formules logiques telles que les a introduites le chapitre précédent. C'est pourquoi ce modèle débute sans se poser la moindre question sur ce qu'il pourrait bien négliger à prendre un tel parti :

D2.1 Est dénoté mécanisme tout ce qui peut être représenté par un ensemble fini de termes et/ou de formules logiques.

D2.2 Est dénoté mécanisme fini tout mécanisme ne comprenant qu'un nombre fini d'applications à des variables, fonctions, termes ou formules.

L'idée qui habite D2.2 est la suivante : si un mécanisme mérite le qualificatif de fini, il sera possible de le représenter par un processus physique, pouvant délivrer à coup sûr un résultat en un temps fini. D'où la restriction des applications à un nombre fini de fois.

D'autre part, en ce qui concerne l'univers physique, le modèle esquissé ici laissera volontiers au philosophe le soin de s'interroger sur son existence, ou son essence. Son souci est tout à fait autre, et concerne la seule propriété selon laquelle toute signification, pour être transmise à autrui, peut être délimitée par un support physique. Il suffit donc largement de s'appuyer sur le savoir du physicien et se contenter d'y puiser des propriétés toutes relatives. Un choix suffisant est le suivant :

D2.3 1) Est dit objet physique tout objet pouvant entrer dans le champ d'une interprétation physique.

2) Est dit mécanisme physique, tout mécanisme fini dont les variables correspondent (via l'interprétation) aux objets physiques.

Ainsi selon cette définition, un mécanisme physique au sens intuitif du terme est bien conforme à D2.3, ceci, en particulier, par les bons soins de la propriété du mécanisme fini énoncée dans D2.2, selon laquelle il ne peut comporter qu'un nombre fini d'applications à des variables.

En outre, ceci s'est effectué en éludant la question métaphysique sus-mentionnée, et même en évitant les problèmes frontière de la physique actuelle : le monde est-il fini ou infini ? La fonction d'onde de la mécanique quantique a-t-elle une existence réelle ? Ou, selon les théories plus récentes, les cordes cosmiques, ou les super-cordes ont-elles une réalité explicite ? Questions certes fascinantes, mais absolument sans véritable lien avec la démarche en cours. Il se trouve en effet que pour définir une panoplie raisonnable pouvant servir à la mise en place de la notion de discours que va s'empresser d'introduire le prochain axiome, il suffit de se cantonner dans ce qui constitue un cadre adéquat pour la chimie du vivant, qui correspond bel et bien à ce concept de mécanisme fini, qu'il s'agisse de l'aspect génétique, de la biochimie, ou de tout autre aspect des sciences de la vie. Il est clair en effet que cela convient tout à fait pour tout processus responsable de la détection de contexte matériel censé circonscrire des effets de sens.

Ces préliminaires permettent de poser les deux axiomes de base que ce modèle se plaît à choisir pour désigner la spécificité de ce que peut bien être la signification.

A2.1 1) Est dénotée signification (ou de façon équivalente objet signifiant) tout objet pouvant être associé à un objet physique, et cependant non représentable par mécanismes physiques. L'objet physique associé est dénoté discours.

2) Est dénotée perception toute détection de signification.

A2.2 1) Est dénotée personne toute structure disposant de toutes conditions pour toutes perceptions.

2) Si une personne a perçu une signification associée à un objet physique, pour toute personne détectant le même objet physique, aucune autre condition physique n'est nécessaire pour percevoir la même signification.

Avec ces deux axiomes, les affaires se précisent. En tout premier, par les vertus de A2.1, l'ensemble des nombres entiers, par exemple, se trouve doté de signification. En effet, pour construire cet ensemble, comme l'a montré le chapitre 1, personne ne pourra se dispenser d'appliquer indéfiniment le principe de récurrence, opération irremplaçable pour atteindre la cardinalité du dénombrable. Cette application indéfinie viole D2.2, et par conséquent ne pourra être traduite en mécanismes physiques, puisque, selon D2.3, ceux-ci ne peuvent se représenter que par des mécanismes finis. Ceci en toute conformité avec l'intuition la plus élémentaire : nul ne saurait faire état d'un agencement d'objets physiques représentant validement l'ensemble des nombres entiers.

C'est bien le minimum auquel on s'attend depuis la fin du chapitre 1. Et de la même façon, puisque aucun animal, malgré les efforts qui y ont été engloutis, n'a pu détecter cet objet, les choses se mettent bien en place pour effectuer une distinction décisive entre personne humaine et ce qui ne peut prétendre à ce même attribut.

Ensuite, par souci de consistance, il serait souhaitable que non seulement l'ensemble des entiers soit doté de signification, mais également n'importe quel entier pris isolément. Or il n'est pas bien compliqué de s'en assurer. En effet, s'il n'en était pas ainsi, il serait possible d'exhiber un échantillon matériel concret qui engloberait tout ce qui représente un nombre particulier. Évidemment, il n'en est rien ; quel que soit un tel échantillon, on pourra toujours trouver d'autres constructions, qui n'y figurent pas, mais où cependant ce nombre s'applique à bon escient. Par exemple, quels que soient les cas de figure représentatifs du nombre trois, on pourra toujours trouver un nouveau représentant exprimant de façon valide ce nombre trois. D'ailleurs, pour le mathématicien, c'est un jeu d'enfant de fabriquer un ensemble infini d'ensembles à trois éléments. Par exemple, il suffit, dans l'ensemble des parties des entiers, de prélever les "éléments" qui sont des sous-ensembles de trois nombres distincts.

Dans la suite, cette caractéristique va se voir attribuer le qualificatif de référenciation ; et, à l'occasion, le modèle en profitera pour batifoler davantage sur ce double aspect : ensemble infini, dont les éléments ont une potentialité de référenciation infinie.

Ainsi donc les objets mathématiques figurent parmi les objets signifiants. Il s'agit d'ailleurs là d'un préalable indispensable pour ce modèle. Mais bien entendu, il n'y a aucune raison qu'ils soient les seuls. Et même, il n'y a aucune raison à ce que cela se limite aux objets équivalents à des classes infinies. Ceci concerne, entre autres, le cas de la musique, de la peinture, bref, de la plupart des domaines artistiques.

Nier leur appartenance aux significations exigerait que l'on soit en mesure de prouver que l'effet produit se ramène à un strict mécanisme fini. C'est manifestement là une gageure. Et même s'ils affichent l'inconvénient (du moins en ce qui concerne leur capacité à servir d'appui pour la démarche en cours) de ne pouvoir en aucune façon fournir la preuve du contraire, ce modèle se gardera bien de prononcer la moindre exclusive à leur égard.

D'ailleurs, si aucune preuve ayant la matérialité de la rationalité logique ne peut venir à leur rescousse, du moins des indications ne manquent pas, qui militent en leur faveur. Il suffit de se rappeler des exemples particulièrement notoires comme celui de Beethoven. Alors qu'il était devenu complètement sourd, à la fin de sa vie, il a composé des œuvres aujourd'hui bien souvent brandies comme des monuments de toute l'histoire de la musique, œuvres dont il n'a pas pu, et pour cause, entendre la moindre note[1]. Ceci met, tout de même, quelques

[1] Et notamment, l'hymne à la joie, aujourd'hui adopté pour constituer la trame de l'hymne

bâtons dans les roues du tenant du mécanisme pur et dur.

Et c'est bien pourquoi, ce modèle, qui s'est mis en tête d'élaborer une représentation rationnelle de l'effet de sens, ne va tout de même pas commencer la fondation de ses bases par quelque éradication intempestive; et, par conséquent, il se gardera bien de mettre à l'index ces domaines de signification. Il leur réservera même une notation particulière : les significations liées (cf D2.13).

La notion de discours appelle également quelques commentaires. En tout premier, cette propriété de pouvoir être délimitée par un contexte physique n'est pas à dessein posée comme une nécessité de type causal. Cela permet d'éviter les difficultés à l'affût pour sonner la charge de la contradiction, que ne manquerait pas d'attiser l'existence d'objets physiques qui d'une certaine façon impliqueraient la détection d'une signification, et pourtant s'avoueraient bien incapables d'en rendre compte.

La définition ci-dessus laisse au contraire la porte ouverte à un rôle du discours se cantonnant à ciseler un effet particulier parmi une potentialité signifiante plus vaste, ou encore à une sorte de désignation signifiante à l'intérieur de cet univers. C'est en effet cette voie que le modèle se prépare à explorer.

Par ailleurs il n'y a nul besoin de chercher à caractériser cette notion de façon distincte selon les différents types de significations. C'est pourquoi, est dénoté discours tout ce qui peut permettre la transmission de sens. Ainsi sont discours un tableau, une partition musicale, voire n'importe quelle prestation d'artiste, prise dans son ensemble. Dans la foulée, le geste du sportif, étant donné l'engouement communicatif que beaucoup partagent, doit également pouvoir relever de cette même dénomination.

D'un tout autre point de vue, les notions de signification et de personne restent enrobées d'une impression de flou assez indicible. Ceci est la contrepartie de ce que n'importe quelle manifestation jugée authentique pour l'homme se doit de figurer dans la classe des significations. En tous cas, tel est le pari où s'engouffre, sans état d'âme, ce modèle. Et manifestement, ceci n'aurait aucune chance d'aboutir, s'il se laissait prendre les pieds dans la moindre connotation particulière.

C'est pourquoi, contre toute attente, ce flou constitue une marque de bonne santé de la démarche en cours. D'ailleurs, comme le montrera le chapitre 3, la suppression de toute connotation est une nécessité de survie de l'approche mathématique. Le seul et unique objectif retenu est de désigner très précisément la spécificité des choses. Et là, il est nécessaire que l'opération ne souffre aucune exception. Ceci apparaît manifestement antinomique de la description par le contenu selon l'effet qu'il produit sur le sujet. Dans ce cas-ci, l'attention accordée à la spécificité de l'objet se tient bien en deçà de l'intérêt porté à la sensation produite sur la personne. Et ceci ne figure pas le moins du monde dans l'objectif que s'est fixé cette première partie.

Toujours selon ce même aspect, est à noter le lien réciproque qui est établi entre signification et personne. Ce lien, loin de toute connotation, une fois encore,

Européen, a, lui aussi, été composé par Beethoven à la fin de sa vie, alors complètement sourd ; et donc lui-même n'en a jamais entendu physiquement la moindre note !

repose sur cette simple définition opératoire : la personne peut détecter toute signification. Ceci n'est que la généralisation un peu forte (mais est-ce vraiment osé ?) du constat effectué en fin de chapitre 1, concernant la perception du nombre entier par *Homo sapiens sapiens* et lui seul.

Enfin, l'introduction de la notion de personne dès à présent en restera à ce stade minimal dans tout le cours de la première partie. Par consistance élémentaire, il faut bien établir son existence dès les prémices du modèle, dans la mesure où une propriété caractéristique des significations est d'être objet de communication entre les personnes. Mais les considérations qui lui sont propres seront le fait de la seconde partie.

En ce qui concerne cette communication, elle est posée d'emblée universelle, certes de façon potentielle, mais universelle tout de même. Ceci érige d'entrée une certaine contradiction avec un thème cher à la culture ambiante, selon lequel toute signification ne peut être perçue que modulo un certain flou dont la teneur est propre à chacun. Qu'une démarche bâtie sous la houlette de la mathématique ne reprenne pas ce flou à son compte, on pouvait s'y attendre.

Or cela sera un souci constant des développements qui suivront. Poser a priori un flou intrinsèque propre aux significations, non seulement cela introduit des difficultés inextricables pour rendre compte de la possibilité de communication, mais, en outre, dans le cadre de ce modèle, cela paraît bien inutile. En particulier, les deux sections suivantes vont se charger de marteler l'aspect rigoureux (donc non ambigu) du contenu signifiant, tout en s'empressant de montrer que le matériel ainsi obtenu est tout sauf rigide, et permet de représenter très aisément toute possibilité de variabilité, voire de flou. Ainsi donc, aux yeux de ce modèle, il y a un bénéfice absolument nul à se priver de cette propriété particulièrement commode assurant un contenu identique pour toute personne.

Enfin, il est clair que cet universel reste une pure potentialité qui ne saurait se plier à un quelconque déterminisme qu'enclencherait la perception. Il reviendra à la seconde partie de se pencher avec quelque précision sur cet aspect.

2.2 L'égalité de significations

L'axiome 2.1 assure que si une personne a perçu une signification associée à un discours D, toute autre personne peut percevoir "la même" signification associée à D. Cependant, pour le moment, rien n'est dit qui permette de pouvoir comparer les contenus des significations. Ainsi, plus généralement, si D est modifié en D' et si la première personne perçoit toujours une signification associée à D', s'agit-il de la même, ou bien est-ce une autre ?

Dans la réalité, tous les cas de figure se présentent. Ainsi décaler de quelques tons une mélodie n'entraîne, hormis chez le professionnel, aucune modification appréciable de l'effet musical produit. En revanche dans d'autres cas, des modifications mineures peuvent altérer profondément le sens.

Dans l'état actuel, le modèle ne dispose pas du matériel nécessaire pour rendre compte de cette relation manifeste entre discours et signification. C'est là l'objectif de cette section.

Pour ce faire, ne peut convenir une approche cherchant à se baser sur le contenu. Ce serait manifestement s'engager dans un paradoxe inextricable. Alors même que le contenu est posé non équivalent à un mécanisme physique, comment justifier une modification de ce contenu par simple mécanisme physique, puisque par construction telle est toute modification de discours (cf A2.1) ?

D'ailleurs, concrètement, le processus apparaît d'emblée irréalisable. Comment en effet, en ce qui concerne les significations dont le contenu consiste à désigner des classes infinies, validement prétendre pouvoir vérifier l'égalité des classes ? Le mathématicien, certes, le fait bien ; mais pour cela, il utilise d'autres significations qui sont supposées déjà posséder un contenu précis ; tel est, entre autres, le rôle des axiomes initiaux. Or, justement, il s'agit pour le moment de définir un cadre préalable permettant d'en discourir ! C'est encore pire dans les autres modes : il apparaît exclu de pouvoir désigner un contenu autrement qu'en relation avec d'autres significations.

Bref, tenter d'aborder le problème par ce biais a toutes les chances de ne pas faire avancer le débat d'un pouce. On rencontre une fois encore le dilemme propre aux mathématiques. Parler du contenu des choses, c'est lester la démarche du poids de l'effet évocateur, lequel va faire barrage à l'intrusion d'une authentique rigueur.

Toutefois, cette discussion a touché le point clé sur lequel va pouvoir tabler une assise constructive. Il apparaît impossible de parler du contenu propre d'une signification isolée ; cela n'est possible qu'en relation avec d'autres. Il s'agit bien entendu d'une relation toute locale. Pour parler du sens, seul un certain voisinage en est requis. Et d'ailleurs, dans tous les domaines, la définition des termes s'effectue par référence des uns par rapport aux autres, et cela sans se soucier le moins du monde des interférences que cela peut engendrer avec d'autres secteurs. D'où une base réaliste : s'attacher à un contenu implique de se situer dans un cadre précis, vis-à-vis duquel toute communication sérieuse a pour préalable de faire naître un consensus adéquat.

Ainsi, le problème se reporte non pas sur le contenu mais sur la définition de cadres régentant le développement des significations. Dans cet esprit, il est hors de question de les caractériser à leur tour par des classifications sur les contenus. La rigueur n'y trouverait pas son compte. En revanche, pour exister ils ont besoin de règles qui les précisent. C'est sur elles que doit se reporter toute l'attention.

De la même façon, ce n'est pas l'effet de ces règles sur le contenu qui permet un bon départ. En effet, comme le montre le logicien, il y a bien plus décisif. Une règle acceptable est une règle qui ne peut pas produire du faux, c'est-à-dire du non-sens. Par exemple ne serait pas recevable une règle qui prétendrait : "toute variable peut être substituée par n'importe quelle autre" ; car l'appliquer, par exemple, à la proposition "$\forall x x < 1$ implique qu'existe $y > x$", en substituant x à y cela produirait le non-sens "$\forall x x < 1$ implique qu'existe $x > x$". La règle correcte interdit que l'on effectue une substitution engendrant des collisions avec des variables liées (cf le cinquième axiome de la logique, au chapitre 1).

De la même façon, dans tout domaine culturel usuel, lorsqu'une manipulation est proscrite c'est bien parce qu'elle est susceptible de provoquer des effets malencontreux ; soit elle fait retomber l'effet de sens par trop grande pauvreté ou platitude ; soit même elle engendre carrément une incongruité. C'est ainsi que même dans les domaines artistiques les plus typés existent de multiples règles dont aucun praticien ne saurait impunément s'affranchir. Et en outre, l'enseignement dans ces univers consiste précisément à s'y familiariser.

Or, comme l'absence de signification est un critère disponible via A2.1, dénotant manipulation toute modification physique du discours, le pas va pouvoir se franchir sans coup férir sous la férule de cette définition :

D2.4 On dénote THÉORIE une classe de discours admettant le même ensemble de manipulations légitimes.
Une manipulation est LÉGITIME dans une théorie donnée si pour tout discours auquel peut être associée une signification, cette manipulation le transforme en un discours auquel peut encore être associée une signification.

Une telle définition s'identifie complètement dans l'univers mathématique au sens qui lui est ici reconnu. Les manipulations légitimes y sont représentées par les définitions et axiomes. Et il est manifeste qu'elles sont entièrement décrites par des modifications physiques du discours. La théorie peut donc ici être rigoureusement circonscrite.

C'est certainement plus difficilement le cas ailleurs. Par exemple dans le monde artistique, le concept de théorie coïncide plus volontiers avec la notion d'école ; encore que d'autres formes de classifications peuvent en être de bons représentants. C'est ainsi que, dans certains cas, la notion de style peut avoir quelque connexion avec cette définition, car un mélange de deux styles trop différents peut produire un effet suffisamment incongru au point que cela doive être inscrit parmi les manipulations illégitimes. Ainsi, on voit mal comment on pourrait rendre acceptable la juxtaposition dans le même tableau du style impressionniste et du style naïf à la Rousseau, et ceci sans mettre à mal la spécificité même de ce qui fait la portée de chacun d'eux.

Ainsi donc cette définition se montre entièrement compatible avec la mathématique, et apparaît censée ailleurs, ceci tout en laissant déjà présager toute une potentialité de variation dans le rapport qu'ont les choses entre elles : selon les termes de ce modèle, il faudra parler du sens selon la théorie où l'on se situe.

Enfin qu'existent des cadres à l'intérieur desquels les choses s'appréhendent vraiment, cela rejoint assez bien la plupart des processus d'apprentissage, où, pour inculquer le goût des significations, on y étudie attentivement les règles, c'est-à-dire justement les manipulations légitimes.

Dans cette même veine où l'univers mathématique trouve son compte et où ailleurs les choses paraissent censées, la démarche peut se poursuivre par :

D2.5 Une signification associée à un discours D2 est CONTENUE selon une théorie T dans une signification associée à un discours D1, si pour tout discours D de T contenant D1, et auquel peut être associée

une signification, la substitution de D2 à D1 transforme D en un discours auquel peut toujours être associée une signification selon T.

Dans le secteur mathématique, où, comme le montrera le chapitre 3, la signification correspond au vrai, cette définition se traduit ainsi : une propriété D2 est contenue dans une propriété D1 si chaque fois que l'on construit une proposition vraie pour D1, elle est aussi vraie pour D2. Ainsi, par exemple, dans cet esprit, le nombre trois peut être considéré comme inclus dans la notion de nombre entier ; en effet, appliquer la définition ci-dessus permet de constater avec évidence que toute proposition vraie pour tout nombre entier est également vraie pour trois. Et il y a stricte inclusion puisque l'inverse n'est manifestement pas vrai : le nombre trois a de multiples propriétés particulières, que ne possède pas en général le nombre entier (par exemple, $3 = 1 + 1 + 1$; ou encore le nombre trois est un nombre premier). En revanche, la notion de nombre réel ne peut en aucune façon être considérée comme incluse dans celle de nombre complexe, puisque, par exemple, tout nombre complexe a une racine carrée, qui est un autre nombre complexe, propriété qui est fausse pour les nombres réels négatifs.

Toutefois, un tel constat peut, dans un premier temps, être taxé de quelque peu paradoxal, puisque, d'une façon évidente, l'ensemble des nombres réels peut être considéré comme inclus dans l'ensemble des nombres complexes. Et ceci pourrait laisser poindre quelque friction entre la logique mathématique d'une part, et le sens intime des choses, que prétendent circonscrire ces définitions, d'autre part. En réalité, il n'en n'est rien, comme le montre un examen quelque peu attentif. En effet, les nombres complexes constituent une théorie dite algébriquement complète (toute équation algébrique y possède des racines). Or une telle théorie est décidable dans le sens suivant : il y existe un algorithme universel permettant de prouver toute proposition. Mais ceci n'est manifestement pas vrai dans la théorie des nombres réels, et d'ailleurs encore moins vrai pour les nombres entiers, puisque par les bons soins du théorème de Gödel, il n'est même pas possible d'y prouver toutes les propositions vraies. Ainsi au regard de la logique mathématique, les nombres complexes constituent une théorie beaucoup plus simple que celle des nombres réels et que celle des nombres entiers. Et, en conséquence, il est heureux que ceux-ci ne puissent être considérés comme inclus dans les premiers. C'est pourquoi, en fin de compte, il n'est pas sans intérêt de constater que, en un certain sens, ce modèle évite toute incartade vis-à-vis de la vision qu'implique cette logique.

En outre, il se trouve que l'argument se généralise à toute "régularisation", c'est-à-dire simplification dans le sens suivant : un objet mathématique est engendré à partir d'un autre, en rendant universelle une propriété qui ne l'était pas pour celui-ci. Ceci conduit nécessairement à une théorie plus simple, au sens de la complexité. Or il se trouve que ce modèle se refusera de considérer l'ancien objet contenu (au sens défini ci-dessus) dans le nouveau. Au passage, le pur et dur du mécanisme aura à s'interroger sur le paradoxe, maintes fois observé, de multiples théories mathématiques, plus simples au sens logique et au vu des mécanismes, apparaissant longtemps après leur devancières, pourtant bien plus complexes.

Dans les autres modes conceptuels, la définition D2.5 rejoint le processus le plus usuel lorsqu'il s'agit d'expliciter des nuances entre significations, puisque celui-ci consiste à exhiber une proposition ayant un sens avec l'une d'elle mais pas avec l'autre. Enfin dans les modes non conceptuels, cette définition opère toujours. On vérifie aisément, par exemple, qu'elle s'applique très bien au fait de déplacer toute une mélodie de quelques tons : dans la théorie représentée par la musique pour amateur (c'est-à-dire la musique en tant que directement accessible à tout amateur), ceci ne change pas la signification. Ainsi nombreux sont les accordeurs de pianos qui se sont vus dans l'obligation de redécaler d'une note ou même davantage, la totalité de l'instrument, alors que le propriétaire n'en soupçonnait même pas la nécessité !

Ceci dit, un intérêt majeur de cette définition réside dans son usage pour établir l'égalité de significations :

D2.6 Une signification S1 est égale à une signification S2 selon la théorie T, si S1 contient S2 et S2 contient S1.

Par conséquent l'égalité de signification peut se définir proprement mais uniquement à l'intérieur d'un contexte précis, qui est exactement représenté par le rôle que joue la "théorie". Ainsi selon la théorie comprenant les règles régissant le travail du professionnel, le susdit décalage de quelques tons ne conduit pas à des significations identiques, au contraire de ce que perçoit le simple amateur. D'ailleurs, la capacité de reconnaître les notes exactes à la simple audition porte un nom : c'est "l'oreille absolue" ; et bien peu de personnes peuvent prétendre y être parvenues.

Voici donc posé un matériel qui apparaît en mesure à la fois de permettre toute la relativité propre à la réalité, et de pouvoir épouser aussi précisément que possible tous les recoins d'une rigueur aussi exigeante que celle des mathématiques.

L'utilité qui en découle immédiatement peut s'illustrer de façon naturelle par l'exemple suivant. Il existe un thème cher à certains, selon lequel chaque domaine illustrerait quelques traits d'une vérité intrinsèque universelle. Appliqué au nombre, ceci devient : le nombre serait une réalité unique dont certains aspects seraient révélés par les mathématiques, et d'autres par les arts (via le rythme en musique, les proportions en architecture, etc...).

Au crible de ce modèle, il faudrait trouver une théorie où tous ces aspects pourraient coexister. Mais là, le constat est clair, la plupart des "règles" qui régentent le nombre en mathématique ne sont pas génératrices de sens dans les arts. Par conséquent pour maintenir la proposition ci-dessus, la seule solution serait d'affaiblir considérablement le nombre mathématique, en faisant fi de la plupart de ses règles de manipulations légitimes. Ce serait finalement aboutir à un lointain ancêtre, qu'aucun mathématicien n'accepterait d'accueillir en son giron.

Cette illustration conduit donc à ce constat. À vouloir trop unifier des effets par trop disparates, on est inéluctablement amené à affaiblir considérablement les significations originelles, au sens de ce modèle. Ainsi, a contrario, affaiblir le contenu des choses, voici un reproche que l'on va difficilement pouvoir adresser à la rationalité.

2.3 La signification propre

Que le modèle puisse disposer d'opérations pouvant décider si deux significations sont égales ou différentes, c'est un minimum. C'est aussi un préalable pour modeler des outils suffisamment souples, qui puissent être en mesure de décrire comment des significations peuvent s'agencer les unes avec les autres.

Par exemple, la proposition "l'homme est mortel" semble bien avoir un sens qui ne se réduit pas à celui de ses termes. Par ailleurs selon les critères énoncés ci-dessus, ce sens n'est certainement pas inclus dans celui de ses termes. Il suffit, pour s'en convaincre, de fabriquer des propositions propres à chacun, et qui deviennent des non-sens lorsqu'on y substitue de façon scrupuleusement mécanique "l'homme est mortel" à l'un de ces deux termes. Par exemple, font l'affaire respectivement "l'homme est un être vivant" et "mortel est le lot de tout être vivant".

Or il n'est pas bien compliqué de construire un critère s'appliquant au cas de figure opposé : l'assemblage d'éléments sans apparition de signification nouvelle.

D2.7 Est dite JUXTAPOSITION tout discours D tel que toute signification associée à D peut également être associée à une partie stricte de D.

Par partie stricte, il faut entendre l'inclusion stricte au sens ensembliste, c'est-à-dire inclusion sans qu'il y ait égalité. Cette définition peut immédiatement être mise à profit en explicitant l'énoncé de son contraire :

D2.8 Tout discours qui n'est pas une juxtaposition est dénoté SUPPORT. On désigne par signification PROPRE d'un support la signification qui ne peut être associée à aucune de ses parties. On dénote ÉNONCÉ l'association de la signification propre à son support.[2]

Bien entendu, puisque les définitions ci-dessus utilisent implicitement l'opération d'égalité de significations, il s'ensuit que les notions correspondantes sont d'office relatives à une théorie, celle définissant le cadre où s'applique le critère d'égalité. Ainsi donc tout le contexte à la fois universel et relatif où elles s'ébattent se retrouve d'emblée reconduit ici.

[2] Chacun pourra noter la similarité des trois notions que sont support, signification et énoncé, avec la triplette en vigueur chez les linguistes : signifiant, signifié et signification. Il n'a pas paru ici de bon aloi de reprendre cet usage. D'une part il n'y a pas coïncidence exacte, ne serait-ce que de par la façon dont ces définitions-ci sont agencées, elles s'avèrent plus générales et manifestement plus précises ; en est un témoin tout particulier la distinction ici effectuée entre signification propre et juxtaposition, que la suite va s'empresser de mettre à profit sans aucune retenue, et qui reste quelque peu hors de l'épure pour cette susdite triplette. D'autre part, la difficulté de ces développements-ci mérite que l'on choisisse des termes plus simples, au pouvoir mnémotechnique plus marqué.

Cela dit, la signification propre représente manifestement le surplus de signification associé au support relativement à celle de ses éléments. Ainsi "l'homme est mortel" véhicule une signification propre représentée par l'application du caractère "mortel" à "homme".

Reste qu'ils ne sont évidemment pas indépendants, ce qui se formalise par :

D2.9 Une signification S UTILISE une signification S' si la perception de S n'est pas possible sans la perception de S'.

Ainsi "l'homme est mortel" utilise "homme" et "mortel", mais bien évidemment pas l'inverse.

Désormais le modèle dispose de critères précis pour les opérations suivantes.
- Repérer des significations.
- Repérer si des significations sont égales, ou encore en relation d'inclusion.
- Repérer la signification propre d'un support.
- Repérer si une signification en utilise d'autres.

Ce matériel permet de tirer des conséquences, qui au premier abord se montrent fort peu conformes à certains principes bien ancrés dans la culture usuelle. Il y a donc lieu d'en rendre compte ; la section suivante va s'y consacrer.

2.4 L'association entre support et signification

Dans l'univers culturel classique, la perception de signification est présumée intrinsèquement sujette à variabilité selon les personnes, ce qui sera qualifié ici d'ambigu. Or, comme cela a déjà été mentionné, le modèle présenté ici s'inscrit en faux contre cette assertion. Et l'énoncé suivant en sanctionne le constat définitif.

E2.1 L'association entre support et signification est non ambiguë.

Supposant qu'il n'en soit pas ainsi, cela impliquerait qu'existe un support auquel pourraient être associées deux significations distinctes S1 et S2. C'est dire qu'existerait au moins un discours D auquel pourrait être associée une signification s'il contient le support de S1, mais non point s'il contient le support de S2. Ceci ne se peut que s'il est construit via des manipulations dont au moins une est illégitime lorsqu'il est censé contenir le support de S2, mais pas lorsqu'il est censé contenir le support de S1. Puisque D est le même dans les deux cas, cela implique que le critère de légitimité ne peut être le même pour S1 et S2. Par conséquent S1 et S2 ne figurent pas dans la même théorie.

Il vient également :

E2.2 Est support d'une signification l'objet physique minimal auquel peut être associée cette signification.

> *Si au contraire, il était possible d'extraire d'un support P d'une signification S un objet physique distinct P' auquel puisse encore être associée S, alors par définition S ne serait pas la signification propre de P. C'est dire que réciproquement P ne serait pas le support de S.*

Ceci n'interdit pas que deux supports distincts puissent coexister pour la même signification. Ceci implique seulement que dans ce cas, aucun des deux n'est contenu dans l'autre.

Cela dit, selon ce modèle, la perception de signification n'est plus objet d'ambiguïté, dès que la théorie de référence est rigoureusement bien précisée. Au contraire, d'après le thème en vigueur dans l'univers culturel classique (hébergeant les études à prédominance littéraire), cette propriété n'est strictement concédée qu'aux mathématiques et aux modes qui lui sont très proches, et reste définitivement déniée aux autres modes.

Il n'appartient pas le moins du monde à cette démarche de chercher à polémiquer et brandir d'éventuels torts à l'adresse de ce qui ne lui est pas conforme. Le labeur à produire pour suivre cette pente serait bien mal récompensé, par le fait même qu'il aurait toutes les chances de se situer en dehors de l'épure. Ici, il n'est question que de suivre au plus près la précision propre au mode mathématique. Critiquer ce qui se trame ailleurs est à peu près contradictoire dans les termes, car, pour ce faire, il serait nécessaire de décrire avec la rigueur mathématique cet ailleurs, ce qui revient à supposer à peu de choses près que cet ailleurs n'existe pas vraiment. Et l'on se gardera bien d'un tel décret.

La seule précaution qui importe ici consiste à vérifier que l'outillage, mis ainsi en place sous la férule de la précision et de la rigueur, loin de s'être laissé prendre les pieds dans une rigidité inapte à rendre compte de la réalité, permet, tout au contraire, la mise à jour de toute une potentialité de variation, qui, en outre, a un avantage de taille : celui de pouvoir s'expliquer. Ainsi trois processus au moins sont candidats pour illustrer la pertinence de cette perspective.

Le tout premier dérive tout simplement de la preuve de E2.1 : les perceptions ne se sont pas déroulées dans le cadre de la même théorie. En effet, seuls les mathématiques, et les sciences qui l'utilisent comme unique moteur, cultivent l'habitude de fixer les théories avec une précision sans faille. Il n'y a donc, pour qui veut s'en assurer, aucune difficulté à vérifier si deux discours se situent bien dans la même théorie. Ailleurs, ce n'est pas le cas ; une théorie au sens de ce modèle découle d'un consensus plus ou moins bien défini et aux frontières plus ou moins floues. De ce fait, la variabilité même de ce consensus induit pour les perceptions une potentialité de variations ; mais selon ce modèle, tout cela s'inscrit dans le cadre d'une variabilité de la théorie de référence.

Enfin, cette analyse montre fort bien que, contrairement à l'idée reçue, les mathématiques ne sont pas à l'abri d'un phénomène similaire ; il suffit pour cela de se situer aux frontières de la connaissance, qu'il s'agisse de recherche chez le professionnel, ou d'apprentissage chez l'étudiant.

Le second trait concerne la perception d'un objet dans toute sa généralité, et cette fois s'applique indistinctement à tous les modes, mathématique compris.

L'accès à un niveau plus général est souvent bien difficile. Pour y parvenir, dans nombre de cas, il ne sera pas possible de faire l'économie de multiples exemples qui particulariseront, sous diverses facettes, l'originalité du nouveau concept à percevoir. Et pendant un laps de temps plus ou moins long, cette perception sera lestée de tous ces particularismes qui bien évidemment auront tous loisirs de se montrer divers selon les personnes. Mais au sens de ce modèle, ces particularismes ne représentent nullement la signification propre de l'objet à percevoir. La preuve en sera la perception pleine et entière qui les repoussera au rang de détails devenus dérisoires. Mais, au préalable, tant que perdure l'étape d'apprentissage, les perceptions pourront s'afficher aussi diverses que variées.

Enfin, au delà des significations générales, ce processus peut s'étendre à celles qui en quelque sorte véhiculent intrinsèquement un certain flou. Dans ce cas, rien n'empêche la perception de s'accompagner de compléments qui précisent ce flou. D'où une nouvelle potentialité de variations. Mais là encore, il s'agira de significations qui ne pourront prétendre au critère d'égalité selon ce modèle. D'ailleurs celui-ci a déjà fourni les outils pour les caractériser : ces variations sont explicitement des utilisations (selon D2.9) de la signification floue originelle.

En fin de compte, vis-à-vis du leitmotiv entériné dans l'univers culturel classique, ce modèle répond par un critère d'égalité pour les significations à la précision redoutable, et au crible duquel la variabilité attribuée sous d'autres horizons aux significations revient en réalité aux contextes qui les environnent (flou dans les théories de référence, particularismes divers etc...).

Cet apport de précision n'est rien moins qu'anodin. Si les significations sont intrinsèquement ambiguës, la communication entre les personnes va buter sur des problèmes aux conséquences critiques. Ici, en revanche, tout est permis pour autoriser une communication entre les personnes aussi précise que l'on voudra : mais ceci sera l'affaire du chapitre 7.

2.5 L'objet conceptuel et l'objet lié

Jusqu'ici ont été présentées des propriétés universelles pour toutes significations. Or il existe une distinction manifeste entre les divers modes d'expression. Certains d'entre eux apparaissent capables de traiter d'autres objets signifiants, en particulier par l'éventuelle capacité à pouvoir nommer les choses ; mais d'autres semblent fortement rivés aux supports qui les véhiculent. Cette section va étudier cette antinomie. Les premiers seront baptisés objets conceptuels, et les autres, objets liés. Tout l'effort va consister à définir aussi proprement que possible les premiers, les autres en découlant par complémentarité.

Pour commencer, doit exister une manipulation légitime dont le rôle est de donner un nom aux choses.

D2.10 La DÉSIGNATION est une manipulation consistant à associer un support S à un élément de discours A, en sorte que dans toute théorie où la désignation est une manipulation légitime, à toute

occurrence de A peut être associée une signification contenue dans la signification propre de S. A est dénoté le NOM de S.

Ainsi existent des modes où les objets peuvent être nommés, en sorte que ce nom renvoie à la définition, qui en représente son véritable support. Toutefois il est manifeste que le concept ainsi défini déborde quelque peu de l'usage habituel. Par exemple "D2.10" est bel et bien un nom selon cette acception. Par ailleurs, il est également manifeste que nommer les choses n'est pas une manipulation légitime dans certains modes : tel est, avec évidence, le cas de la musique et des arts plastiques, à l'intérieur desquels il n'existe aucune construction sensée qui se rapproche de quelque façon que ce soit de l'action de nommer les choses dans les modes conceptuels.

Cela dit, vient l'énoncé suivant.

E2.3 La relation établie par la désignation n'a pas de signification propre.

> *En effet elle se trouve entièrement décrite par l'unique opération qu'est la correspondance mécanique entre les objets physiques que sont le nom et le support.*

En outre, dans les modes conceptuels, le nom peut servir à désigner des objets, mais également une classe d'objets. Pour cette raison on peut poser :

D2.11 Étant donné une classe d'objets X (signifiants ou non), une relation entre A et les objets X est un AGRÉGAT dans une théorie T si les conditions suivantes sont satisfaites :

1) Le nom "élément de A" est légitime dans T.

2) Dans tout discours de T, la substitution d'une occurrence d'un objet X par "élément de A" conserve un sens au discours.

3) S'il existe une signification associée à "élément de A", elle est contenue dans une signification associée à A, selon la théorie T.

Il va de soi que la notation "un élément de A" est purement conventionnelle, puisque c'est un nom (selon D2.10). On pourrait lui substituer n'importe quoi, puisqu'il s'agit d'une relation mécanique. Le choix opéré ici n'a d'autre raison que celle de ne pas alourdir l'exposé, et, pour ce faire, se contente de se cantonner à des termes davantage immédiatement intuitifs.

L'agrégat est une relation qui, en quelque sorte, reconduit dans un seul objet A, la signification de multiples objets X. On a en effet :

E2.4 L'agrégat A contient une signification contenue dans la signification des objets X.

> *En effet, tout discours ayant un sens avec un objet X garde un sens en y substituant "un élément de A" (ceci par D2.11.2)). C'est donc que "un élément de A" est contenu dans la signification de*

l'objet X (par D2.5). Par conséquent A contient une signification contenue dans les objets X (par D2.11.3)).

Il est clair qu'un agrégat n'a pas nécessairement de signification propre. C'est le cas si la classe des objets X est finie, car alors, l'agrégat peut fort bien être défini par un discours constitué de l'énoncé exhaustif des supports des objets X : dans ce cas toute signification éventuelle pourra toujours être attribuée à une partie stricte de ce discours, ce qui prouve qu'il n'est qu'une juxtaposition.

Ainsi, a contrario, peut être posé :

D2.12 Est dénotée RÉFÉRENCIATION tout agrégat auquel peut être associée une signification propre. Ce type d'agrégat est dénoté OBJET CONCEPTUEL.

La discussion précédente a montré :

E2.5 Étant donné une référenciation entre un objet A et des objets X, il n'existe pas de discours fini contenant tous les supports des objets X.

Par exemple, conformément à l'expérience la plus manifeste, il n'existe pas de discours fini qui contienne la totalité des nombres entiers.

Il vient également :

E2.6 Dans une référenciation entre A et des objets X, chacun des objets X est un objet signifiant.

S'il y a référenciation, la classe des objets X est infinie (par E2.5). S'ils ne sont pas signifiants, il ne sont représentés que par le mécanisme fini qui constitue leur support. Soit D le support de A. La relation entre A et les objets X implique qu'existe pour chaque objet X une opération, que l'on note Dx, entre X et une partie de D. Si A référence deux objets distincts X et X', c'est qu'il leur correspond deux opérations distinctes Dx et Dx'. Par conséquent, si la classe des X est infinie, celle des Dx l'est aussi. Et l'on a pu construire, à partir du seul support de A, une classe infinie d'opérations se ramenant à des mécanismes physiques ; mais ceci est impossible par D2.2 et D2.3.

Ainsi donc, non seulement "entier" est un objet signifiant lorsqu'il est utilisé pour référencer la classe infinie des entiers, mais également tout entier particulier est également un objet signifiant. Par conséquent, il ne saurait exister de discours fini strictement équivalent à la donnée d'un entier précis. En particulier tout ensemble fini d'échantillons où un nombre entier s'applique à bon escient ne peut constituer un équivalent valide de ce nombre. En d'autres termes, la classe des cas de figure où s'applique ce nombre ne peut se ramener à un échantillon fini.

Finalement apparaît ce double aspect du nombre. Non seulement il représente une classe infinie, mais chaque membre est potentiellement capable d'applications infiniment diverses.

En résumé, non seulement la notion de nombre est conceptuelle, mais également chacun des nombres l'est aussi. Bien entendu, dire qu'un nombre est conceptuel, est un abrégé de la propriété : la signification propre du nombre est conceptuelle. Le vocable "nombre" en est simplement le nom, et le support en est toute définition recevable dans la théorie où l'on se trouve. En particulier, celle-ci n'est certainement pas la même pour le petit enfant qui tente d'appréhender cet être, que pour le mathématicien qui s'applique à en poser les bases !

Il existe, en outre, des significations propres conceptuelles, telles que les objets qui y sont référencés, bien que nécessairement signifiants (puisque E2.6 le certifie), ne sont pas eux-mêmes conceptuels. Par exemple, il existe manifestement selon ce modèle des théories sensées pour lesquelles il est légitime de désigner la "classe des musiques de qualité". Cette classe est certes conceptuelle, puisqu'elle référence les musiques en question dont aucun échantillon fini ne saurait constituer une représentation exhaustive. Mais a priori on voit mal en quoi l'une quelconque de ces musiques pourrait renvoyer à quelque chose d'autre qu'elle-même : il ne s'y trouve pas de trace de référenciation.

Enfin, que la musique n'ait rien de conceptuel, ceci ne doit pas être confondu avec le fait qu'existent des propositions signifiantes, dans lesquelles est véhiculée une référenciation, mais qui ne peut revenir à leur signification propre. À titre d'exemple, soit la proposition "un nombre pair est un nombre entier divisible par deux". Ici la présence de référenciation est indiscutable. Mais elle est déjà totalement incluse dans la signification propre à laquelle renvoie le nom (au sens de ce modèle) de nombre entier : il est manifeste que tout objet référencé dans cette proposition l'est déjà par ce nom. C'est dire que la signification propre de cette proposition, c'est-à-dire ce qui ne peut être attribué à aucune de ses parties, ne comporte aucune référenciation.

Il y a donc bien référenciation dans le sens global, mais elle ne figure pas dans la signification propre. Et ceci est bel et bien antinomique de la musique, pour laquelle il n'y a pas de trace de référenciation. Le critique musical aura beau s'autoriser des comparaisons, qui elles se situeront dans le conceptuel, l'artiste pour sa part n'en démordra pas : son œuvre ou sa prestation reste parfaitement irréductible aux discours que l'on pourra en faire, de quelque ordre qu'ils soient. C'est dire que, en aucune façon, les référenciations utilisées par le commentateur ne peuvent être contenues, selon les termes de ce modèle, dans le sujet dont il traite.

Qu'existent de telles significations peut se formaliser ainsi :

D2.13 Est dénotée signification LIÉE une signification qui ne contient aucune signification autre qu'elle-même.[3]

[3]La propriété d'égalité de signification fonctionne parfaitement pour les significations liées ;

En découle cette propriété, spécifique des objets liés :

E2.7 Pour toute signification liée, il existe un ensemble fini de mécanismes physiques qui caractérise tout support de cette signification.

En effet, dans le cas contraire, quel que soit l'ensemble fini de supports distincts auxquels pourraient être associés des mécanismes physiques, distincts deux à deux, on pourrait toujours en trouver un nouveau. Cela veut dire que la signification propre en question permet d'établir une correspondance avec un ensemble infini. Autrement dit, cette signification propre contient une référenciation. Par D2.13, ce ne peut être une signification liée.

Il s'agit là d'un caractère manifeste des significations liées. Elles ne paraissent pas pouvoir exister hors d'un support physique très précis. Ainsi, dans la musique, l'effet d'une tierce est strictement lié au mécanisme physique élémentaire : le rapport des fréquences des deux notes doit être dans le rapport trois-demis. Et d'une façon générale, la totalité de l'effet musical se trouve représenté par des propriétés mécaniques de la vibration de l'air qui le produit. L'amplitude de la vibration représente l'intensité sonore, la fréquence principale représente la note, et la forme de la période de vibration représente le timbre, qu'en outre, on décompose facilement selon les harmoniques de la note. D'ailleurs l'ensemble de ces propriétés peut fort bien se coder de façon numérique, ce qui bien sûr n'a plus rien à voir avec le son lui-même, mais représente, en quelque sorte de façon abstraite, les caractéristiques spécifiques de ses propriétés mécaniques physiques ; l'information obtenue suffit à elle seule pour reconstituer l'effet musical à l'identique. Chacun aura reconnu ici le principe selon lequel fonctionnent les disques numériques.

Il y a là un caractère assez paradoxal. D'une part une signification liée est inexorablement circonscrite par des propriétés physiques. D'autre part, selon la définition de ce modèle, ces propriétés sont incapables de représenter l'effet signifiant propre qui peut lui être associé.

Certes, pour qui voudrait éluder ce caractère paradoxal, une échappatoire facile serait de nier leur existence et décréter que les significations liées n'existent pas. Mais voilà un simplisme qui ne tentera pas le moins du monde ce modèle. En effet, d'une part cela impliquerait de rayer de la spécificité de l'homme tout un pan de son expression, qui pourtant, au vu du temps qu'il y consacre et de la fierté qu'il en retire, représente une part considérable de son investissement propre. Ce serait donc une témérité hors de proportion avec le mince avantage que l'on en retire. Plus que mince d'ailleurs, car le chapitre suivant va s'empresser de remettre ce paradoxe sur le tapis : dans les modes conceptuels, mathématique compris, il existe également des significations liées ! Ce faisant, ce sera l'occasion d'un peu mieux analyser leur raison d'être.

---

et d'ailleurs des exemples ont été utilisés dans ce chapitre. Cette définition se doit donc d'être restreinte à la stricte inclusion.

La grande différence avec les modes conceptuels est que ceux-ci drainent des significations qui sont des référenciations, lesquelles, par ce qui vient d'être montré, ne peuvent être circonscrites via des propriétés physiques spécifiques. Et c'est bien le visage que montre la réalité. Tout objet conceptuel peut avoir de multiples définitions, c'est-à-dire des supports selon les termes de ce modèle, qui sont tous aussi convenables pour y circonscrire la signification en vue.

Ainsi, de façon tout à fait élémentaire, faire comprendre le nombre trois au petit enfant se fera en lui présentant un certain échantillon d'ensembles matériels constitués de trois objets similaires. Cela suffira toujours, preuve qu'il s'agit là de supports corrects ; mais on imagine à quel point ces échantillons peuvent être divers. S'il s'agit de percevoir le nombre entier en général, l'opération sera plus compliquée, mais là encore, de multiples approches intuitives peuvent être utilisées à l'adresse de l'enfant, qui toutes contiendront un équivalent du principe de récurrence (par exemple les aspects récurrents qu'il y a dans les systèmes d'énumération), qui suffiront manifestement puisque la perception va un jour se déclencher. Même en mathématiques, de multiples variantes décorent l'aspect de référenciation proprement dite des systèmes axiomatiques se chargeant d'établir la définition du nombre entier (d'ailleurs le chapitre suivant ne se privera pas de s'étendre quelque peu sur ce paradoxe). Tous constituent des supports valides, pourtant sans pouvoir se ramener à des propriétés physiques communes.

C'est enfin cet aspect arbitraire propre à tout support d'objet conceptuel qui permet de nommer les choses ; ceci est la traduction, selon les termes de ce modèle, de ce que le nom constitue une manipulation légitime dans les modes considérés : cela ne fait rien perdre de l'effet signifiant en jeu.

2.6 Premier bilan

Ce chapitre s'était fixé pour objectif de construire une représentation de l'univers signifiant dans toute sa généralité, ceci selon une démarche complètement mathématisée. Du point de vue technique, cela n'a pu se faire qu'en se limitant à des descriptions concernant ce qui régente les supports. Il s'agit là d'un trait nécessaire à la survie de la veine mathématique, et le chapitre suivant ne va pas se priver de renchérir sur cet aspect.

Or contre toute attente vis-à-vis d'une impression intuitive trop hâtive, cela a conduit inéluctablement à construire un outillage d'une précision implacable dont la conséquence est de pouvoir délivrer une potentialité de description aussi fine que l'on voudra. La distinction que vient d'effectuer la section précédente, entre référenciation et signification liée, n'en est pas le moindre témoin.

Dans la même lignée, ici, la signification s'affiche non ambiguë, au contraire de ce qui se professe usuellement. Mais alors, pour le simple plaisir de pouvoir parler de significations diverses, cela a inexorablement conduit à poser un critère d'égalité de significations à la précision redoutable, qui rend d'une certaine façon extrêmement difficile que deux d'entre elles en vérifient expressément toutes les conditions. De là en a dérivé un outillage d'une réelle souplesse permettant de décrypter le détail qui fait que des significations puissent être perçues différemment.

Autrement dit, par les bons soins de cette rigueur obstinée, le fait constamment observé de la non-identité des perceptions vécues bien souvent par chacun n'est plus le moins du monde lesté de la nécessité d'attribuer ceci à une variabilité intrinsèque des significations. Cela provient de ce que l'outillage qui a pu être ainsi mis en place permet de renvoyer cette non identité dans le domaine de l'explicable.

Or, une ténacité cramponnée à une rigueur inflexible qui, en conséquence ultime, permette la conquête d'espaces à l'intérieur desquels règne l'explicable, telle était, dès le début, l'ambition avouée de ce modèle.

Chapitre 3

L'objet mathématique

Que ce modèle se déroule sous l'égide de la rigueur mathématique, cela ne le dispense nullement de chercher à explorer les discours adoptant cette rigueur comme règle propre. C'est même tout le contraire qui s'impose impérieusement, et cela ne serait certainement pas à mettre au crédit de cette démarche, si elle s'avérait dans l'incapacité de décrire ce qui caractérise le fondement de ce qui fait sa force. Et puisqu'elle prétend prendre en compte toutes les dimensions de l'univers signifiant, bien mal lui prendrait si elle escamotait toute invitation à jeter un regard s'appliquant à sonder la spécificité de ce domaine.

Dans cet esprit, cette investigation va rester aussi éloignée que possible de ce qui a pu se pratiquer ailleurs, lorsque cela consiste à réduire la perspective à une énumération des sujets sur lesquels on autorise la mathématique à fonctionner. Ici, une fois encore, on ne va pas se priver de recourir à une approche similaire à celle usuellement pratiquée par le professionnel, pour laquelle seul le décryptage des processus utilisés permet de déterminer ce qui est mathématique et ce qui ne l'est pas.

Cette tentative d'appréhension dans la connaissance de la connaissance sera poursuivie dans les deux chapitres suivants. Tout ceci aura au moins pour mérite de montrer que le modèle, ici en marche, non seulement n'est pas en peine pour décrire convenablement l'univers signifiant usuellement connu, mais peut-être également le fait-il avec une pertinence quelque peu revigorée.

3.1 La caractérisation imposée par la logique

En ce qui concerne la mathématique, le second quart du vingtième siècle a vu le logicien établir un cadre qu'un consensus universel des praticiens reconnaît comme complètement valide. Une stratégie de tout confort consiste donc à emprunter ses pas et suivre son exemple pour atteindre l'objectif visé, qui n'est rien moins que de caractériser les mathématiques.

Ainsi se reportant aux axiomes de la logique énoncés dans le chapitre 1, que constate-t-on ? Ceux-ci se résument tous en manipulations opérant de façon mécanique finie sur divers textes qui sont censés constituer les supports ou les noms d'objets se répartissant en quatre classes ; les trois premières, presque toujours potentiellement infinies, qui sont respectivement les classes des variables, des fonctions, et des relations, et dont strictement rien ne sera prononcé en ce qui concerne leur contenu. La quatrième ne comprend que les symboles logiques. Ces axiomes sont censés représenter les constructions qui, bâties sur des propositions quelconques faites avec des éléments des trois premières classes et les symboles logiques, constituent les formules logiques universellement valides a priori. Il s'agit donc de manipulations permettant de délivrer divers textes représentant ces dites formules logiques universellement valides.

Pour produire une théorie mathématique particulière, seront introduits un petit nombre de textes constitués d'éléments prélevés dans les mêmes classes, qui seront interprétés comme les propositions universellement valides caractérisant a priori cette théorie particulière, et qui seront quelquefois dénotés axiomes de la théorie. Partant de ces textes, les règles de manipulations de la logique permettront d'en déduire de nouveaux, qui représenteront des propositions qui y seront considérées, elles aussi, comme universellement valides.

Tout ceci s'exprime très simplement selon les termes de ce modèle. Ces textes sont constitués de noms et de supports. Quant aux manipulations représentées par les axiomes logiques, elles constituent les seules manipulations légitimes autorisées.

Ainsi le logicien impose cette caractérisation :

D3.1 Une théorie est dite MATHÉMATIQUE si l'ensemble de ses manipulations légitimes est fini, et si chacune est une manipulation mécanique finie de supports et de noms.

En outre, il est utile d'importer ici la distinction à laquelle s'était intéressée la fin du chapitre précédent :

D3.2 Un OBJET MATHÉMATIQUE est un objet signifiant d'une théorie mathématique dont la signification propre est conceptuelle.

Un objet mathématique référence donc une classe infinie d'objets signifiants. Mais puisqu'il est mathématique, cette réferenciation est entièrement déterminée par un ensemble fini de mécanismes finis sur des supports et des noms. On vient de montrer :

E3.1 Pour tout objet mathématique, il existe un processus mécanique fini appliqué à des supports et des noms qui permet de décider de façon finie s'il référence ou non un objet donné.

Notations. On désigne par PROCESSUS DE RECONNAISSANCE le processus mécanique fini dont E3.1 vient de prononcer l'existence.

On dira également que ce processus OPÈRE ou N'OPÈRE PAS, selon que la vérification de la référenciation réussit ou non. Enfin une telle référenciation déterminée par un processus de reconnaissance sera dénotée DÉSIGNATION JUSTE-EXCLUSIVE.

3.2 Exemples

Tenter de définir un objet mathématique comprendra donc deux opérations : désigner une classe infinie et énoncer le processus de reconnaissance sanctionnant l'appartenance à cette classe.

Appliquer ceci aux entiers positifs conduit aux considérations suivantes. L'objectif se devra de chercher à reconduire la construction intuitive usuelle : tout nombre entier s'obtient par une suite finie d'opérations "suivant", appliquée à partir du nombre zéro. D'où, dans un premier temps, des axiomes assurant l'existence de zéro, et de l'opération "suivant" (ainsi que de son inverse : "précédent"). Détail à noter, sur lequel il y aura lieu de revenir ultérieurement, car en réalité il n'a rien d'anodin, aucune tentative ne sera faite pour préciser leur contenu ; on se contente du seul décret assurant l'existence de ces deux opérations.

Le second pas va s'attacher à introduire les opérations usuelles, d'où des axiomes permettant de circonscrire le comportement du "plus" et du "multiplié", en réutilisant les notions dont on vient de prononcer l'existence.

Par exemple, cela pourrait donner :

1. suivant(m+n) = m + suivant(n) = suivant(m) +n
2. m+0 = 0+m = m
3. m x 0 = 0 x m = 0
4. m x suivant(n) = (m x n) + m
5. suivant(m) x n = (m x n) + n

Enfin, il faut s'assurer que l'on a ainsi pris tous les nombres entiers et rien qu'eux. Ce n'est pas le cas pour le moment, car ces axiomes conviennent tout aussi bien pour des groupes finis (par exemple le groupe des entiers modulo n, qui sont aussi les groupes des restes de la division par n), que pour des nombres quelconques. Il faudra donc un autre axiome pour circonscrire les nombres entiers à ce qui peut être obtenu par une suite quelconque d'opérations "suivant" appliquée à partir de zéro. Ainsi devra-t-il y avoir un processus de reconnaissance ayant la charge d'une telle authentification, ce qui n'a aucune chance de pouvoir se formaliser sans l'appui du principe de récurrence, ceci par la faute du théorème de Lovenheim-Skolem (cf chapitre 1), principe qui par conséquent devra figurer dans les axiomes de départ.

Tout ceci montre bien comment le mathématicien va se concentrer exclusivement à poser une machinerie opératoire sur ses textes, sans jamais se référer à un éventuel sens des choses. C'est la condition sine qua non pour atteindre l'objectif visé : un processus de reconnaissance s'appliquant sur les supports et délivrant à coup sûr une réponse et ceci de façon finie.

Cette non reconduction de toute connotation peut, à titre d'exemple, s'illustrer ainsi à l'égard de l'opération "suivant". On remarque en effet que si l'on dénote 1 le suivant de 0, les deux premiers axiomes permettent de déduire que suivant(m)=m+1. En effet, par le second, suivant(m) égale suivant(m+0), et par le premier, ceci est encore égal à m+suivant(0). Ainsi selon ces axiomes, l'opération "suivant" peut s'identifier à "plus 1". On conviendra aisément que ceci est tout de même assez éloigné de la connotation propre qui est de toute façon toujours utilisée pour le terme "suivant" dans toute tentative de dénombrement. Et bien, de tout ceci le mathématicien n'en a cure.[1]

Cette non-reconduction de toute connotation peut encore s'illustrer de façon au moins aussi flagrante en se reportant aux balbutiements géométriques. Les toutes premières tentatives de définition à l'adresse des jeunes débutants contiennent des énoncés du genre : la ligne droite est l'image d'un fil tendu, sans épaisseur, sans aucune flèche, etc...

Voici une approche qui peut faire son deuil d'un processus de reconnaissance mécanique fini. On voit mal quelle machinerie va pouvoir décider imparablement de ce qu'est une image de fil tendu. En revanche, il ne fait aucun doute que le texte en question évoque de façon valide une ligne droite. En quelque sorte, il apparaît comme un message pour apprendre au sujet l'effet auquel il doit s'attendre, et certainement pas ce que cela peut bien être intrinsèquement.

D'ailleurs on constate avec évidence comme le discours géométrique reste embarrassé par cette description. Et s'il s'agit de s'assurer que par deux points ne passe qu'une seule droite, il faut battre en retraite vers les impressions sensibles : "on voit bien que si entre deux points on tend deux fils, ils vont apparaître confondus..."

Il n'est pas question d'entrer dans une définition rigoureuse de la géométrie, qui est un travail ardu. Cependant cet exemple peut être poussé plus avant, en y recherchant le tout premier point de départ qui pourrait supplanter l'imagerie ci-dessus. Pour ce faire, il suffit de recourir au seul aspect opératoire spécifique de l'objet pour lui-même. Or ici, c'est particulièrement simple ; il s'agit de l'unicité du point de rencontre. Par exemple se situant dans la théorie des ensembles, pourrait s'énoncer une définition répondant au prototype suivant :

Une classe C de sous-ensembles L constitue une classe de lignes droites, si deux sous-ensembles de C quelconques mais distincts ont une intersection comprenant au plus un seul élément.

---

[1] Cette identification entre "suivant" et "plus un", en réalité, est réutilisée par la plupart des présentations, dans lesquelles on assistera à la substitution, dans les axiomes ci-dessus (ou leur équivalent), de "suivant(m)" par "m+1", ce qui implique, bien entendu, que l'axiome décrétant l'existence de "suivant" se voit substituer un axiome prononçant l'existence de 1, c'est à dire de l'unité ; la préférence pour un tel choix provient de ce que cette expression offre un aspect quelque peu plus formel (et en outre, la notion d'unité se trouve d'office requise, lorsqu'il s'agit de définir la structure algébrique générale à laquelle répond l'ensemble Z des nombres entiers positifs ou négatifs, structure baptisée "anneau"). Toutefois, pour ce modèle, le débat ne s'est pas déplacé d'un pouce, puisque tout ce qui s'est dit (et sera dit) à l'égard de "suivant" se reporte à l'identique sur la notion d'unité.

Par les mérites de cette seule définition, la propriété, selon laquelle par deux points ne passe qu'une seule droite, retourne dans le clan du prouvable : si par deux points passaient deux droites distinctes, leur intersection contiendrait deux points, contrairement à la définition.

Tout ceci illustre à quel point le mathématicien s'attache exclusivement à définir un aspect opératoire par lequel passera toute tentative de reconnaissance de ses objets. Aucune connotation n'y est reconduite, même parmi celles qui sont véhiculées dans l'approche intuitive du point de départ. C'est ainsi que personne ne cherche à préciser ce qu'est "suivant", et le mathématicien n'aura cure de constater que ses axiomes l'identifient à quelque chose qui ne rappelle que d'assez loin sa connotation usuelle. Autrement dit tout l'aspect évocateur a été évacué ; ou encore, tout l'effet perçu par le sujet a disparu. Ne reste que la spécificité qui lui est propre, qui permettra de le reconnaître de façon absolument imparable, et ceci via un processus fini.

En outre, cet acharnement à se concentrer sur le seul aspect opératoire, et à s'abstenir de toute référence au contenu des choses, aboutit à une configuration quelque peu paradoxale qui revient à l'absence de toute référence à l'infini. Ainsi, en ce qui concerne les axiomes ci-dessus censés définir le nombre entier, autant ils vont scrupuleusement décrire toute la machinerie délimitant les seules manipulations admises, autant ils restent muets sur la référenciation à laquelle tout cela s'adresse. Et même, il va falloir de multiples péripéties pour s'assurer de l'émergence d'un ensemble infini. Par exemple, on pourra introduire une relation d'ordre total, en prenant la fermeture transitive de la relation : suivant(m) est supérieur à m. Plusieurs applications du principe de récurrence seront nécessaires pour prouver qu'il y a bien ainsi une relation d'ordre total (à savoir, si m et n sont différents, alors, ou bien m est supérieur à n, ou bien l'inverse). Enfin, on pourra constater que s'applique aux entiers l'axiome usuel en mathématiques caractérisant un ensemble infini (quel que soit le sous-ensemble de ses éléments, on peut toujours construire un sous-ensemble plus grand). Pour cela, étant donné un sous-ensemble quelconque d'entiers, il suffira de le classer, et y adjoindre le suivant de son plus grand élément.

Qui plus est, cette discussion tendrait à laisser croire que la référenciation des entiers ainsi déterminée devient l'objet d'une preuve, constat qui mettrait quelque peu à mal ce modèle, car cela aurait toutes les chances de violer E2.7. En réalité, il n'en est rien. En effet, la présence de la référenciation a déjà été explicitement énoncée dès le début de la section qui avançait clairement l'objectif, à savoir la définition des entiers positifs. Cette intention manifeste est en outre consolidée par les notations utilisées, qui sont d'emblée identifiées aux sigles usuels de l'arithmétique.

Cela n'est pas si anodin. En effet, la réutilisation des notations usuelles pour la pratique de manipulations sur les entiers va servir, en permanence, d'incitation à y reconnaître en continu le bon vieux système d'énumération auquel chacun est rompu depuis son enfance. Et c'est pour cette raison que chacun va y trouver son compte, bien qu'il n'en figure pas la moindre trace dans la machinerie opératoire des axiomes.

Pour qui ne se sentirait pas suffisamment convaincu par cette assertion, il suffirait d'observer l'indicible flou qui prendrait la place si l'on abandonnait cette assistance intuitive ; et pour ce faire, il suffirait d'imaginer un texte qui supprime ces deux aspects, et donc d'une part s'abstient de toute mention sur l'objectif visé, et d'autre part évite d'utiliser les sigles usuels. Par exemple, ce texte pourrait commencer ainsi. Il existe une opération de base notée Ob, un élément de base noté Eb, des variables notées v1, v2, etc, et deux opérations Op1 et Op2, vérifiant les axiomes :

Ob(v1 Op1 v2) = v1 Op1 Ob(v2) = Ob(v1) Op1 v2. etc...

Il va de soi que seul le lecteur particulièrement vigilant et curieux pourra y reconnaître une définition cohérente avec l'arithmétique. Or, il se trouve que si l'identification de ces textes aux axiomes cités ci-dessus ne posera guère de problème (il suffira de remplacer Ob par suivant, Op1 par +, etc), en revanche, l'identification de toute cette quincaillerie à l'intuition du nombre, telle qu'elle est véhiculée dans le for intérieur de chacun depuis son enfance, ne saurait, elle, faire l'objet d'aucune preuve exhaustive finie. Et même, il n'y a aucune certitude matérielle à cela ; il ne saurait être question de dépasser une certaine forme d'intime conviction, s'appuyant sur les divers constats de la bonne compatibilité de cette machinerie opératoire et de ses conséquences avec la susdite intuition.

Cette inaccessible preuve matérielle de la conformité avec l'intuition a pour conséquence, bien souvent, la mise à l'écart de cette dernière dans les textes mathématiques. Et ainsi, ceux-ci se contenteront d'énoncer l'intention mise en avant, et cependant se dispenseront la plupart du temps d'en vérifier le degré d'adéquation avec leurs développements, puisque, en réalité, cela ne peut en aucune façon s'appuyer sur une quelconque preuve finie. De là découle que rien n'empêche une même intuition de départ de donner naissance à plusieurs théories mathématiques distinctes. D'ailleurs, notre bonne vieille arithmétique n'échappe pas à cela, puisque, si les professionnels sont unanimes pour reconnaître une parfaite concordance entre les axiomes de l'arithmétique usuelle avec l'intuition du dénombrement, cela n'a pas empêché certains de faire perdurer celle-ci au delà de l'infini, ce qui revient à continuer à dénombrer après avoir atteint l'infini ; et ceci donne lieu à la théorie des nombres transfinis. Et certainement, personne ne sera jamais en état de démontrer que l'une est davantage en harmonie que l'autre, avec l'intuition primitive du dénombrement.

Ainsi, que la définition mathématique prenne, à ce point, ses distances vis-à-vis de la nouvelle référenciation à laquelle elle donne naissance provient de son obstination à rester dans la description mécanique finie. Il s'agit là d'un aspect quelque peu paradoxal, et qui va refaire surface plusieurs fois au cours des considérations qui vont suivre.

Enfin, ce mode d'approche, et, en particulier, cette spécificité mathématique qui ne tolère de manipulations légitimes qu'à la seule condition qu'elles se réduisent à des manipulations mécaniques finies de supports et de noms, engendre manifestement une sensation de malaise chez quiconque ne s'est pas suffisamment frotté à ce mode. Cela est évidemment dû à l'éradication de tout effet évocateur dans les manipulations légitimes, ce qui, dans la foulée, donne l'apparence de suppression de toute connotation. Or, que cela aboutisse à un tel état de fait, cela provient de ce que partout ailleurs les manipulations légitimes ne peuvent se réduire à des manipulations mécaniques de supports et de noms, de par leur nature même qui s'ingénie à faire appel au sens des choses. Ainsi, à titre d'illustration élémentaire, les premières règles, inculquées aux élèves des collèges au cours de l'apprentissage d'un style correct dans l'expression littéraire, se réfèrent toutes à la signification. Par exemple, ne pas utiliser dans la même phrase verbes et substantifs de *sens* trop voisins, ou encore, éviter les mots de *sens* trop vague ; de même, utiliser des tournures imagées est bien venu, à condition que cela "colle" d'assez près à l'intimité du *sens* que l'on cherche à évoquer, etc... Bref, chacun pourra le vérifier pour son propre compte, il sera bien en peine de débusquer une règle de style qui puisse s'affranchir de toute référence au sens des choses.

Un constat en tout point similaire s'applique à toute entreprise artistique. Alors même que de multiples règles techniques figurent dans tout apprentissage, néanmoins, il n'existe aucune construction qui puisse s'affranchir du critère final qu'est le sens ou l'effet produit, quel que soit le qualificatif qui lui est décerné : le goût, le style, le ton, la tournure, voire le talent.

Ceci dit, ce n'est pas parce que toute connotation est évacuée des manipulations légitimes, que pour autant il n'y a pas de sens spécifique dans le déroulement du discours mathématique. En effet, l'intention de création d'une classe infinie, qui encore une fois ne saurait figurer dans la quincaillerie opératoire délimitée par les axiomes, reste bel et bien suspendue au texte ; ceci revient à dire que "comprendre" un discours mathématique consiste à accompagner cette intention originelle à travers les avatars des manipulations mécaniques qui s'y enclenchent les unes après les autres. Et c'est cette association, qui, bien qu'elle ne soit pratiquement jamais dite, constitue le sens propre auquel va adhérer le féru de ce mode. Il va de soi que, tant que cette particularité assez extrême n'est pas clairement perçue, celui qui n'a pas d'atomes crochus pour les mathématiques va se sentir bien vite désemparé. Autrement dit, tant que le lecteur n'est pas prévenu, soit par son propre goût, soit par les enseignants, que cela est de son propre ressort de faire vivre l'intention originelle dans les méandres des preuves, il n'a vraiment aucune chance de comprendre le sens qui se tisse dans le cours des développements, c'est-à-dire la signification selon ce modèle, que se plaît à sécréter le mode mathématique.

Enfin, il faut bien convenir que ce paradoxe n'a rien d'anodin. Il revient, en effet, à constater qu'existent des théories où les manipulations légitimes, bien que se réduisant à des manipulations mécaniques finies, ont pour vertu de réussir complètement dans leur objectif de référenciation juste-exclusive. Toutefois, il n'y a peut-être pas de grande surprise additionnelle à ce constat, par rapport au paradoxe entériné dès les premiers axiomes, permettant d'attribuer à *Homo sapiens sapiens* le privilège de pouvoir manipuler des effets signifiants, donc non réductibles à des mécanismes finis, via de simples supports et discours, qui, eux, ne sont que des stricts mécanismes finis. Finalement, la seule originalité, vis-à-vis de ces axiomes initiaux, c'est que cette puissance discriminatoire, dont l'homme s'avère pouvoir disposer par le truchement de ces mécanismes finis responsables de la genèse des discours, peut aller jusqu'à la potentialité de la référenciation juste-exclusive. Autrement dit, cette potentialité, qui en soi est déjà tellement énorme que ce modèle a cru bon de faire précéder son énoncé par le premier chapitre tout entier, se trouve en réalité sans limite en matière de précision et de justesse d'appréhension.

3.3 La preuve

La toute première section a circonscrit l'essence mathématique à n'utiliser que des manipulations légitimes se réduisant à des processus mécaniques finis portant sur des supports et des noms. Ensuite, elle s'est cantonnée à en déduire, pour un discours quel qu'il soit, la caractérisation qui en découle en ce qui concerne les objets conceptuels de la théorie, dénotés objets mathématiques. Reste à déterminer un critère s'appliquant à une portion quelconque du discours.

E3.2 Un discours est mathématique si et seulement s'il utilise des objets mathématiques avec leur désignation juste-exclusive.

En effet, par définition, pour qu'un discours fasse partie d'une théorie mathématique, il est nécessaire que toute manipulation dont il est l'objet se ramène à une manipulation mécanique de supports et de noms. Ainsi donc un objet mathématique ne peut y figurer qu'à la stricte condition que puisse exister un ensemble de manipulations mécaniques fini, qui permette de retrouver son processus de reconnaissance.

Notation. Est dénotée PREUVE tout discours par lequel se reconnaît, via un processus fini, l'utilisation de la désignation juste-exclusive

Un coup d'œil sur la logique montre qu'existent deux types de constructions introduits axiomatiquement. Le premier permet de déterminer les propriétés des opérations (axiomes 1 à 5). Les autres permettent de dériver de nouvelles propositions (modus ponens et généralisation). Seul l'ensemble de ces règles permet de déduire de nouveaux discours, en toute généralité. Dès lors, partant d'un discours représentant la définition d'un objet mathématique, donc contenant sa désignation juste-exclusive qui n'est autre que l'ensemble des propriétés vraies à son égard, un autre discours D l'utilisant ne sera mathématique que s'il l'utilise avec cette désignation. C'est dire que l'on pourra nécessairement trouver des portions de discours transformant via les susdites règles les propriétés contenues dans la désignation juste-exclusive en d'autres propriétés, qui de proche en proche aboutiront à cet autre discours D. L'ensemble de toutes ces transformations constitue un nouveau discours qui correspond précisément à la preuve.

S'arrête là l'énoncé des caractéristiques spécifiques des mathématiques. Pour être mathématique, un discours particulier doit ou bien être une définition, donc contenir une désignation juste-exclusive, ou bien être une propriété à laquelle peut être adjointe une preuve. Dans aucun autre cas, le caractère mathématique ne peut être décerné.

Cette délimitation qui pourra apparaître quelque peu restrictive est nécessaire par pure consistance. Par exemple, il existe maints discours qui utilisent des nombres en leur attribuant des valeurs quelque peu affectives. Le nombre d'or en est un exemple usuel en architecture. Il est ainsi de bon ton que ces nouveaux discours ne soient pas rangés dans l'ordre mathématique, puisqu'aucune preuve ne peut y trouver la moindre brèche pour s'y incruster, et pour cause! Ces propriétés affectives ne disposent d'aucune caractérisation mathématique. Cela ne veut évidemment pas dire qu'elles n'ont aucun sens ; cela veut simplement dire que cela ne se situe plus dans une théorie mathématique.

Cette délimitation stricte va jusqu'au constat suivant. Puisque le théorème de Gödel révèle des propositions non prouvables, celles-ci ne peuvent se voir attribuer le caractère de significations mathématiques. Mais est-ce si choquant ? Par exemple, la non-contradiction de l'arithmétique est non prouvable ; c'est dire que toute assertion affirmant cette non-contradiction reste du domaine de l'acte de foi ! N'est-il donc pas naturel de l'exclure, dans un premier temps, en tant que signification selon ce modèle, de la classe mathématique ? Bien entendu, ce type d'assertion est en réalité indispensable à la bonne pratique de l'arithmétique. C'est pourquoi, a posteriori, elle figure de façon implicite comme axiome supplémentaire de la théorie, ce qui est possible grâce à la seconde forme du théorème de Gödel, qui assure qu'elle y est exprimable.

3.4 Logique et signification

La remarque précédente conduit à s'intéresser d'un peu plus près à la recherche d'un éventuel rapport entre la signification selon ce modèle et les mécanismes à l'œuvre dans les preuves. Pour ce faire, dans un premier temps, s'avère utile une certaine prise de recul envers ce qui fonde leur raison d'être purement logique.

Dans l'effervescence de la fin du dix-neuvième siècle, qu'avait enclenchée la fameuse contradiction dans la théorie des ensembles, certains ont voulu se tirer d'affaire en produisant des logiques plus faibles. Et de fil en aiguille, une foule d'autres logiques a été étudiée. Deux grandes directions ont été mises sur le tapis.

La première a consisté à étendre la classe des valeurs logiques. Dans la logique usuelle (c'est-à-dire celle dont les axiomes ont été mentionnés au chapitre 1), n'existent que deux valeurs notées 1 et 0 par le logicien, et qui peuvent s'interpréter respectivement comme vrai et faux. Or on a pu construire des logiques à trois valeurs, la troisième pouvant s'interpréter comme "peut-être". Puis ceci s'est généralisé à un nombre quelconque de valeurs, et même à un nombre infini de valeurs, piste qui a été reprise dans les années 1980 dans les "systèmes experts" de l'informatique.

Il va de soi que, dans ces logiques, la valeur correspondant au vrai est beaucoup plus difficile à rallier. Par exemple dans la logique usuelle, il suffit de prouver qu'une proposition ne soit pas vraie pour en déduire que son contraire est vrai. Bien entendu, ce n'est manifestement pas le cas dans les logiques ci-dessus.

L'autre direction consent à se maintenir dans un système à deux valeurs, mais tente de modifier les règles qui le régentent. Toutefois, dans cette perspective, un constat d'importance s'est imposé. La logique la plus riche possible est la logique usuelle. Il n'est pas possible de lui adjoindre une quelconque règle supplémentaire universellement valide, sans immédiatement faire sombrer tout l'édifice. On se souvient d'ailleurs à ce propos que la moindre contradiction (c'est-à-dire la moindre proposition à la fois vraie et fausse) entraîne inexorablement que tout devient indifféremment vrai et faux.

Dans ces conditions, cette direction se réduit à la seule alternative consistant à considérer des logiques plus faibles, attendu que ne sauraient exister de logiques plus fortes. La plus connue d'entre elles est la logique intuitionniste, dont la caractéristique essentielle est d'écarter le tiers exclu, selon lequel une proposition doit nécessairement être vraie ou fausse. De ce fait, en logique intuitionniste, il ne suffit pas de démontrer qu'une proposition ne peut être vraie, pour en déduire que son contraire est vrai. Ceci entraîne naturellement que toutes les démonstrations par l'absurde deviennent invalides.

Parallèlement à toutes ces expérimentations en tous sens, les mathématiciens ont cherché si les contradictions répertoriées étaient inéluctables en logique usuelle. Et ils ont ainsi pu s'assurer que, moyennant suffisamment de précautions, il était toujours possible de les contourner. D'ailleurs, comme s'est plu à le rappeler le premier chapitre, le théorème d'adéquation a mis la dernière main à ce dilemme, en montrant que la logique axiomatisée peut toujours constituer un cadre convenable pour toute théorie non contradictoire. De là, en a résulté une ferveur de plus en plus ténue pour les autres logiques, qui, comme on vient de le rappeler, se caractérisent toutes par le fait qu'elles sont plus faibles, c'est-à-dire permettent de dériver moins de résultats complètement valides (que sont les propositions vraies). Et les mathématiques sont reparties de plus belle dans le cadre de la logique usuelle.

Il va de soi que ce modèle ne se permettra pas la moindre incartade sur ce sujet, et par conséquent il se doit de poser :

A3.1 L'ensemble des mécanismes constituant les manipulations légitimes des théories mathématiques est représenté par la logique mathématique usuelle.

S'en déduit de façon fort naturelle :

E3.3 Une proposition mathématique ne peut être munie de significations que si sa valeur logique est le vrai. Le faux exclut toute signification.

Étant donné un objet mathématique, son processus de reconnaissance, par A3.1, s'exprime dans la logique mathématique usuelle, et par conséquent, celui-ci opère lorsqu'il produit le résultat logique vrai, le faux traduisant le fait qu'il n'opère pas. Or la signification d'un objet mathématique détermine la classe des objets qu'il référence, c'est-à-dire la classe des objets sur lesquels son processus de reconnaissance opère. Donc cette signification implique le vrai.

Soit donc une théorie mathématique. La signification de ses objets mathématiques impliquant le vrai implique toutes les propositions vraies de cette théorie. Autrement dit, par voie de conséquence, le modèle logique engendré par la signification des objets mathématiques selon ce modèle, ainsi que toutes leurs implications, contient toutes les propositions vraies de la théorie. Mais si à la signification pouvait également être associée une proposition P0 démontrée fausse, le modèle engendré par la signification et toutes ses implications contiendrait toutes les propositions vraies, et au moins une proposition fausse P0. Or un tel modèle est contradictoire, puisqu'il contiendrait une proposition P0 et son contraire (si P0 est faux, son contraire est nécessairement vrai). Et finalement le modèle engendré par la signification se réduirait à un mécanisme trivial : toute proposition y figure ainsi que son contraire. Ceci exclut par conséquent toute présence de signification.

Ainsi la présence de signification implique que, seul, le vrai logique puisse lui être associé.

Que la signification implique le vrai, soit ! Mais qu'en est-il de l'inverse ? Le vrai implique-t-il la signification ? Une première réponse s'impose avec évidence. Il est très facile de produire des modèles très simples ne disposant que d'un nombre fini de propositions distinctes. À titre d'exemple, fera l'affaire la suite cyclique des dix premiers nombres (0, 1, 2,...9, 0, 1, etc) dotée de la seule opération "suivant". N'y figurent que dix propositions distinctes : "1 est le suivant de 0", "2 est le suivant de 1", etc... "0 est le suivant de 9". L'ensemble de ces propositions est donc représenté par un mécanisme fini qui n'est autre que leur énoncé exhaustif. Il ne peut donc leur être associée de signification propre, dans le cadre de cette "théorie".

Cet exemple suggère la solution :

E3.4 Dans une théorie non contradictoire, les propositions vraies sont munies de signification si l'ensemble de toutes les propositions distinctes est infini.

Soit donc P l'ensemble infini de toutes les propositions pouvant être formulées dans une théorie T. Soit V le sous-ensemble des propositions vraies. Si V était fini, l'ensemble complémentaire F des propositions fausses serait infini, puisque tout P l'est. Or la négation d'une proposition fausse est une proposition vraie. Comme l'ensemble des négations des F serait également infini, cela contredirait la propriété de V d'être finie.

Ainsi P contient deux sous-ensembles disjoints tous deux infinis : les propositions vraies et les propositions fausses. Dans ces conditions, aucun mécanisme fini ne peut construire exhaustivement l'ensemble des propositions vraies. Dès lors l'argument de E2.6, qui repose sur la seule propriété de la classe référencée d'être infinie, peut être repris tel quel ici. Il 'ensuit par conséquent qu'à chaque proposition vraie est associée une signification, qui en est sa signification propre.

Peut-être est-il nécessaire de relever la remarque technique suivante. L'application du présent argument à l'ensemble des propositions fausses aboutit au constat suivant : cet ensemble étant infini, ce dit argument entraîne une conclusion similaire, ce qui permet d'en déduire que chacun de ses éléments est un objet signifiant. Au premier abord, ceci laisserait entendre que les propositions fausses seraient également munies de signification ; et, bien sûr, cela pourrait aiguillonner le frisson d'une contradiction quelque peu sévère. Or affirmer qu'une proposition appartient à l'ensemble des propositions fausses, c'est tout simplement affirmer que cette proposition est fausse. Et affirmer qu'une proposition fausse est fausse constitue bel et bien une proposition vraie. Ainsi appliquer le susdit argument à l'ensemble des propositions fausses conduirait à constater que toute proposition affirmant qu'une proposition fausse est fausse se trouve munie de signification, ce qui, finalement produirait un résultat identique à celui de la preuve ci-dessus, via cependant une petite complication additionnelle, et ceci en pure perte puisque n'apportant aucun élément nouveau.

3.5 Commentaires et perspectives

La section précédente vient de prendre à son compte le décryptage du lien entre la logique mathématique usuelle et la signification selon ce modèle. Il s'agit là d'une étape cruciale ; et ceci ne permet pas de s'autoriser à escamoter un aspect quelque peu singulier qui semble y être inhérent et qui revient au fait d'avoir eu recours à l'axiome A3.1, privilégiant ainsi la logique usuelle. En d'autres termes, qu'en serait-il si une autre logique prenait le relai ? Une réponse ne se fait pas attendre. Rien n'empêcherait d'y déceler et significations et règles les régentant ; mais il n'y a aucune chance pour que cela puisse s'identifier complètement à la signification que ce modèle a choisi pour sa part. Ceci peut s'illustrer avec la logique intuitionniste, qui se refuse à toucher à l'axiome du tiers exclu. Or il se trouve que, dans ces conditions, il n'est pas bien difficile de repérer quelque nuance dans l'intimité de la signification ainsi mise en place. En logique intuitionniste, toute proposition peut se voir dotée d'une connotation plus concrète, dans la mesure où sa preuve doit nécessairement revêtir une sorte d'aspect de construction explicite. En revanche, elle a manifestement perdu l'aspect global et exhaustif revenant aux vertus du tiers exclu. Ainsi, rien n'empêche qu'un modèle se développe en logique intuitionniste. Mais il ne pourra éviter de laisser planer quelque insatisfaction découlant de cet aspect non exhaustif. En particulier, rien n'assurera qu'il aura pu explorer tous les recoins de la réalité. Ici encore, apparaît la distance qu'il peut y avoir entre une intuition a priori (ici la logique) et une description mathématique censée la représenter. La variabilité qui ainsi apparaît n'est que le revers de la médaille constatant l'impossibilité de caractériser la référenciation résultante par un support unique.

Revenant aux résultats proprement dits de ce modèle, E3.4 vient de constater que si une théorie possède un ensemble infini de propositions distinctes (ce qui est le cas de toute théorie mathématique usuelle), à toute proposition vraie de telles théories est associée une signification. Mais E3.4 montre bien la condition impérative : cela s'entend dans tout le contexte de l'ensemble infini des propositions de la théorie.

La discussion suivante montre à quel point il s'agit là d'une condition cruciale. L'ordinateur est en effet capable d'enregistrer un certain savoir mathématique, et non seulement de l'enregistrer, mais de le réutiliser la plupart du temps à bon escient. Cela constitue d'ailleurs un outil dont ne peuvent plus se passer le scientifique et l'ingénieur, tant cela leur permet d'économiser des quantités colossales d'efforts pour des calculs volumineux. Donc en un certain sens, l'ordinateur ainsi instruit connaît un certain nombre de propositions vraies, qu'il sait utiliser de façon pertinente. Mais quoi que l'on fasse ce nombre restera fini.

En particulier, une proposition contenant une variable quantifiée (par exemple via "quel que soit x"), ne pourra connaître qu'un nombre fini d'applications distinctes, chacune représentant d'ailleurs une autre proposition vraie. Ceci tient aux limites mêmes de l'ordinateur qui ne lui permettent de représenter qu'une quantité finie de valeurs pour cette variable. Aucun ordinateur ne saura jamais traiter un ensemble de nombres aussi vaste que l'on veut. Ceci entraîne d'ailleurs un souci majeur pour le spécialiste, qui se doit d'en tenir compte, étant donné que la plage finie de valeurs envisageables se transforme en problème de limite sur la précision, ce qui conduit à des considérations mathématiques difficiles concernant le degré de confiance à accorder aux résultats numériques obtenus.

Finalement, quoi que l'on fasse, quelle que soit l'énergie dispensée à trouver des systèmes de représentation aussi astucieux que possible, le nombre de propositions distinctes formulables par un ordinateur reste strictement fini. Or le système informatique est bien entendu un mécanisme fini au sens de ce modèle. Et l'on voit bien ce mécanisme en mesure de représenter un grand nombre (mais fini) de propositions. Que ce nombre reste fini entraîne, selon l'énoncé E3.4, qu'il ne peut lui être associé de signification.

Enfin, un dernier coup de grâce peut lui être asséné, en constatant que la "théorie" dans laquelle s'ébat l'ordinateur est parfaitement contradictoire. C'est d'ailleurs la raison profonde qui déclenche le problème de confiance dans les résultats. Pour le voir, le petit exemple suivant suffira ; il s'agit de procéder de deux façons différentes pour effectuer un calcul simple consistant, par exemple, à soustraire la somme de deux très longues listes de nombres assez grands, mais tels que les nombres de même rang de chaque liste soient très proches ; la méthode effectuant d'abord toutes les additions puis se terminant par la soustraction des deux sommes ainsi obtenues va faire perdre énormément de précision, et de ce fait donnera un résultat différent de la méthode qui consisterait à additionner les différences entre chaque paire de valeurs voisines. Que deux calculs effectués différemment donnent deux résultats différents, cela suffit amplement à la logique pour démontrer que dans une telle théorie n'importe quoi égale n'importe quoi d'autre. Bref, la théorie est contradictoire, et ne peut en conséquence, selon ce modèle, se voir assortie de signification. En conséquence, ce modèle a le bon goût de ne pas pouvoir accorder le statut de personne à l'ordinateur !

Comme cela est apparu dès le début, la signification ne se jauge qu'à l'intérieur d'une théorie. Ainsi la même assertion peut fort bien avoir deux significations distinctes, lorsqu'elle est inscrite dans deux théories distinctes. Ici, il apparaît que la présence même de signification n'est assurée que pour autant que la théorie sache, au moins potentiellement, formuler un ensemble infini de propositions.

Ainsi se dégage ce trait probablement essentiel. La signification d'une proposition ne se révèle certainement pas en elle-même, mais nécessairement en relation avec l'ensemble des autres propositions. C'est dire en particulier que la richesse de cette relation est fortement connectée avec l'impression de sens que véhicule la signification selon ce modèle.

Une petite anecdote illustre ce propos. Lors des études élémentaires de géométrie, après avoir défini un triangle isocèle par la propriété selon laquelle il possède deux côtés égaux, apparaît immédiatement la proposition homologue : un triangle qui a deux angles égaux est également isocèle. La preuve décrite dans les manuels consiste en général à tirer la hauteur aboutissant au côté joignant les deux angles égaux, et constater l'apparition de deux triangles rectangles, qui, d'après un cas d'égalité des triangles rectangles, sont égaux.

Or un des tout premiers systèmes de démonstration automatique développé sur ordinateur à propos de la géométrie élémentaire a trouvé la preuve suivante, qualifiée de bien plus élégante. Soit ABC un triangle ayant les angles en B et C égaux. Alors les triangles ABC et ACB sont égaux, selon le second cas d'égalité des triangles, d'où il résulte que AB égale AC (intuitivement, le triangle retourné recto verso donne un triangle identique au triangle original). Si cette démonstration provoque une sensation affective plus forte, c'est en raison de sa concision même qui révèle une relation bien plus intime avec les éléments géométriques disponibles. En regard, dans la preuve usuelle, l'appel de la construction à la rescousse fait figure de détour laborieux et lointain.

Bien entendu, cette appréciation reste totalement hors de l'épure pour l'ordinateur. Et c'est uniquement par hasard que son algorithme de recherche de démonstration est tombé sur cette preuve en premier.

3.6 Combinaison et objets propres

Lorsque la première section s'est attachée à délimiter le critère mathématique, a été introduite la notion d'objet mathématique, qui concernait les objets conceptuels ayant la bonne fortune de posséder un tel critère. Mais la caractérisation mathématique ne s'est pas arrêtée à ces objets. Et fort heureusement, car les propositions vraies des théories pouvant formuler un ensemble infini de propositions viennent de se montrer dotées de significations ; or elles ne peuvent pas être conceptuelles :

E3.5 À toute proposition dont la valeur logique vraie est obtenue par des preuves, il ne peut être associé de signification propre conceptuelle.

En effet, si la valeur logique est obtenue par une preuve, c'est que des manipulations mécaniques conformes à la logique ont pu être effectuées sur les supports en jeu. Or ces manipulations ne sont possibles que grâce à des propriétés bien précises de ces supports. Ainsi la valeur logique vraie est liée aux propriétés mécaniques des supports. Il en résulte par E2.7, que la signification propre qui peut lui être associée est une signification liée, qui donc ne saurait être conceptuelle.

Ainsi le discours mathématique présente deux visages bien distincts. Le premier consiste en la création des objets dont il va parler, via axiomes et définitions, qui sont conceptuels. Le second, le plus volumineux, décline les propositions et leur preuve, délivrant une signification propre non conceptuelle.

Il y a lieu de renommer tout ceci en sorte que cela puisse déborder du cadre mathématique, et que par voie de conséquence les chapitres suivants puissent le reprendre à leur compte.

D3.3 Est dénoté OBJET PROPRE tout objet dont la signification propre est une référenciation.

Est dénotée COMBINAISON, tout objet signifiant dont la signification propre n'est pas référenciation.

Ainsi donc les propositions vraies sont des combinaisons. Cela ne veut évidemment pas dire que ne s'y trouve plus trace de référenciation. Cela exprime simplement que leur signification propre, c'est-à-dire en quelque sorte le surplus de signification qu'elles apportent, n'est pas lui-même conceptuel. Tout ce qui s'y référence l'est déjà via une partie stricte du support, qui n'est autre que le nom des objets dont elle traite.

Soit, par exemple, la proposition : la somme des "n" premiers nombres impairs est égale au carré de "n". Toute la référenciation qui s'y trouve est entièrement déterminée par le nombre entier qui y est nommé plusieurs fois via les noms "n", et "nombre impair". Aucun autre objet n'y est référencé. Par ailleurs, on constate bien que les éléments du discours étant fixés (et notamment la forme grammaticale choisie, ainsi que les noms : "n", "nombre impair"), il n'existe plus aucune latitude pour énoncer la proposition.

La comparaison avec la définition d'un objet conceptuel montre bien la différence. Certes, en tout premier, figure le processus de reconnaissance, qui, une fois tous les noms fixés, apparaît lui aussi privé de toute variabilité. C'est qu'en effet il est réellement une simple proposition. En revanche, s'y trouve nécessairement une portion de texte décrétant l'existence d'un nouvel objet. Et là, il est bien clair que cette intention de nouvelle création peut être encapsulée dans un support aussi variable que l'on voudra.

Soit donc à titre d'exemple les deux énoncés :

1- Un nombre entier "m" est un carré si existe un autre entier "n" tel que m = n.n.

2- À tout nombre entier "m" on associe un nouveau nombre "x" tel que m = x.x

Le premier texte n'est qu'une simple proposition, qui, au passage, attribue un nom particulier à une propriété : être un carré. Le second énonce manifestement l'existence d'un nouvel être mathématique, et ceci d'une façon qui pourrait prendre une multitude d'autres formes que "associer un nouveau nombre", celle-ci faisant clairement tous les efforts du monde pour garder une connotation facile à appréhender, mais, en réalité, parfaitement inutile pour la définition elle-même ! En particulier, rien n'oblige à dénoter ce nouvel être par le vocable de nombre ; et même n'importe quel texte, même illisible, aurait tout aussi bien pu faire l'affaire ! Et pour comble, on rencontre à nouveau ici le paradoxe déjà signalé, concernant le mutisme de la définition à l'égard d'une éventuelle référenciation. Et ceci n'est tout de même pas banal, lorsque l'on se rappelle que celle-ci représente le statut précis du nouvel objet, en termes de signification selon ce modèle.

L'histoire des mathématiques a ainsi montré maintes fois combien l'apparition de nouvelles entités se chargeait aux premières heures d'une connotation bien inutile, mais qui rappelait tout l'aspect de bouleversement du savoir antérieur. Ainsi les nouveaux nombres introduits via la racine carrée ont été baptisés d'irrationnels, dans le sens : incalculable (du latin ratio, qui veut dire calcul).

Le fait s'est réitéré lorsqu'il a été question d'étendre les nombres en sorte que toute équation algébrique ait une racine. Les nouveaux nombres dont il a fallu ainsi prononcer l'existence se sont faits baptiser d'imaginaires..., comme si l'on quittait la réalité à vouloir ainsi référencer des êtres si étranges !

Et derechef, le dix-neuvième siècle, découvrant que pouvaient exister des nombres définitivement rebelles à se laisser représenter comme solution d'une équation algébrique à coefficients entiers, a sanctionné l'existence de ce nouvel intrus en le baptisant de nombre transcendant, manifestant ainsi à quel point cela pouvait apparaître extravagant !

Tous ces qualificatifs, figurant dans les définitions, mais tout à fait sans rapport avec le contenu mathématique, traduisent d'une part comme la partie énonçant la référenciation nouvelle peut se voir accompagnée d'une grande variabilité, mais également d'autre part que tout cela révèle une difficulté d'un tout autre ordre que le simple apport d'une nouvelle combinaison : il y a de fait référenciation d'une toute autre classe d'êtres auxquels il va falloir se confronter.

3.7 L'énoncé caractéristique

En outre, le mode mathématique confère à la référenciation une ampleur extrême qui la rend encore plus abrupte à saisir que dans tout autre mode. C'est que l'objet mathématique jouit d'un statut très particulier comme en témoigne l'énoncé suivant, que la suite va ranger sous la bannière : ÉNONCÉ CARACTÉRISTIQUE.

E3.6 Si C est la classe référencée par un objet conceptuel M, et si l'on peut prouver que C contient une sous classe C' délimitée par une opération juste-exclusive, alors M est lui-même objet mathématique.

1) Étant donné une classe Ci contenue dans C, dont on puisse prouver qu'elle est délimitée par une opération juste-exclusive, il se peut que Ci soit elle-même contenue dans une classe Cj, également contenue dans C, et dont on puisse également prouver qu'elle est aussi munie d'une opération juste-exclusive.

Soit donc Di toutes les classes contenues dans C, prouvées pourvues d'une opération juste-exclusive, et qui sont maximales dans le sens suivant : il n'existe aucune classe contenant une classe Di qui soit à la fois contenue dans C et dotée d'une opération juste-exclusive.

2) L'ensemble des classes Di ainsi déterminé est fini. En effet, tout d'abord, puisqu'il peut être prouvé qu'une classe Di donnée est dotée d'une opération juste-exclusive en étant contenue dans C, donc référencée par M, cela implique qu'existe une manipulation mécanique finie de supports qui effectue cette preuve. En d'autres termes, existe une manipulation mécanique finie Mi qui, s'appliquant sur au moins une partie Pi du support S de M, détermine un processus de reconnaissance pour Di.

Ensuite, si l'ensemble des classes Di était infini, néanmoins, l'ensemble des manipulations Mi devrait pouvoir s'obtenir à partir d'une manipulation finie m0 (éventuellement "plus générale"), puisque la preuve globale de la propriété juste-exclusive de toutes les Di doit pouvoir être établie de façon finie.

Dès lors, l'ensemble m0 ainsi que l'union P0 des parties de support Pi de M constituent un discours qui contient une opération juste-exclusive à l'égard de toutes les classes Di. Si l'ensemble des Di est infini, alors ce discours détermine une référenciation associée à une opération juste-exclusive relative aux classes Di. Ceci contredit la maximalité des Di. Donc l'ensemble des Di est fini.

3) S'il existe d'autres objets référencés par M, qui ne puissent être référencés via une opération juste-exclusive, ils peuvent être rangés dans une classe E selon un processus également fini. En effet, vérifier qu'ils n'appartiennent pas à une classe Di donnée se fait de façon finie via le processus de reconnaissance de Di. Comme l'ensemble des Di est fini, la vérification de la non-appartenance à chacune des Di est également finie.

4) Dans ces conditions, l'ensemble des objets référencés par M se répartit de façon finie en un nombre fini de classes. Mais si ce nombre est supérieur à un, alors M devient un ensemble fini d'objets conceptuels, et en tant que tel se réduit à une juxtaposition et donc ne peut avoir de signification propre ; et ceci exclut en particulier qu'il puisse être un objet conceptuel lui-même, contrairement à l'hypothèse.

Par conséquent, il ne peut exister qu'une seule classe parmi les Di et E. Comme, par hypothèse, au moins une des Di n'est pas vide, toutes les autres le sont. En fin de compte, la classe C est identique à une classe Di, dont on peut prouver qu'elle dispose d'une opération juste-exclusive. Ceci prouve que M est objet mathématique lui-même.

Cet énoncé est baptisé de caractéristique car il caractérise l'extrémisme de l'objet mathématique. En effet, il en ressort qu'aucun discours ne peut reconduire la spécificité de l'objet mathématique à moins qu'il ne soit lui-même mathématique. Cela ne veut certes pas dire que l'on ne puisse pas parler de mathématique hors de ce mode lui-même. Cela affirme seulement que cela ne peut se faire qu'en abandonnant explicitement sa spécificité.

À titre d'exemple, est certainement censée une assertion de ce genre : "Dans la théorie des catégories, se définissent une fois pour toutes les notions telles que l'union, l'intersection, le produit..., alors qu'en mathématiques classiques, il faut réitérer une définition pour chaque type de structures pour lesquelles cela a un sens ; cela rend grandiose l'effet résultant".

Or, pour que ce discours prenne tout son sens, il est nécessaire que les éléments dont il est question en aient également un, lequel est donc mathématique. Pourtant, il n'y a aucune trace de désignation juste-exclusive. D'ailleurs, aucune preuve ne saurait fonder la présence de signification propre associée à ce discours. En particulier, l'assertion finale ne comprend plus aucun terme relevant de près ou de loin des mathématiques. Finalement, cela ne reconduit plus rien du caractère mathématique dont elle parle.

Tout ceci est en conformité avec cet énoncé caractéristique, qui affirme que la seule façon de reconduire une signification propre d'objet mathématique est de rester entièrement dans la spécificité mathématique.

3.8 La généralité de l'objet mathématique

Cette section va enfoncer le clou. Et à titre de préliminaire, la notion de généralité doit se doter d'une formulation plus rigoureuse.

D3.4 Étant donné deux objets signifiants A et B, A est plus GÉNÉRAL que B si sa signification contient strictement celle de B

En ce qui concerne l'objet conceptuel, ceci se traduit par :

E3.7 Étant donné deux objets conceptuels A et B, A est plus général que B si et seulement si la classe référencée par A contient strictement celle référencée par B.

D'après la définition de l'inclusion de signification (cf D2.5), A contient B si tout discours signifiant avec A l'est encore si l'on y substitue B. Dès lors, si A et B sont conceptuels, et si un objet x est référencé par B, tout discours contenant A reste signifiant si l'on y substitue x. Comme la classe des x est infinie, cela ne se peut que si A référence tous les x.

Réciproquement, s'il s'agit d'une stricte inclusion, il existe un discours qui est signifiant avec B, mais ne l'est plus si on y substitue A. Donc existent des éléments référencés par A qui rendent sans signification ce discours, lorsqu'on les substituent à B. Cela ne se peut que s'ils ne sont pas référencés par B. Donc, la classe de A contient des objets non référencés par B.

Cette précision étant fixée, en ce qui concerne la généralité, il vient cet énoncé marquant :

E3.8 Étant donné deux objets conceptuels dont l'un est mathématique et l'autre pas, si l'un est plus général que l'autre, c'est nécessairement l'objet mathématique.

Cela découle immédiatement de l'énoncé caractéristique. Car s'il n'en était pas ainsi, l'objet le plus général serait non mathématique, et pourtant sa classe contiendrait un objet mathématique, ce qui violerait le susdit énoncé.

Ce résultat est loin de l'anodin. Il révèle un aspect extrême de la démarche mathématique : la généralité qui y est atteinte est hors de portée de toute autre approche !

Reprenant la discussion relative à la ligne droite, il apparaît manifeste que "l'image de fil tendu" correspond à un aspect très particulier, en regard de la tentative de définition via l'unicité du point de rencontre. La bien plus grande généralité de celle-ci peut d'ailleurs s'illustrer par la représentation suivante. Soit un cercle C ; on considère les arcs de cercles menés à l'intérieur de C, qui coupent C à "angle droit" (c'est-à-dire les deux tangentes en chaque point de rencontre sont perpendiculaires). Ceci n'a manifestement plus rien à voir avec l'image de fil tendu. Or il se trouve que ces arcs de cercles constituent une représentation parfaitement légitime de "lignes droites" dans des géométries non euclidiennes pour lesquelles, par un point, on peut mener une infinité de non-séquentes à une droite donnée.

Lignes droites authentiques de géométries non euclidiennes qui se représentent par des arcs de cercle ! Ici on viole l'image de fil tendu, et pourtant il s'agit toujours de lignes droites selon le critère unicité du point de rencontre. Comme déjà remarqué antérieurement, ce recours à l'image se montrera rebelle à toute mathématisation. Il s'agit donc d'une description additionnelle qui va inéluctablement restreindre le pouvoir référenciateur de l'objet visé. Ce supplément d'information ne concerne pas vraiment la spécificité de la ligne droite, mais l'effet auquel doit s'attendre le sujet, ce que l'on peut baptiser de façon laconique "effet évocateur".

Ainsi conformément à E3.8, l'effet évocateur n'ayant plus la caractérisation mathématique, conduit inéluctablement à restreindre la généralité de tout objet où il est utilisé. Certes cela ne veut pas dire que cet usage soit illégitime. D'ailleurs, c'est certainement une approche dont il serait quelque peu hasardeux de se priver lorsqu'il s'agit d'inculquer le véritable sens mathématique de notions nouvelles. Cela correspond, bien au contraire, à une assistance féconde lorsque l'on prend bien soin de multiplier les points de vue évocateurs divers, tout en cherchant à révéler le vrai sens comme constituant le dénominateur commun à tous les cas.

En passant, nul ne doit plus s'étonner à voir le mathématicien se complaire dans le goût pour son art. Nulle part ailleurs il ne peut retrouver un équivalent à cette puissance d'appréhension que déclenche cette généralité extrême. Et finalement nulle part ailleurs il ne retrouvera la forme de retentissement affectif que cela peut lui procurer.

3.9 L'objet de base

Ceci n'est pas le seul caractère extrême propre aux mathématiques. En effet, comme cela a déjà été remarqué, le discours s'appuie, tout au départ, sur certains objets, déjà baptisés objets de base, et sur lesquels rien n'est prononcé. L'opération "suivant" (ou la notion d'unité, pour ceux qui préfèrent), en ce qui concerne le dénombrement, en est un témoin, ainsi que son compère, le nombre zéro ; dans la théorie des ensembles on trouve l'objet "élément", et l'opération "appartenance". Toute théorie de base a les siens, car il n'est pas possible d'en faire l'économie. En effet :

E3.9 Parmi tous les objets d'une théorie mathématique, figurent nécessairement des objets non mathématiques. Ils sont dénotés OBJETS DE BASE.

> *1) Étant donné un objet mathématique M, dans son processus de reconnaissance PM peut fort bien figurer (via le nom ou le support) d'autres objets mathématiques M1, M2, ... Mi. À chacun est associé un processus de reconnaissance PM1, PM2, ... PMi, qui peuvent eux aussi contenir d'autres objets mathématiques.*
>
> *2) La collection des objets que l'on peut ainsi obtenir à partir de PM est finie. Dans le cas contraire, le processus de reconnaissance déterminerait une suite infinie de mécanismes finis, ce qui est impossible par définition.*

3) Soit donc M1, M2, ... Mn, la classe ainsi constituée, ainsi que PM1, PM2, ... PMn leur processus de reconnaissance correspondant. Puisque fini, l'ensemble des PMi reste un mécanisme fini. Mais comme il assure la référenciation de M, celle-ci est liée à ce mécanisme, qui est nécessairement déterminé par des propriétés physiques des PMi. Ceci contredit la propriété caractéristique des objets conceptuels, qui ne peuvent être des objets liés.

C'est pourquoi la collection des objets utilisés dans les processus de reconnaissance obtenus à partir de M ne peut se réduire aux seuls objets mathématiques.

Que ces objets non mathématiques soient en quelque sorte à la base du discours mathématique (d'où le nom qui leur est attribué ici), cela découle de la conséquence évidente :

E3.10 La classe référencée par un objet de base ne peut contenir de classe référencée par un objet mathématique.

Dans le cas contraire, en vertu de l'énoncé caractéristique, l'objet de base devrait lui-même être mathématique, contrairement à sa définition.

Et d'une façon générale, apparaît l'aspect extrême de l'objet de base mathématique.

E3.11 Étant donné une définition mathématique M, contenant un objet de base B, alors M n'utilise aucune signification strictement contenue dans B.

En effet une signification strictement contenue dans B correspondra nécessairement à une sous-classe de B, qui, par E3.10 ne peut être mathématique. C'est dire que la référence à cette sous-classe ne peut être reconnue par un processus mécanique fini. En fin de compte, par définition même elle ne peut être utilisée dans une définition mathématique.

Voici donc un aspect extrême assez remarquable. Les objets de base sont tels qu'en aucun cas une connotation quelconque d'aucune sorte ne peut apparaître à leur endroit dans une définition mathématique. Cela se vérifie aisément dans les exemples déjà visités.

Dans l'usage du terme "suivant", les définitions arithmétiques sont tellement muettes sur sa connotation que l'on peut fort bien l'appliquer sur des cas de figure où l'interprétation intuitive verrait plutôt son contraire : "précédent". Il n'y a aucune crainte à avoir, tout marchera comme avant !

De même, dans la théorie des ensembles, peu importe ce qu'est un point. Et si, d'aventure, dans une application donnée, il correspond à une montagne, voire un univers entier, la démarche mathématique n'en aura cure, pourvu que l'on puisse lui faire correspondre une opération d'appartenance. De façon parfaitement similaire, en ce qui concerne cette dernière, sa connotation usuelle n'est d'aucun usage ; et à la même enseigne que pour "suivant", on peut construire facilement un exemple dans lequel "appartenir" correspond à la connotation inverse "être en dehors". Tout cela continuera à fonctionner fort normalement.

Ainsi, d'une façon générale, l'objet de base reste totalement indéterminé. Tout se passe comme si sa présence se réduisait à délivrer une potentialité de référenciation infiniment libre. Finalement, en quelque sorte, l'objet de base n'est là que pour faire naître la source de la référenciation de l'objet mathématique, voire la source de l'essence même de la référenciation. Toute tentative pour en préciser un quelconque aspect sonne le glas du projet mathématique. Cela rendrait inaccessible un quelconque processus de reconnaissance fini.

Finalement il existe un mode qui se situe en totale rupture avec les modes évocateurs usuels. Il s'agit même d'une condition sine qua non de sa survie. La spécificité mathématique ne peut assurer sa pérennité qu'à la condition d'avoir au préalable évincé toute trace d'évocation concrète. C'est la source de son authenticité, mais c'est aussi la source de sa généralité, inaccessible autrement. Et par contrecoup c'est la source de l'extrême puissance d'application lorsque d'autres opérations (nécessairement non mathématiques) sont introduites pour l'appliquer à des contextes précis.

Soit dit en passant, pour conclure, il y a là un critère à la fois très simple et précis pour repérer si un discours figure dans la mouvance mathématique ou non : dès qu'apparaissent des commentaires relatifs aux objets de base, il n'en fait plus partie. Et si d'aventure cela se produit au sein même d'un ouvrage mathématique, alors cela concerne nécessairement des cas d'application ou des exemples, dont il faut bien garder à l'esprit qu'ils ne sont là que pour assistance pédagogique, mais ne sauraient, à eux seuls, véhiculer, d'une quelconque façon, l'authenticité mathématique.

Chapitre 4

L'objet scientifique

L'attribut de science est revendiqué de nos jours dans des domaines d'une telle diversité que l'on serait bien en peine d'y déceler une caractéristique universelle qui puisse satisfaire chacun, à moins que l'on réduise son statut à désigner toute connaissance. Certes l'appliquer à des secteurs tels que la science physique n'attire aucune récrimination, ceci au contraire de bien d'autres théories ayant mis à l'index la logique mathématique usuelle, et où l'attribution de l'épithète de science suscite de sérieuses réticences. Il se trouve, en effet, que si cette qualification se voit l'objet d'une réquisition quasi généralisée, cela tient à l'extrême efficacité que la science physique a su démontrer dans son domaine ; et de ce fait, l'auréole qui en résulte devient la cible de bien des convoitises.

Or l'objectif de ce chapitre, selon une bonne habitude, évitera d'emboîter le pas à une quelconque polémique sur ce thème. Et même il va trouver dans cette foison de points de vue, aussi divers qu'incompatibles, une justification supplémentaire pour se dispenser de reprendre le moindre des avis ainsi avancés.

Il va se contenter de prolonger la démarche du chapitre précédent, qui a pu isoler un mode avec une spécificité propre très caractéristique, le mode mathématique. Dans cet esprit, la question va se centrer sur l'éventualité d'étendre autant que possible cette spécificité sur des significations débordant quelque peu des strictes propriétés mathématiques.

Le résultat va s'avérer concluant, et isoler ainsi une catégorie de la connaissance qui recouvre largement ce qui est universellement reconnu pour science. Et plutôt que de baptiser cette catégorie d'un terme nouveau, voire ésotérique, il a été jugé plus simple de reconduire à son endroit cette même dénomination de science.

Ce faisant, il n'y a là que convenance, pour ne pas alourdir la difficulté de la compréhension, sachant que la visée reste ici de poursuivre l'exploration de l'efficacité que démontre ce modèle à produire de la connaissance rigoureuse à propos de la connaissance elle-même.

4.1 Théories superposables

Le premier pas consiste à établir une certaine compatibilité entre théories, pourtant se déroulant manifestement dans des modes distincts. Un exemple culturellement reconnu et figurant parmi les plus anciens, qui, en outre, à en croire les commentateurs, a produit des œuvres qualifiées de sublimes, est le chant, et son développement extrême qu'est l'opéra.

Pour ce faire, le plus simple est de repartir de la définition même de la théorie, et y introduire un système de compatibilité plus faible que la donnée de toutes les règles de manipulations légitimes. Dans cet esprit, peut se poser :

D4.1 1) Deux théories sont SUPERPOSABLES, si l'on peut trouver en chacune un sous-ensemble de manipulations légitimes identiques.

2) Une théorie A est COMPLÈTEMENT SUPERPOSABLE à une théorie B si l'intégralité des règles de manipulations légitimes de A est incluse dans l'ensemble des manipulations légitimes de B.

3) Enfin on désigne par ensembles DE SUPERPOSITION un couple d'ensembles de significations de chaque théorie, obtenu par des règles de manipulations communes.

Ainsi, dans la musique, existent certaines constructions de base qui peuvent être décrites dans le langage parlé. Les agencements de ces constructions produisant des effets musicaux affectifs, peuvent fort bien être paraphrasés selon des expressions appartenant au langage usuel. À titre d'exemple tout à fait élémentaire, à peu près tout ce qui touche au rythme peut se voir l'objet de toutes sortes d'interprétations en langage conceptuel. De ce fait, cela constitue des théories superposables selon D4.1. En fin de compte, les descriptions du commentateur musical cherchent à produire une théorie superposable aux effets musicaux dont il s'agit de rendre compte.

Ce qui pour le moment intéresse le modèle, est la seconde partie de D4.1, qui peut être exploitée immédiatement.

D4.2 Une théorie non mathématique S est SCIENTIFIQUE, s'il existe une théorie mathématique T0 qui lui soit complètement superposable, et s'il n'existe aucune théorie incluse dans S possédant les mêmes ensembles de superposition avec T0.

On conçoit que le même texte puisse contenir à la fois de la science et de la poésie sur la science. Si la juxtaposition de ces deux pans garde quelque sens, il n'empêche que l'on doive disposer d'un critère permettant de les distinguer, faute de quoi, à ainsi tout mixer, on court le risque de ne plus pouvoir déduire de conséquences utiles. C'est pourquoi, la seconde partie de la définition, impose une propriété de minimalité qui, dans cet exemple-ci, permettra d'écarter la composante "poésie sur la science".

Par ailleurs, il est clair que la caractéristique requise ici (complètement superposable) est une propriété très forte. Mais elle a l'avantage d'être très précise. On imagine aisément qu'elle va permettre de recouvrir les sciences complètement mathématisées, mais pas les autres. Pour qui tiendrait à isoler une classe moins restrictive, il ne suffirait pas de se contenter de la superposabilité simple, car dans ce cas, il y a fort à parier que tout serait science : on finirait toujours par trouver un minimum de compatibilité avec un minimum de mathématique ! Ainsi s'appliquer à isoler une classe plus large que ne le fait D2.4 ne dispenserait pas de trouver un critère restrictif très précis.

L'intérêt du niveau de rigueur requis ici, est immédiatement mis à profit par :

E4.1 Dans une théorie scientifique, un objet conceptuel est soit un objet mathématique, soit un objet inclus dans un objet de base mathématique.

Soit S la théorie scientifique, et T0 la théorie mathématique qui lui est complètement superposable.

1) Si S contient des objets conceptuels ni mathématiques, ni objets de base, ils ne peuvent être redevables de l'opération juste-exclusive. Il en résulte qu'il en est de même de toute signification les utilisant. Soit donc S1 l'ensemble de ces objets et des significations les utilisant. Si S1 est identique à S, T0 est vide, puisque, par construction, aucune manipulation légitime de type mathématique ne figure dans S1. Et donc S ne saurait être scientifique. Si S1 n'est pas identique à S, l'ensemble S2 constitué des significations de S ne figurant pas dans S1 a, par construction, le même ensemble de superposition que S avec T0. Donc, au sens de D4.2, ce n'est pas S qui est scientifique, mais S2.

2) On peut dès lors supposer que S1 est vide. Cela dit, à tout objet mathématique m de T0, correspond le même objet dans S. En effet, sa définition dans T0 est effectuée par le moyen de manipulations légitimes respectant scrupuleusement la désignation juste-exclusive, qui, par la propriété selon laquelle T0 est complètement superposables à S, se retrouvent toutes dans S, ce qui, finalement, produira dans S un objet identique.

3) Par E3.11, aucune règle de manipulation légitime ne s'applique sur un objet de base dans T0. Or, pour que S ne se réduise pas à une théorie mathématique, il est nécessaire que les correspondants des objets de base n'y soient pas identiques à ceux de T0. La seule solution possible est qu'ils y soient inclus, puisque E3.10 interdit l'inclusion inverse. Ainsi donc dans une théorie scientifique, il existe nécessairement des manipulations légitimes, permettant l'inclusion d'objets conceptuels dans des objets de base mathématiques.

4.2 L'interprétation scientifique

Ainsi la définition attribuée ici à la science aboutit au constat suivant. La théorie scientifique se distingue de la théorie mathématique sous-jacente par le fait qu'une restriction est appliquée sur ses objets de base. Bien entendu, cette restriction peut en quelque sorte être prolongée dans les objets mathématiques qui utilisent les objets de base correspondants. En sens inverse, une restriction d'une part opérée sur une classe référencée par un objet mathématique, mais d'autre part restant mathématiquement valide, ne peut être que de deux ordres. Soit il s'agit d'une construction complètement mathématique (par exemple la restriction des entiers aux entiers pairs), soit elle provient d'une restriction sur les objets de base. Par exemple, chercher à dénombrer les particules revient à chercher une restriction de l'opération "suivant" (qui, encore une fois, est objet de base), pour la transformer en faculté de distinguer des particules. Tout ceci suggère la définition suivante :

Notation. On dénote INTERPRÉTATION SCIENTIFIQUE, toute restriction d'une signification conceptuelle d'une théorie mathématique qui se ramène à une restriction sur ses objets de base.

Dans cet ordre d'idée, toute science, au début de son émergence, ne pourra faire l'économie de l'interprétation de l'objet de base "suivant". C'est en effet un des premiers pas pour devenir apte à isoler puis dénombrer, voire classer, en ce qui concerne les entités dont elle veut discourir. C'est ainsi que le biologiste en quête de caractériser les espèces avait interprété "suivant" selon cette définition classique : deux groupes appartiennent à des espèces distinctes (c'est là où intervient l'opération suivant) si, étant donné deux individus de sexe opposé pris dans chaque groupe, leur croisement n'est généralement pas fécond dans au moins un des deux sens.

Dans les sciences très mathématisées, existent évidemment des processus d'interprétation appropriés. Ils sont définis à partir de relations mathématiques pouvant être très compliquées, mais aboutissant à une correspondance avec un objet à caractère concret (trajectoire, détection ponctuelle,...). Cette correspondance, qui au besoin va passer par un outillage matériel très compliqué, mérite d'être disséquée plus minutieusement. Dans un premier temps, il vient :

E4.2 L'interprétation scientifique utilise nécessairement des objets liés.

Soit M un objet mathématique utilisé dans une théorie scientifique, et soit S l'objet qui y est inclus via l'interprétation scientifique. Par définition, toute utilisation de S s'effectue par des manipulations légitimes en superposition avec des manipulations légitimes mathématiques. C'est dire que toute utilisation de S est redevable de la désignation juste-exclusive. Par conséquent, si la restriction déterminant S pouvait être entièrement décrite par des objets conceptuels, cela impliquerait nécessairement que la désignation juste-exclusive doive également s'appliquer à ceux-ci. Autrement dit, ceci transformerait S en un objet relevant de la désignation juste-exclusive, ce qui finalement lui donnerait le statut mathématique. Dans ces conditions, dans la théorie ne figureraient que des objets mathématiques, ce qui la rendrait elle-même mathématique.

Ainsi, puisque le statut de théorie scientifique implique que la restriction opérée sur les objets de base ne peut être entièrement décrite en termes conceptuels, cela entraîne qu'il doit nécessairement y figurer des objets liés.

Que l'interprétation ait recours à des objets liés, cela peut se préciser quelque peu de la façon suivante.

E4.3 L'interprétation scientifique est un processus non mécanique permettant de décider de façon finie si un objet lié appartient à une classe d'objets liés en inclusion avec un objet de base mathématique.

1) Tout d'abord, les objets de la classe en inclusion dans un objet de base mathématique ne peuvent être conceptuels, puisque ce sont des objets liés, par E4.2.

2) Le processus décidant si un objet lié appartient à cette classe ne peut être mécanique. Sinon, il se ramènerait à un mécanisme sur les supports, et cela suffirait pour rendre la classe mathématique.

Notation. Le processus décidant si un objet lié appartient ou non à la classe déterminée par l'interprétation est dénoté PRINCIPE DE RÉALITÉ.

4.3 Commentaires et applications

Dans un certain sens, le principe de réalité le plus simple se ramène au constat élémentaire "vu" ou "pas vu". Il s'agit là d'une opération signifiante caractérisée, lorsqu'elle correspond à une observation posée avec toute l'attention voulue. A contrario, c'est une banalité de constater qu'un sujet, absorbé par de fortes préoccupations, "ne voit pas" ce qui se passe autour de lui. Et si d'aventure il devient nécessaire de se prononcer sur des événements qui viennent de survenir, il ne pourra rien en faire, à moins qu'il soit en mesure de repasser avec toute son attention le film de ce qui vient de se dérouler, s'il a pu être enregistré mécaniquement dans sa mémoire.

Dans le même esprit, nombre de découvertes scientifiques célèbres n'ont dû leur émergence que parce que des faits a priori anodins ont en réalité été rehaussés à un haut niveau de prise en compte signifiante. Parmi les exemples les plus connus, figure celui de Fresnel découvrant la polarisation de la lumière, pour avoir regimbé à considérer comme banale la modification de l'intensité de la lumière réfléchie par une fenêtre lorsque change l'angle formé par cette fenêtre et la direction de la source lumineuse. De même, Lord Fleming, refusant de réduire à une simple erreur de manipulation l'apparition dans une culture d'une moisissure non uniforme, découvre ainsi la pénicilline.

Que cette attention signifiante corresponde à ce qui se dénote usuellement "prise de conscience", cela fera partie des considérations sur lesquelles va s'expliquer la seconde partie. Pour l'heure, il suffit de constater que l'appréhension du donné réel s'appuie nécessairement sur une opération signifiante caractérisée, comme le requiert l'énoncé précédent.

On voit donc apparaître la nécessaire existence d'un jeu de capteurs dont est équipée la personne à l'égard d'un univers "autre" qu'elle-même, jeu qui va autoriser toute détection, c'est-à-dire l'appropriation signifiante de phénomènes spécifiques de cet univers. Capteurs dont il faut, toutefois, se satisfaire, ce qui n'est pas sans poser de problèmes, comme l'illustre la mécanique quantique. Les éléments de base de la mécanique classique, que sont particules et trajectoires, sont remplacés par un concept de fonction d'onde.

Or la personne dispose de capteurs directs pour effectuer la détection de particules, opération qui va s'identifier à une inclusion dans l'objet de base mathématique qu'est la notion d'élément utilisée par la théorie des ensembles. C'est la nécessaire existence de cette opération qui a été baptisée ici principe de réalité.

Mais manifestement, il n'existe aucun équivalent pour la fonction d'onde. Sa détection directe étant impossible, le physicien n'a pas trouvé d'autre solution que de forcer cette entité à se plier au bon vouloir du couple particule et trajectoire. Mais la fonction d'onde ayant une extension spatiale, lui demander de faire apparaître un aspect ponctuel conduit inéluctablement à une probabilité d'être vue, en lieu et place d'une opération de détection certaine ; le physicien utilisera plutôt le concept de probabilité de présence.

De la même façon, tous les phénomènes directement observables par l'homme, correspondant d'ailleurs en mécanique quantique à des opérateurs précisément dénotés "observables", vont donner lieu à une réponse probabiliste à toute tentative de mesure, sauf quelques cas particuliers (par exemple une mesure réitérée identiquement sur le même objet physique donnera un résultat identique à celui de la première mesure, qui, lui, naturellement aura été probabiliste).

Cet aspect, si incongru a priori, avait tellement choqué les physiciens que beaucoup ont tenté de l'éluder via la théorie dite des variables cachées. Selon cette théorie, le formalisme quantique serait en réalité un formalisme incomplet auquel manqueraient quelques éléments complémentaires, précisément représentés par les variables cachées. Adjoindre ces éléments devrait permettre de rejoindre la vision classique trajectoire particule. Pousser la réflexion dans ce sens a fait se dégager des propriétés propres de la mécanique quantique qui sont strictement inconciliables avec les conséquences tirées des théories des variables cachées. Et les expériences montées en ce sens ont toutes donné raison à la mécanique quantique.

En particulier, un aspect particulièrement déconcertant est le caractère non local qui en résulte. Par exemple, si après avoir fait réagir deux particules entre elles, on les laisse s'éloigner l'une de l'autre, puis on effectue des mesures sur l'une (qui conformément à l'aspect quantique, modifieront son état), et bien, une mesure ultérieure sur l'autre va révéler qu'en quelque sorte elle est "au courant" des modifications intervenues suite à la mesure de la première particule ! Voilà bien qui démontre une impossibilité radicale à ce que la fonction d'onde se réduise à un aspect ponctuel.

Ainsi, le résultat probabiliste n'est que la rançon du caractère inconciliable de la fonction d'onde avec les objets liés repérables par les principes de réalité procédant des possibilités vitales de l'homme, lesquelles constituent du coup un système impropre à révéler correctement l'information véhiculée dans cette fonction d'onde.

Enfin, dans un tout autre ordre d'idée, il importe de noter comme l'analyse précise de la démarche scientifique a imposé une nécessaire distinction entre l'objet lié détecté par le principe de réalité et l'objet de base mathématique dans lequel il est inclus. Ici, la particule, en tant que résultat d'une expérience, est bel et bien un objet lié : le support où elle est liée n'est évidemment autre que le résultat même de l'expérience. Tout autre chose est l'objet de base "point" ou "élément" auquel elle sera identifiée pour qu'un discours mathématique puisse prendre corps à son endroit.

4.4 L'instrument de mesure

La vision de la science qui se découvre à ce modèle correspond à une démarche constituée de l'interconnexion de deux discours. Le premier est purement mathématique, l'autre est une restriction des objets de base passant par une opération signifiante dénotée principe de réalité, par lequel la désignation juste-exclusive est censée trouver son compte.

Par exemple, la quasi totalité des théories scientifiques mettent en jeu des quantités numériques qui devront faire l'objet d'une identification avec certains contextes détectés via des principes de réalité. Cette identification n'est autre que l'inclusion de l'effet signifiant des objets liés repérés par ces derniers, dans la quantification mathématique.

Cette inclusion n'a rien d'immédiat. Au moins deux problèmes apparaissent. D'une part, dans la plupart des cas une transformation sera nécessaire pour amener le phénomène dans un cadre où peut vraiment opérer un principe de réalité. D'autre part, la sanction de la désignation juste-exclusive, toujours supposée sans faille sur le versant mathématique, est largement sujette à imperfection de par les capteurs en jeu.

Bien entendu, il existe des contextes où les principes de réalité peuvent fonctionner tels quels. De façon tout à fait évidente, la vision de l'homme lui permet une mesure directe des distances à son échelle, c'est-à-dire directement à sa portée. Il suffit d'identifier l'unité, c'est-à-dire le nombre "un" mathématique, à une distance que les principes de réalité sauront reconnaître comme une référence. C'était par exemple le mètre étalon, en vigueur encore jusqu'au milieu du vingtième siècle. De là découlent les instruments de mesure de distance usuels, allant du double décimètre de l'écolier à l'hectomètre de l'arpenteur.

Mais il va de soi que les distances, ou très grandes ou très petites, se situent totalement hors d'appréhension via les détecteurs usuels agissant pour le compte des principes de réalité. Dans ce cas, il va falloir effectuer des transformations pour se ramener à un usage adéquat de ces détecteurs. Cela pourra aller jusqu'à prendre une ampleur gigantesque, comme le collisionneur du LCP, pour l'infiniment petit, ou les très grands instruments astronomiques de l'autre bord.

Toutefois, du point de vue de l'emprise signifiante, il n'y a guère de différence entre ces monstres et le simple mètre de l'artisan. Dans tous les cas, il y a eu transformation d'un ensemble matériel, en sorte qu'un objet mathématique (les quantités à observer) puisse s'y détecter aussi sûrement que souhaité. D'où :

Notation. Est dénoté INSTRUMENT DE MESURE, tout objet physique permettant une transformation, en sorte que via les principes de réalité, une signification mathématique puisse y être directement détectée, réalisant ainsi une inclusion dans cet objet mathématique. Une telle inclusion sera dénotée MESURE.

Ceci dit, une mesure censée délivrer une information ayant la rigueur mathématique dans ce versant, en vérité ne saurait l'atteindre réellement, et ceci pour deux raisons au moins.

La première provient des capteurs eux-mêmes, sur lesquels repose le principe de réalité en jeu. Ils ne peuvent prétendre être des instruments disposant d'un accès intrinsèquement exact aux éléments à détecter. Ils passent eux-mêmes par toute une batterie de transformations entachées d'imprécisions. C'est pourquoi l'exigence de précision va contraindre à entreprendre des transformations supplémentaires ayant pour objectif d'élargir l'effet produit en sorte que l'imprécision des capteurs corresponde à des plages beaucoup plus serrées. C'est ainsi que pour les mesures fines de distances, on ne passe plus par des instruments de mesure directe, tels que le mètre, mais par des phénomènes interférométriques, qui grossissent énormément de très faibles différences de longueur. De même, le mètre étalon déposé au pavillon de Breteuil, qui constituait la référence universelle de l'unité de mesure officiellement reconnue jusqu'au milieu du vingtième siècle, s'est vu ensuite supplanté par une tout autre référence qui est constituée par une longueur comprenant un nombre de fois précis une longueur d'onde bien connue (pour finalement être supplantée à son tour, dans les années 1980, par une distance parcourue par la lumière, dans le vide, durant une fraction précise de la seconde).

On aurait pu espérer pouvoir ainsi progresser de façon indéfinie dans la précision. Mais c'était sans compter sur la seconde raison, qui, elle, conduit à une imprécision intrinsèque. Il s'agit des phénomènes de nature quantique, nature qui est celle des objets physiques à très petite échelle. À ce niveau, la description ne peut plus entrer docilement dans une délimitation avec frontières précises, ceci en raison de ce que l'appréhension en termes de particules doit céder la place à une description par la fonction d'onde, dont encore une fois, l'extension spatiale est théoriquement illimitée. Et pour pouvoir se soumettre au système de repérage de l'homme, il va falloir effectuer une mesure qui va profondément altérer la fonction d'onde en question. Or cette altération ne pourra fournir qu'une information intrinsèquement aléatoire, ceci relevant de conséquences inéluctables de l'aspect ondulatoire de la fonction d'onde (comme son nom l'indique !).

4.5 Spécificité des sciences

Il découle clairement de la discussion précédente le constat selon lequel l'appréhension signifiante est première, mais reste fixée vers l'objectif de l'emprise signifiante mathématique. Le présupposé implicite ne fait aucun doute : le scientifique fait l'acte de foi selon lequel il existe des objets mathématiques qui pourront subvenir à une représentation valide du monde physique. Là réside toute la différence avec les autres modes d'approche, y compris les comportements symboliques et sacrés.

Cet acte de foi est une décision explicite de l'intelligence. Car, partant du patrimoine génétique d'*Homo sapiens sapiens*, les principes de réalité élèvent leurs effets au rang de critères signifiants dotés d'une rigueur spécifiquement mathématique, ce qui permet de prolonger celle-ci dans les interstices de l'univers physique.

Apparaît clairement ici un intérêt épistémologique de ce chapitre. Il y est apparu possible d'isoler une classe de connaissances bien distinctes de toutes autres, où le discours qui s'y édifie est strictement mathématique, et où sa restriction, c'est-à-dire son application à un domaine considéré, déclenche mesures et expériences sanctionnées par les principes de réalité. Le tout découle de la propriété d'être complètement superposable. Il en résulte que toute démarche qui s'en écarte laisse nécessairement une brèche ouverte dans un espace où la désignation juste-exclusive n'a plus cours, et où par voie de conséquence n'existera aucun processus fini permettant de vérifier la validité des choses.

Cette claire vision est si peu partagée à grande échelle que toutes sortes de déviances se déversent dans la vie quotidienne. C'est ainsi que fréquemment on assiste à la mise du résultat de mesure sur le piédestal comme s'il s'agissait d'un oracle au pouvoir absolu, alors même que cette opération le vide de tout son authentique caractère scientifique. À titre d'illustration caricaturale, les sondages d'opinions sont la plupart du temps présentés avec une valeur unique, en quelque sorte absolue, alors que mathématiquement ils n'ont aucun sens ainsi, et doivent obligatoirement être assortis de la donnée d'une fourchette, flanquée d'une probabilité de validité de cette fourchette. Résultat ? Lorsque, par exemple, un indice de popularité s'est accru de deux points, le commentateur va s'empresser d'en déduire que la popularité elle-même a effectivement progressé, alors que la plupart du temps ces deux points sont à l'intérieur de la plage d'imprécision, ce qui, par là, interdit de fait toute déduction concernant l'évolution éventuelle du phénomène ainsi observé.

Vidée du guide exclusif qu'est la veine mathématique, il n'y a plus de science, et l'on va pouvoir faire dire aux choses à peu près n'importe quoi. Et celui qui refuse d'accéder à ces représentations plus précises et qui préfère ainsi en rester à ces simplismes, par voie de conséquence se prête de lui-même, au mieux, à se laisser traiter comme un insignifiant objet de manipulation.

4.6 Science et efficacité

Le fait de pouvoir être associé à une théorie mathématique complètement superposable est le critère clé permettant de délimiter la classe des sciences selon ce modèle, lequel en outre entraîne la nécessaire existence des principes de réalité. Cela découle de l'inclusion qui en résulte dans des objets mathématiques, d'objets signifiants liés à leur support.

Il est clair que tout effet produit par la réalité extérieure au sens intuitif, lui reste intimement lié ; lorsque cet effet atteint le niveau de la conscience, il est rehaussé au statut de signification, dont le support est cette réalité elle-même. Il s'agit donc bien d'objets liés qui, puisque cela est le fait de phénomènes physiques, correspondent à la notion intuitive de même nom.

Le principe de réalité, défini ici, ne vient s'y adjoindre que lorsque se dessine le projet d'encastrer l'observation en cause dans un système mathématique. En cela, il permet au monde réel de se charger davantage de sens ; avant, ce n'est guère qu'un contexte contre lequel on se cogne, avec incompréhension, et quelquefois avec crainte comme dans les civilisations anciennes ; après, cela devient un système où s'infiltre la compréhension de plus en plus intime et rigoureuse des choses.

Il s'agit là du moteur même de l'efficacité de la science. D'une certaine façon, elle représente l'approche qui a les plus grandes chances de réussite. En effet, d'une part, du fait même de l'essence mathématique où tout doit pouvoir être réglé par processus mécaniques finis, rien ne doit pouvoir gratuitement s'énoncer qui ne soit vérifiable (hormis, bien sûr, ce qui découle des théorèmes d'indécision, comme le théorème de Gödel). Cela implique que toute entreprise qui s'escrime à prolonger cette dynamique dans un domaine donné (ici, via le principe de réalité) se voit d'emblée sujette à toute expérience de vérification finie. En d'autres termes, le succès ou l'échec de la démarche finira toujours par être démontré en toute rigueur par qui voudra bien s'en donner la peine.

D'autre part, la potentialité mathématique est sans limite. Non seulement, de par la référenciation propre aux objets de base, il n'y a pas de restriction possible a priori à pouvoir référencer quoi que ce soit, mais, d'autre part, la complexité qui peut s'y engendrer peut s'étendre aussi loin que l'on voudra. Le premier point est corroboré par l'énoncé caractéristique qui peut se concrétiser ici : nulle part ailleurs on ne dispose de concepts ayant une telle potentialité de représentation. Le second point est le résultat de l'expérience mathématique, par laquelle apparaît manifeste à quel point les échafaudages de constructions peuvent se complexifier à l'infini.

On n'a que l'embarras du choix pour illustrer cette assertion. Ici, deux exemples sont avancés, l'un élémentaire, l'autre mettant davantage les neurones à contribution. Le premier, le plus simple, découle du théorème de Cantor. Quel que soit l'ensemble donné, aussi archi-infinitisé soit-il, on peut en construire un autre qui le dépasse de façon irréductible (il n'existera aucune application qui partant du premier puisse recouvrir le second). L'autre exemple, plus élaboré, concerne les catégories. Il s'agit de structures définies par une classe d'objets et une classe de liens entre les objets (dénotés morphismes), respectant un minimum de conditions (notamment l'existence d'un morphisme "identité" sur chaque objet, et d'une loi de composition entre les morphismes, qui soit associative). On peut définir une correspondance entre catégories, dénotée foncteur, dont on requiert également un minimum de propriétés (rendant notamment compatibles d'une catégorie à l'autre la composition des morphismes). Enfin, on peut définir entre foncteurs une nouvelle correspondance (reconduisant également le système de compatibilité propre aux correspondances établies par les foncteurs) dénotée transformation naturelle. Or il se trouve que les foncteurs, associés aux transformations naturelles, donnent lieu à une nouvelle catégorie. Par conséquent, ce jeu de construction peut à nouveau être réitéré, et ceci sans limite ! Comme cela est probable, chacun restera quelque peu perplexe à la lecture de ces quelques lignes. Ceci peut peut-être aider à se convaincre de ce que, quelle que soit la complexité d'un domaine, rien n'empêchera la sagacité des mathématiques de finir par en produire une représentation appropriée.

Du moins, est-ce le cas de tout domaine où des propriétés peuvent être énoncées de façon définitive, sans remise en cause possible. D'ailleurs, dans tous ces cas, il ne faudra pas beaucoup d'efforts au logicien pour bâtir, autour des propriétés effectivement valides, une théorie logique non contradictoire. Par conséquent, seuls échappent à l'emprise de ce genre d'approche les domaines où aucune affirmation ne peut jouir d'un caractère exhaustif et définitif. On pense, bien sûr, à ce qui se trame dans tous les arts.

C'est pourquoi en ce qui concerne le monde physique, on conçoit bien que quelle que soit la complexité qu'il faudrait atteindre pour le représenter, il ne fait aucun doute dans l'esprit du scientifique qu'il pourra trouver chez le mathématicien les structures adéquates qui sauront en prendre toute la mesure, et ceci avec toute la précision qui sera nécessaire.

C'est bien pourquoi également la démarche scientifique correspond non seulement au mode de connaissance qui sera le plus efficace à décrire la nature, mais également il n'y a vraiment pas de raison à ce que cette approche puisse rencontrer une quelconque impossibilité intrinsèque (hormis, encore une fois pour les aspects concernés par les théorèmes d'indécision, ce qui paraît à peu près exclu pour le monde physique).

4.7 Science et vérité

La science, telle qu'elle est circonscrite ici, comprend toute entreprise dont la perspective première est le prolongement de la désignation juste-exclusive dans un domaine considéré. C'est par conséquent chercher à désigner les choses pour elles-mêmes, strictement pour elles-mêmes ; c'est donc s'investir dans le projet d'une description qui échappe au désir de l'homme. Par son extrémisme même, une telle entreprise recèle en elle sa propre faculté de validation ; il suffit de laisser parler les choses, de les provoquer, bref, il suffit de monter expériences et contre-expériences. Inutile d'appeler d'autres références à la rescousse.

Ainsi, une théorie est meilleure qu'une autre, non pas au nom d'un critère externe qui permettrait d'en effectuer un jugement tout puissant, mais selon ses critères propres. Il suffit qu'une théorie explique davantage de choses avec le même nombre d'hypothèses, ou, au minimum, explique au moins aussi bien avec moins d'hypothèses, pour qu'elle soit sans conteste préférée aux autres. La raison ? Tout simplement parce que, dans ces conditions, la désignation juste-exclusive y est mieux réussie. En revanche, une théorie qui explique davantage de choses, mais avec davantage d'hypothèses, n'entraîne pas aussi facilement l'adhésion de tous, en tous cas pas tant que les explications supplémentaires ne débordent pas largement les hypothèses supplémentaires qui avaient été requises. C'est ainsi que la relativité générale (dont les premières bribes datent de 1915), est restée très longtemps un simple objet de curiosité pour la majorité des physiciens, et ceci malgré au moins deux succès quasi immédiats (déviation de la lumière par un objet massif, observée lors d'une éclipse, et explication de l'anomalie du mouvement de Mercure). Il a fallu qu'elle attende près d'un demi-siècle pour être universellement admise, puis finalement, rehaussée au statut de théorie exemplaire du vingtième siècle. C'est que, en effet, à partir des années 1960, se sont multipliées les observations cosmologiques qui avaient été prévues grâce à cette théorie et apparaissent inexplicables sans son recours (notamment l'expansion de l'univers, les mirages gravitationnels, le rayonnement cosmologique, etc...). Et depuis l'ère spatiale, elle est même rentrée en quelque sorte dans la vie de tous les jours. En effet, cette théorie prévoit que le temps est ralenti à l'approche d'un objet massif ; et même si à l'échelle de la Terre l'effet est très faible, les satellites de communication (entre autres) se doivent d'en tenir compte, puisque, situés plus loin du centre de la terre, ils vont voir leurs horloges finir par complètement dériver par rapport à celles situées sur terre, et ceci après quelques semaines de fonctionnement seulement ; et par conséquent, ils se doivent impérativement de rectifier continuellement cette dérive.

Finalement, il s'agit là du seul critère définitif qui sera retenu : comment la désignation juste-exclusive démontre-t-elle son emprise avec succès ? On comprend pourquoi le monde scientifique s'est si souvent démarqué avec passion, pour ne pas dire véhémence, de tout concept de vérité qui lui dicterait sa conduite. L'histoire a par ailleurs montré combien ceci pouvait conduire à des énormités inacceptables.

À tout le moins, ici, il faut bien convenir que ce concept de vérité ne peut qu'être considéré sans objet, à moins de le réduire à la stricte mesure qu'est la réussite de la désignation juste-exclusive. Pour qui souhaite lui maintenir un statut autre, le scientifique ne pourra que lui rétorquer : sans aucun intérêt, ni usage, ni utilité dans mon domaine !

Enfin, le critère retenu ici possède tous les traits d'un dynamisme anti-totalitaire. Une vérité scientifique ne mérite ce titre que tant que n'existe pas d'autre théorie mieux explicatrice, qui la mettrait en cause. Ainsi, à l'encontre de maintes théories qui en ont fait la pratique, asséner une propriété comme vraie sous prétexte que, par décret péremptoire, on la baptise de scientifique, ceci est un strict non-sens. En tous cas cela reste sans objet en regard du mode d'approche se rangeant dans la catégorie des sciences selon ce modèle.

Chapitre 5

Diversité des modes de créativité

Est désormais mis en place l'ensemble du matériel dont va faire usage la seconde partie pour échafauder ses propres considérations. C'est pourquoi, s'y reporter dès maintenant ne présente, de fait, aucun inconvénient. Toutefois, ce modèle va, pour son propre compte, retarder cet instant, et prendre son temps pour tenter quelques pérégrinations additionnelles à travers l'exploration de la connaissance afin de délivrer sa propre perspective globale sur l'univers signifiant tout entier.

Pour le moment, l'univers des significations établies sous la coupe de la rigueur mathématique se sépare ainsi en deux classes en quelque sorte irréductibles, dont les éléments sont respectivement dénotés objets scientifiques et objets mathématiques. D'un côté les premiers sont inclus dans les seconds, mais d'un autre, ils n'ont d'existence propre qu'à la condition de comporter une signification complémentaire, héritée d'objets liés qu'ils sont censés représenter.

De ce fait, il vient très naturellement à l'idée de chercher à réutiliser ou étendre la machinerie qui a permis cette classification à l'intérieur de la connaissance rigoureuse. En d'autres termes, cela soulève la question de savoir s'il n'y aurait pas quelque bénéfice à tenter de reconsidérer cette mécanique dans la perspective d'une exploration de l'univers signifiant dans son ensemble. Plus précisément, à dessiner une extension sensée de certains de ces concepts, quelle vision cela apporte-t-il à la connaissance de la connaissance dans sa toute généralité ? Telle est l'entreprise où va s'essayer ce chapitre.

5.1 Les objets de base

L'examen attentif de l'objet mathématique a révélé la nécessaire présence, aux tout premiers instants, d'une signification bien particulière. Non seulement elle ne peut mériter en propre le caractère mathématique, mais, pire, en définitive, on ne peut rien en dire de valide qui n'en soit une restriction arbitraire.

C'était l'objet de base.

Or une généralisation de ce concept peut être menée à terme sans trop d'effort en remarquant que cet aspect de restriction arbitraire, procédant de toute tentative de définition le concernant, correspond inversement à la possibilité qu'il y a de l'appréhender par le biais de multiples exemples, tous aussi valides les uns que les autres.

Exprimé selon le vocabulaire de ce modèle, ceci conduit à :

Notation. Un objet signifiant A de support S UTILISE COMBINATOIREMENT un objet signifiant B, si le support de B (ou son nom) figure dans une partie de S à laquelle puisse être associée une signification propre non conceptuelle.

En particulier, si A est conceptuel, il utilise combinatoirement B si B ne figure pas dans la partie formulant la référenciation, mais dans l'énoncé d'une propriété qui caractérise la référenciation.

D5.1 Un objet conceptuel est un OBJET DE BASE dans la théorie T, si dans tout support valide pour lui dans la théorie T, il utilise combinatoirement au moins un objet signifiant O1, tel que O1 puisse être remplacé par un autre objet O2 de signification distincte de O1 dans la théorie T, pour constituer un autre support valide pour A. O1 et O2 sont dits INTERCHANGEABLES.

L'idée intuitive préméditée est bien atteinte, car :

E5.1 Le support d'un objet de base contient une référenciation délimitée par une généralisation d'une propriété valide pour les objets interchangeables.

Soit A un objet de base. Par définition, il délimite une classe référencée qui reste inchangée par substitution des objets interchangeables, sachant que ceux-ci figurent dans une partie du support qui a une signification propre non conceptuelle, ce qui n'est autre qu'une propriété valide à leur égard.

Soit donc P la partie du support ayant une signification propre non conceptuelle utilisant les objets interchangeables, et qui soit maximale en ce sens que P n'est contenue dans aucune autre partie ayant même propriété. Par ce caractère maximal, S ne contient pas d'autres objets interchangeables ne figurant pas dans P. Or par définition, il est possible de substituer les objets interchangeables par d'autres ne figurant pas dans P pour constituer un autre support valide pour A. C'est dire que la classe des objets pour lesquels P est valide est plus étendue que l'ensemble des objets interchangeables figurant dans le support de A. Il s'agit bien d'une généralisation au sens de E3.6.

À titre de contre-exemple, "l'ensemble des barbus" n'est pas un objet de base puisque si l'on peut bien substituer "barbus" par "hommes avec de la barbe", il ne s'agit pas d'objets de sens distincts. Ce n'est d'ailleurs pas non plus un objet conceptuel, puisque la classe référencée est contenue dans celle référencée par "homme".

En revanche "élément", dont la théorie des ensembles, bien que l'utilisant, ne dit mot, est effectivement objet de base selon D5.1. En effet on voit mal comment communiquer cette notion autrement que via un discours contenant quelque description de décomposition en parties, le tout s'accompagnant d'une invitation à en considérer la généralisation aussi large que possible. Il va de soi que cette décomposition en partie peut être aussi variable que l'on voudra, et constitue de fait les objets interchangeables selon D5.1.

D'ailleurs, en ce qui concerne les objets déjà visités :

E5.2 L'objet de base mathématique est objet de base selon D5.1.

Soit donc S le support d'un objet de base mathématique. Supposons que parmi tous les objets signifiants qui y figurent existe un objet O1 que l'on ne puisse substituer à aucun autre. Soit P la partie maximale de S à laquelle puisse être associée une signification utilisant O1. Cette signification est caractéristique de O1, puisqu'il ne peut être substitué. Dès lors toute utilisation de l'objet de base est censée conserver cette caractéristique. Ainsi, si le tout se déroule dans une théorie mathématique, cette caractéristique doit avoir la désignation juste-exclusive. Or ceci est impossible pour un objet de base mathématique, par E3.10.

Donc, en fin de compte, une définition d'objet de base mathématique ne peut contenir que des objets interchangeables.

Bien entendu, un objet conceptuel, en général, n'est pas objet de base. En particulier :

E5.3 L'objet propre mathématique n'est pas objet de base.

En effet la partie de la définition mathématique qui ne formule pas la référenciation proprement dite, est précisément le processus de reconnaissance P. Soit donc O1 un objet utilisé par P qui puisse être remplacé par un objet O2, sans changer l'objet mathématique. Cela entraîne que les significations utilisées par P pour O1 et O2 sont égales pour tout le discours mathématique qui s'en suivra. Autrement dit, ceux-ci ont même signification dans la théorie correspondante. Mais si O1 et O2 ont même signification, ils ne peuvent être objets interchangeables.

Il en résulte également que l'objet scientifique n'est en général pas davantage objet de base, sauf au départ de la démarche :

E5.4 Une signification conceptuelle ne peut référencer la signification propre des objets sur lesquels s'applique un principe de réalité à moins d'être objet de base.

En effet, soit S une signification conceptuelle référençant des objets X sur lesquels s'applique un principe de réalité. De tels objets X seront dits objets X réalisés. Si existait un support de S n'utilisant pas d'objets X réalisés, néanmoins S, pour pouvoir référencer tous les X, se devrait de contenir une signification qui soit spécifique de tous les objets X réalisés et eux seuls. Mais alors, une telle caractéristique se devrait d'être contenue dans la signification des objets X réalisés. Et ainsi, existerait une signification contenue dans des significations liées (que sont les objets X réalisés). Ceci est impossible par D2.13. Donc le support de S contient des objets X réalisés. Mais comme la classe de ceux-ci n'est pas finie, S ne les contient pas tous. Or, comme le support de S formule la référenciation de tous, la substitution de ceux qui y figurent par d'autres qui n'y figurent pas ne peut changer S.

En conséquence, les objets X réalisés figurant dans le support de S sont bien des objets interchangeables, et ceci assure le statut d'objet de base pour la signification associée à S.

Cet énoncé exprime, par exemple, qu'il n'y a aucune chance de pouvoir communiquer à un esprit neuf les concepts de trajectoire, particule, etc..., dans leur aspect perçu physiquement, sans se référer à quelque expérience concrète. Dans tous les autres cas, on parle déjà de leurs correspondants mathématiques, et là, il ne peut plus y avoir de place pour les impressions sensibles délivrées par les perceptions explicites, puisque, on le sait, on se situe dès lors dans une généralité qui déborde infiniment toutes les sensations particulières que sont ces expériences matérielles concrètes. En ce qui les concerne, elles émergent grâce aux principes de réalité, et d'autre part, ce sont elles qui jouent le rôle d'objets interchangeables.

Que la notion de trajectoire soit un objet signifiant totalement distinct lorsque l'on est passé sur le versant mathématique, cela apparaît évident au vu de la définition (donc du support) qui en est tout autre, et fait appel à de multiples notions mathématiques la plupart inaccessibles à un esprit jeune cherchant à percevoir le premier sens. En outre, qu'il ne puisse y avoir égalité se vérifie aisément dans la capacité qu'a la notion mathématique de pouvoir donner naissance à de multiples cas d'espèce bien au delà de ceux restant à la portée des principes de réalité. Tels sont, par exemple, les ébats du mathématicien lorsqu'il se prend à discourir de trajectoires dans des espaces à plus de trois dimensions.

Au terme de cette section, il n'est pas inutile de revenir sur la propriété cruciale de l'objet de base : dans la théorie où l'on se situe, il ne doit pas être possible de lui construire une définition sans objets interchangeables. À titre de contre-exemple élémentaire, on peut très bien construire un support valide avec objets interchangeables, pour une notion telle que "suivant de suivant".

Mais précisément "suivant de suivant" constitue un autre support valide, avec manifestement aucun objet interchangeable. Cela ne peut donc être un objet de base.

5.2 Spécificité des objets de base

En ce qui concerne les ères mathématiques et scientifiques, le panorama est désormais le suivant. Au tout départ de la démarche, figurent les objets de base. Mais dès qu'une construction conceptuelle voit le jour, celle-ci quitte définitivement le statut d'objet de base. L'objectif de cette section est de montrer que cela peut se généraliser partout, et qu'il est possible de caractériser le premier pas qui fait passer au delà de l'objet de base.

Dans un premier temps, on a en effet :

E5.5 Si un objet a une signification propre conceptuelle, et s'il utilise un objet de base, alors il ne peut lui-même être objet de base.

Soit donc C un objet de signification propre conceptuelle utilisant un objet de base B. Ceci signifie que la référenciation d'un objet X par C utilise la signification de B. Si cette utilisation s'effectue via des objets b référencés par B, pris comme objets interchangeables, on ne change pas C en remplaçant ces objets b par le nom de B (ou le nom "b référencé par B").

Après avoir effectué partout cette substitution, s'il reste un objet interchangeable I, de la même façon, on détermine un autre support de l'objet signifiant C en remplaçant la partie minimale qui utilise I par le nom d'un objet de base référençant I. Dès lors, après avoir effectué partout cette substitution, on obtient un autre support valide pour C qui n'a plus d'objet interchangeable. Mais alors, si vis-à-vis de ce nouveau support toute signification conceptuelle pouvait être associée à l'un des noms ainsi introduits, et aucune au support tout entier, on aurait pu ainsi obtenir pour C un support auquel ne pourrait plus être associée de signification propre conceptuelle, et ceci exclurait qu'il soit lui-même conceptuel, contrairement à l'hypothèse.

Ainsi donc, si C a bien une signification propre conceptuelle, on vient de lui construire un support sans objet interchangeable, ce qui prouve qu'il ne peut être objet de base.

La démonstration reste inchangée si l'on remplace l'objet de base par un objet conceptuel quelconque. D'où :

E5.6 Si un objet a une signification propre conceptuelle, et s'il utilise un autre objet conceptuel, il ne peut être objet de base.

Ainsi, l'objet de base apparaît sous les traits de l'étape initiale où prend son essor l'entreprise signifiante conceptuelle. D'après les deux énoncés précédents, tout support valide pour un objet de base ne peut comprendre que des objets liés, et aucun objet déjà conceptuel. Ainsi, tout discours expliquant la notion de trajectoire dans son statut d'objet de base, cherchera à évoquer un dénominateur commun à des trajectoires "vues", ces dernières n'existant que sous la férule du principe de réalité ayant présidé à l'accession à la conscience de la perception d'une trajectoire physique.

Voici pour les domaines conceptuels. Comme déjà maintes fois indiqué, ce modèle n'aura nulle tentation de réduire l'univers signifiant à cela, tant se montrent importants dans toutes les cultures les domaines tels que la musique et tous les arts plastiques. Comme, par nature même, ils ne se déroulent pas dans le conceptuel, un petit pas de plus s'impose pour s'apprêter à y caractériser le début de l'émergence signifiante.

Notation. Est dit ÉLÉMENT DE BASE tout objet référencé par un objet de base.

Ceci constitue bien un dénominateur commun à tous les secteurs de la signification. Est élément de base tout objet lié tel que la "trajectoire vue", aussi bien que la "tierce perçue" musicalement. Dès lors, bien que la tierce puisse être considérée comme un objet de base, donc conceptuel, elle référence des éléments de base qui, eux, sont bel et bien dans le domaine strictement non conceptuel de la musique.

5.3 Les modes de créativité

Depuis E5.5 et E5.6, le déploiement des significations affiche un développement caractéristique. Il commence par une toute première étape qui est l'élément de base, lequel peut se voir synthétisé dans un objet conceptuel dénoté objet de base. Ensuite, toute construction nouvelle s'en extrait définitivement pour ne jamais y revenir. Il s'agit là du tout premier pas laissant apparaître une progression en diversification sans retour.

Pour consolider définitivement cet aspect, il suffit d'adjoindre quelques notions, en particulier :

D5.2 Deux objets signifiants sont VOISINS si l'un utilise l'autre dans toute sa signification propre. Deux objets signifiants sont en DÉPENDANCE s'ils sont voisins, ou si l'un est en dépendance d'un voisin de l'autre.

La relation de voisinage est simplement la symétrisation de la relation utilisation. Si A utilise B, B ne peut utiliser A ; en revanche, A est voisin de B, et B est voisin de A. Quant à la dépendance, elle n'est rien d'autre, vis-à-vis de la relation de voisinage, que ce que les mathématiciens nomment la fermeture transitive : si A et B sont en dépendance, il existe une suite finie d'objets signifiants commençant à A et se terminant à B, telle que deux objets consécutifs de la suite soient voisins. Autrement dit, il y a dépendance si l'on peut insérer une suite finie de significations telles que, pour deux consécutives, l'une utilise pleinement l'autre.

Ceci permet de poser :

D5.3 Un mode de créativité est une classe de significations telles que deux quelconques d'entre elles sont en dépendance.

Que cette définition soit consistante, elle le doit à la transitivité de la relation de dépendance. Si A et B sont en dépendance, et si B et C le sont aussi, alors A et C le sont également. Pour le vérifier, il suffit de mettre bout à bout les deux suites de voisinages établissant les dépendances hypothèses. Enfin, pour se ramener à des termes strictement mathématiques, les modes de créativité ne sont rien d'autre que les classes d'équivalence de la relation de dépendance déterminée en D5.2.

D'autre part, la classification ainsi obtenue est assez fortement typée, ceci en raison de la propriété stricte requise dans la relation de voisinage. Par exemple, ce n'est pas parce que l'on aura formulé "cette musique est dix fois plus belle que l'autre", qu'existe pour autant une relation de voisinage entre la musique en question et le nombre arithmétique "dix". Manifestement, cette proposition n'utilise pas vraiment la signification propre mathématique.

D'ailleurs d'une façon générale :

E5.7 Les significations mathématiques ne peuvent être en dépendance qu'avec d'autres significations mathématiques, ou des objets de base mathématiques.

En effet, la dépendance étant la fermeture transitive du voisinage, il suffit de considérer celui-ci ; supposons donc que A et B soient voisins, et que A soit mathématique. Deux cas se présentent selon que A utilise B ou B utilise A. Dans le premier cas, cela implique que cette utilisation peut être vérifiée par une manipulation mécanique de support, condition impérative pour que A soit mathématique. Ceci ne se peut qu'à la condition que les manipulations légitimes sur B soient représentables par un ensemble fini de manipulations mécaniques finies de support, ou bien que l'ensemble des manipulations sur B soit vide. Dans le premier cas, B est mathématique, dans le second, il est objet de base.

Si maintenant B utilise A, soit B' l'objet obtenu en ne retenant que la partie maximale du support de B qui utilise la désignation juste-exclusive de A, ou qui comporte d'autres objets mathématiques. Si B' est distinct de B, alors B se décompose en B' et B", ce dernier n'ayant rien de mathématique par construction, et, en particulier, n'utilise pas A. Ainsi B peut être remplacé par la juxtaposition de B' et B", ce qui prouve qu'il n'a pas de signification propre.

Dans la même lignée, il vient :

E5.8 Les mathématiques et les sciences ne sont pas dans le même mode de créativité.

En effet utiliser la signification propre d'un objet scientifique implique l'application d'un principe de réalité. Ceci ne saurait être le cas pour un objet mathématique. Inversement utiliser la signification propre d'un objet mathématique exclut que puisse s'y reconduire la restriction qui découle de l'application d'un principe de réalité.

Ainsi donc, si la mathématique est bien l'outil irremplaçable de la science, elle ne saurait s'y identifier, ceci en parfaite dénégation de la fameuse proposition d'Aristote. Il s'agit là d'un constat qui épouse assez fidèlement les situations concrètes. Malgré la proximité de ces deux modes, leur relation n'est pas exempte de frictions. Ainsi, pour le mathématicien, l'usage que fait le physicien de son domaine peut évoquer quelque frustration. Non seulement il n'y voit reconduit qu'une part du sens qui à ses yeux s'y exprime, mais même l'utilisation peut fort bien être perçue comme sujette à caution, et il n'est pas rare de voir le mathématicien désavouer le peu de respect pour sa rigueur qu'affiche le physicien ... pas toujours avec raison, comme l'illustre l'anecdote suivante.

Dans le second quart du vingtième siècle, le physicien Dirac introduisit un objet tout à fait incongru, lui simplifiant grandement ses manipulations, qui par la suite à été dénoté fonction Delta de Dirac. Il s'agit d'une fonction nulle partout sauf en un point où elle prend une valeur infinie, en sorte que son "intégrale" totale vaille l'unité. La plupart des mathématiciens se déclaraient scandalisés par cette construction, et, convaincus qu'ils étaient du non-sens résultant, s'attendaient à voir le tout sombrer dans l'incohérence. Comme cela tardait à venir, un quart de siècle plus tard, l'un d'entre eux, Laurent Schwartz, chercha à élucider le problème, et finit par rendre ces considérations parfaitement rigoureuses en les englobant dans une nouvelle théorie dite des distributions.

Ce faisant, la fonction Delta de Dirac s'est retrouvée parfaitement légitimée dans une théorie mathématique qui débordait très largement la nécessité physique qui lui avait donné le jour. Et cela a ouvert tout un champ de nouvelles résolutions d'équations, telles que les équations différentielles, intégrales, et intégro-différentielles.

Cet avatar illustre combien la prise en compte du point de vue de l'autre est loin de couler de source, confirmant ainsi que, concrètement, il ne s'agit pas de modes de créativité identiques. Dans le même esprit, chacune des deux démarches campe dans une ambiance complètement antinomique. Dans le clan mathématique, tout résultat jouit d'un caractère d'absolue pérennité : ce qui y est démontré, l'est pour l'éternité. Au contraire, dans le creuset des sciences, tout y est vécu comme transitoire. Cela tient à ce que dans le premier cas, la désignation juste-exclusive ne peut que, soit être définitive et sans appel, soit essuyer un échec implacable ; il ne peut exister aucun intermédiaire : la moindre petite exception sanctionne la faillite définitive de la désignation juste-exclusive ; et pour qui voudrait l'éluder, la logique ne fera pas long feu pour prouver que le tout a sombré dans le contradictoire. En revanche, du côté de la science, l'inclusion dans un objet de base mathématique passe par une opération qui ne pourra jamais se réduire à un mécanisme fini (cf E4.3). Dans ces conditions, l'instauration des règles d'interprétation ne pourra jamais se voir consolidée dans une certitude absolue, voire même laissera planer une sorte de sensation de décret arbitraire ; ceci laissera suspendu sur sa tête une perpétuelle menace de se voir un jour remise sur la sellette.

Il va de soi a fortiori que tout discours conceptuel ne reconduisant pas la désignation juste-exclusive évolue également dans de tout autres modes. Par exemple, si l'on désigne par "mode évocateur" tout mode où les choses sont décrites par l'effet qu'elles produisent chez le sujet, il en découle que ni science, ni mathématiques ne figurent dans cette classe.

Dans cette même lignée, se pose la question de savoir si existent plusieurs modes évocateurs distincts. Cela revient à tenter de circonscrire différentes classes telles qu'aucune signification de l'une ne puisse utiliser complètement une quelconque signification propre construite dans l'autre. Autrement dit, il faudrait prouver que l'usage par l'une des significations propres de l'autre ne peut se faire sans affaiblir leur sens. On peut en particulier penser à la poésie, tant il paraît douteux que l'on puisse utiliser ailleurs tout ou partie d'un poème, en espérant qu'il en ressorte indemne. Par contre, il paraît moins manifeste que les grandes catégories telles que théâtre et roman puissent faire l'objet d'une distinction sûre en modes de créativité.

Tout autre est le cas des arts plastiques vis-à-vis des modes conceptuels. En effet, il suffit de se souvenir qu'il n'est pas possible de représenter l'effet d'une signification liée en objets conceptuels pour conclure qu'aucun discours élaboré avec des objets conceptuels ne peut réellement rendre compte d'une signification propre construite sur des objets liés.

Dans le même esprit, les différents arts plastiques constituent probablement des modes distincts. A priori on voit mal comment un effet musical pourrait validement utiliser tout le contenu d'un effet pictural et réciproquement. En tout état de cause, le praticien de chacun de ces domaines n'en démordra pas, son art est irréductible à celui du voisin.

5.4 Les objets propres

L'univers mathématique avait naturellement laissé se subdiviser ses objets en deux catégories que sont les combinaisons et les objets propres. Ceux-ci sont le fait des référenciations radicalement nouvelles. En quelque sorte, ils apportent une extension d'une certaine façon infinie aux objets sur lesquels va s'étendre le discours mathématique. Les combinaisons constituent le développement même de ce discours. Elles ne véhiculent aucune référenciation nouvelle, et leur signification propre est liée à leur support.

Cette distinction peut être étendue sans trop d'effort à tout l'univers signifiant, y compris là où n'existe pas d'objet conceptuel comme dans les arts plastiques. Distinction pas tout à fait gratuite dans la mesure où elle rappelle assez clairement celle usuellement pratiquée entre les œuvres apportant la genèse d'un nouveau langage, et celles se contentant d'utiliser le matériel existant.

Pour fonder une telle distinction, un petit retour dans l'univers conceptuel sera nécessaire. Ce sera l'objet caractéristique.

D5.3 On dénote OBJET CARACTÉRISTIQUE tout objet conceptuel tel que tous les objets signifiants appartenant à la classe qu'il référence figurent tous dans le même mode de créativité.

Ainsi, un objet propre mathématique est bien un objet caractéristique car il ne référence que des objets mathématiques. Et réciproquement, on sait depuis E3.5 que tout objet référençant des objets mathématiques est lui-même mathématique. Autrement dit tout objet caractéristique du mode mathématique est lui-même mathématique.

Dans le domaine musical, les notions de tierce et d'accord sont des objets caractéristiques. Et d'une façon générale, tout objet conceptuel décrivant des objets construits selon des règles jugées valides est certainement objet caractéristique dans la mesure où les règles ne peuvent être décrétées valides que parce que grâce à elles des constructions signifiantes ont bel et bien vu le jour. Bien entendu, il n'y a aucune chance d'y retrouver l'extrémisme mathématique, et, en particulier, il ne faudrait pas s'attendre à ce que la classe référencée ne contienne exclusivement que des objets signifiants valides du mode considéré. Avec cette précaution, on peut énoncer :

D5.4 Est dénoté OBJET PROPRE la sous-classe des objets signifiants d'un mode donné, contenue dans la classe référencée par un objet caractéristique.

Ainsi, dans les mathématiques il y a identité entre objet propre et objet caractéristique. Mais ici seulement, car si l'on peut prouver par opération mécanique de supports qu'il en est bien ainsi, on va pouvoir montrer, par les bons soins de E3.5, que l'objet caractéristique considéré est mathématique.

Ceci veut dire que partout ailleurs, il n'existe pas de moyen pour déterminer le contour exact des expressions qui y sont valides. Telle est la rançon de la non-identité entre objet propre et objet caractéristique. Constat évident pour les praticiens de ces modes, mais propriété dont il n'est pas inutile de pouvoir ici rendre compte.

5.5 Le discours universel

Ce parcours de l'univers signifiant aboutit très naturellement à la vision globale qui s'impose à ce modèle. Il ne peut exister de discours unificateur final, tel que celui auquel semblent tenir nombre d'entreprises philosophiques ou religieuses. Le domaine des significations se montre ici divers, irrécupérablement divers. Il n'y a pas de place pour une vision qui pourrait espérer voir tout se réunifier. Ceci est sanctionné par cet énoncé sans ambiguïté :

E5.9 Si à un discours peuvent être associées une signification mathématique et une signification non mathématique, celui-ci n'a pas de signification propre.

En effet soit D un tel discours. Puisqu'il peut lui être associé une signification mathématique, son support contient celui d'objets mathématiques ou de combinaisons mathématiques. S'ils sont utilisés comme significations mathématiques, cela ne se peut qu'à la condition qu'existe dans D une partie constituée de manipulations mécaniques de supports prouvant la conservation de la désignation juste-exclusive.

Soit M la partie maximale de D utilisée par ces manipulations. Si à M pouvait encore être associée une signification non mathématique, par hypothèse celle-ci ne serait pas redevable de la désignation juste-exclusive. Dès lors, ou bien il est impossible de supprimer de M le support de celle-ci, et par conséquent il n'existe dans M aucune partie à laquelle puisse être associée une signification validée strictement par une manipulation mécanique de support. Et contrairement à l'hypothèse initiale, il n'y a pas de signification strictement mathématique associée à D.

Ou bien alors, il est possible d'extraire de M une partie M' à laquelle ne puisse être associée aucune signification non mathématique. Soit M" la partie maximale obtenue dans D de cette façon. Ainsi D se subdivise en deux parties. À la première (M") ne peut être associée aucune signification non mathématique. Quant au complémentaire, le raisonnement du paragraphe précédent s'applique tel quel, d'où il s'ensuit que ne peut lui être associée aucune signification strictement mathématique.

D se ramène par conséquent à la juxtaposition de deux objets signifiants, et n'a donc pas de signification propre.

En résumé, un discours n'utilise vraiment de significations mathématiques que s'il est lui-même strictement mathématique. À défaut, il ne respecte plus la désignation juste-exclusive, c'est-à-dire la possibilité de validation par manipulation mécanique de support. Et alors, tout ce que l'on peut en dire a perdu sa réelle authenticité mathématique. Ainsi, pour illustrer ceci, ce modèle n'interdira à personne de s'étendre en considérations sur la beauté du nombre d'or ;

mais il déniera que ceci conserve un quelconque sens vraiment mathématique. Encore une fois, ce n'est pas sous prétexte que le nom d'un objet mathématique se retrouve dans un texte lyrique, que pour autant celui-ci hérite d'un quelconque caractère mathématique. Et à y regarder de près, le métier de chacun y retrouve son compte.

D'une façon générale, ce n'est pas parce que le même nom figure dans deux discours distincts que pour autant il faille d'office leur accorder qu'ils parlent rigoureusement de la même chose. Il s'agirait là d'une identification quelque peu intempestive, qui, si on l'entérine trop facilement, va inéluctablement faire ressurgir le statut d'ambiguïté pour les significations.

5.6 La non-ambiguïté de la signification.

Ce statut entraîne des problèmes majeurs, notamment en ce qui concerne la communication entre les personnes. Or, ce dont témoigne ce modèle, c'est que ce n'est pas vraiment utile dès que l'on a pris soin de se doter d'un outillage suffisamment fin en matière de précision et de rigueur.

C'est pourquoi il est de bon ton de terminer cette première partie en reconsidérant tout le panorama des multiples variabilités que peut emprunter la perception de signification, sans qu'il soit besoin de lui attribuer une quelconque trace d'ambiguïté intrinsèque.

En tout premier, il y a la non-compréhension pure et simple, qu'elle soit voulue ou non. Qui n'a pas compris peut dire n'importe quoi. Toutefois, la compréhension partielle ou imparfaite est un petit peu plus subtile, et peut prendre de multiples formes de compatibilité mais non pas d'identité. Mais dans tous les cas, entre deux perceptions différentes de la même chose, il sera toujours possible de montrer qu'il n'y a pas égalité selon ce modèle.

À titre d'exemple, un discours a pu être volontairement laissé imprécis par l'auteur. Il aura évidemment toutes les chances d'être perçu de manière diverse, tant que le degré d'imprécision voulu n'aura pas été clairement identifié. Les appréciations diverses résultantes pourront être, soit des cas particuliers, soit au contraire des déductions supplémentaires levant plus ou moins complètement l'imprécision. Mais au sens de ce modèle, ni les unes ni les autres ne pourront être considérées comme des significations égales à celle du discours initial.

Une autre source d'ambiguïté provient de ce que deux discours parlent de la même chose, sans toutefois se situer dans le même mode. C'est bien le cas du nombre d'or évoqué plus haut. Une raison de l'existence de ce nombre est le consensus où se rejoignent beaucoup à trouver davantage satisfaisant l'équilibre des dimensions d'un rectangle, lorsque leur rapport est tel que, si on lui prélève le carré construit sur le plus petit côté, le rectangle résiduel possède le même rapport entre ses dimensions. Ce critère permet immédiatement de poser cette équation :

$$\frac{l0}{l1} = \frac{l1}{l0-l1}.$$

D'où découle, en dénotant x le rapport des dimensions $\frac{l0}{l1}$, l'équation du second degré :

$$x^2 - x - 1 = 0.$$

Elle a deux racines, qui sont d'une part le nombre d'or et d'autre part l'opposé de son inverse.

Or ici, clairement, ces quelques bribes mathématiques se montrent sans objet vis-à-vis de la nature du nombre d'or, à savoir la perception plus agréable qu'il engendre, laquelle reste strictement non représentable en termes mathématiques, et ceci alors que tout à fait curieusement on sait en tirer un critère mathématique. Il s'agit, ici, une fois de plus, d'une illustration des significations liées, puisque telle est la perception induite par les rapports conformes au nombre d'or. Elle est bel et bien liée à une propriété mécanique des supports, correctement décrite par l'équation ci-dessus, mais l'aspect agréable qui en dérive reste résolument non représentable en modes conceptuels. Inversement, cet aspect ne peut avoir la moindre incidence sur quelque élucubration mathématique que ce soit dont il pourrait hériter. Ceci exprime à quel point ce nombre et la perception architecturale associée sont des objets distincts.

Dans la même veine des expériences appartenant à des modes distincts, figurent les perceptions quelles qu'elles soient et les discours affectifs dont elles peuvent se faire décorer. Un cas extrême est celui du mathématicien s'extasiant sur la beauté d'une démonstration. Certes la démonstration est mathématique, mais sa "beauté" ne l'est en aucune façon. Tenter de décrire l'effet en question ne se peut qu'en mode évocateur, par construction ; par exemple, on y décèlera un effet d'intimité avec les objets utilisés, révélant d'une certaine façon une sensation d'authenticité caractérisée ; mais tout ceci ne concerne que l'effet produit chez le sujet, c'est donc le mode évocateur. En ce qui concerne les objets eux-mêmes, la démonstration a déjà tout dit de ce qui pouvait l'être dans le contexte considéré. En fin de compte, lorsqu'il parle de la beauté de la démonstration, le mathématicien cherche à décrire l'expérience de perception elle-même, et non plus le sens proprement mathématique en question.

Enfin, dernier niveau source d'ambiguïté apparente, pour alléguer un sens variable pour le même objet, il faut, au préalable, s'assurer qu'il ne figurent pas dans des théories distinctes. Ce modèle, encore une fois, n'attribue la non-ambiguïté qu'à l'intérieur de la même théorie. A titre d'exemple, personne n'est autorisé à décerner le même sens au nombre entier selon que l'on se situe dans l'arithmétique usuelle (disposant par conséquent à la fois de l'addition et de la multiplication), ou celle ne disposant que de la seule addition. Existent maintes propositions qui sont des non-sens dans celle-ci, mais non dans l'autre. Ceci n'est pas si anodin. Par exemple, à considérer l'adage "simple comme deux et deux font quatre", celui-ci ne peut avoir de sens que si l'on se situe dans l'arithmétique dépourvue de la multiplication, puisque, ainsi, elle devient "décidable" (ce qui veut dire qu'existe un algorithme universel pouvant délivrer la preuve de toute proposition vraie). Par contre, c'est un non-sens dans l'arithmétique usuelle pour laquelle s'applique le théorème de Gödel. Car celui-ci stipule, en particulier, qu'il ne peut exister aucune preuve générale à ce qu'une expression valant "deux", additionnée à une autre expression valant également "deux", conduise nécessairement à une troisième expression dont la valeur ne peut en aucune façon être autre que "quatre". Évidemment, si l'arithmétique est non contradictoire, la chose sera certaine en toute généralité, mais c'est justement cette assertion qui est improuvable, ce qui implique qu'il faudra se contenter d'une démonstration renouvelée cas par cas, à chaque fois. C'est pourquoi, taxer ceci de "simple" est proprement exorbitant.

De ce fait, le mathématicien a depuis longtemps pris l'habitude de préciser la théorie dans laquelle se situent ses objets. Dans les sciences, au sens de ce modèle, il en est de même. Mais si ceci reste rare dans nombre d'autres domaines, ce modèle rétorque qu'il n'y a vraiment aucune raison que l'on continue à en faire l'économie.

Deuxième partie

La personne

Chapitre 6

La liberté et l'instance intime

La première partie a jeté les bases d'un modèle de la signification. Il revient à cette seconde partie de s'intéresser aux conséquences qui peuvent en être tirées en ce qui concerne l'être sachant les détecter, c'est-à-dire la personne. Et pour ce faire, la plus élémentaire consistance ne saurait permettre le moindre retour en arrière et laisser pointer l'hypothèse mécaniste, rejetée depuis les tout premiers instants de la démarche.

Or, à explorer tout ce qui s'est déjà dit à cet égard, s'il existe un dénominateur commun à tous les tenants de l'hypothèse se refusant à réduire l'homme à un mécanisme, c'est bien de lui attribuer la propriété de la liberté. Ainsi, une façon d'aborder le sujet est d'en entreprendre un examen méticuleux. Et pour commencer, il s'agit d'élucider la question qui se pose de prime abord : s'agit-il d'un leurre, ou bien la liberté fait-elle partie des tenants et aboutissants caractérisant une certaine spécificité de la personne ?

6.1 Les approches usuelles de la liberté

Toutefois, s'il ressort un panorama global concernant ce concept, c'est bien le concert cacophonique de tous les avis énoncés à son endroit. Une fois relevé le constat selon lequel tous ceux qui souscrivent à son existence en réservent la spécificité à l'homme, il est bien difficile d'en déceler un autre point commun. Pour les uns "la liberté s'arrête là où commence celle des autres" ; pour d'autres, il s'agit d'un thème suspect au point que le poète s'est exclamé "O liberté, que de crimes commis en ton nom !". Pour quantité de psychologues, il s'agit d'un leurre, comme ils tentent de le prouver par l'expérience désormais classique que voici.

Un groupe de sujets volontaires est réuni pour assister à la projection de deux saynètes. En réalité, il s'agit rigoureusement de la même, mais pour laquelle la première version est accompagnée d'une musique enjouée, et la seconde gratifiée d'une musique dramatique. Le résultat est imparable. À part quelques récalcitrants éventuels, tous les spectateurs vont trouver maints détails qui, à leurs yeux, assurent que la première est clairement comique, et la seconde manifestement tragique. De là à décréter que l'on vous fera dire ce que l'on voudra, prouvant ainsi la non-existence de la liberté, il n'y a qu'un pas, que nombre de purs et durs de la psychologie et la psychanalyse franchissent allégrement.

Dans un autre registre, le politique assure que la liberté est un bien inaliénable, mais parallèlement n'a de cesse de grossir tous les jours l'arsenal légal répressif, permettant d'y attenter. Quelques grandes figures ont cherché, néanmoins, à lui donner un caractère de réalité intime que rien ne peut venir altérer, tel Gandhi, qui déclarait retrouver la vraie dimension de la liberté lorsque le colonisateur le jetait en prison ! Dans le même registre, nombre de tenants de la philosophie classique se sont efforcés d'attribuer à la liberté des propriétés intrinsèques spécifiques à la personne, dont l'impact concret en termes de libre choix entre plusieurs alternatives ne peut réellement rendre compte. Toutefois, il est vrai, elle reste essentiellement décrite en contraste de ce qu'elle n'est pas, ce qui la laisse finalement enrobée dans un halo assez indistinct en ce qui concerne ce qu'elle peut bien être en propre.

Enfin d'autres prêtent à la liberté le pouvoir de réaliser des actes que seul l'homme peut faire ; tel Guillaumet qui, au terme d'une marche forcée dans la cordillère des Andes où s'était abîmé son appareil, répétait "ce que j'ai fait, aucune bête ne l'aurait fait". Ou encore tel Beethoven qui, lorsqu'il acquiert la certitude qu'il devient sourd, au lieu d'abdiquer, décide de lutter contre son destin ; sitôt la décision prise, les chefs d'œuvres vont fondre sur ses contemporains et faire de ce sourd l'un des plus grands compositeurs de l'histoire.

Bien entendu, en face, le mécaniste convaincu va s'empresser d'apporter la contradiction, en assurant que, dans tous ces cas, il n'y a nulle liberté mais un conditionnement approprié qui a conduit chacun à choisir sa meilleure déstinée.

Finalement, dans bien des aspects, la liberté est présentée comme le libre choix entre plusieurs alternatives, en nombre très limité. Quand ce n'est pas le cas, comme pour Gandhi ou le philosophe classique, la nature intrinsèque, dont il s'agit de rendre compte, reste quelque peu enrobée de flou bien mystérieux, en sorte que l'impact concret qui puisse en dériver reste à la fois rare et assez éloigné des préoccupations quotidiennes. En fin de compte, tout spécialement pour ceux qui la trouveraient quelque peu encombrante, la liberté n'opposera guère de résistance face à tout projet entreprenant de la balayer au profit de quelque intérêt particulariste.

C'est bien pourquoi la lignée directrice de ce modèle ne saurait se satisfaire de reprendre à son compte, ni cette problématique du libre choix, ni ce caractère d'authenticité propre que le mode évocateur a tant de mal à rendre manifeste.

6.2 La liberté : définition

Or, repartir sur de nouvelles bases ne présente guère de difficulté majeure pour ce modèle qui dispose de l'acquis résultant de toute la première partie concernant la signification. Et pour démarrer la discussion sur un aspect plus concret, une bonne façon est de reprendre les termes de l'expérience du psychologue précitée. En tout premier, force est de constater qu'en général l'expérience ne réussit pas à tout coup. La plupart du temps figurent dans le groupe quelques membres indociles qui ont quelque peu flairé le subterfuge, et refusent de se laisser influencer par le contraste des pièces musicales. Autrement dit, si déterminisme il y a, il ne réussit pas à tout coup, ce qui est un comble pour un déterminisme ! Par conséquent il est plus judicieux de conclure qu'il y a eu un certain conditionnement auquel certains peuvent refuser de se prêter. Mais ceux qui s'y soumettent avec complaisance ont simplement accepté d'éveiller à haut niveau leurs capacités en termes de perceptions de significations. Finalement l'ensemble du protocole de l'expérience est déjà complètement encastré dans la requête de bonne volonté en matière de perception, requête qui montre par la présence des quelques récalcitrants qu'elle ne saurait conduire à un succès exhaustif.

Tout ceci suggère que la bonne question à se poser serait plutôt de cet ordre. Peut-on produire un contexte suffisant qui puisse déclencher à coup sûr la perception de signification ? S'il existait, il va de soi qu'il ne pourrait se réduire à un contexte mécanique ce qui contredirait manifestement les axiomes initiaux posant la signification non équivalente au mécanisme. Ce qui doit donc être élucidé est le dilemme suivant. Existe-t-il un contexte en termes de significations qui assure la perception des significations. Dans l'affirmative, cela permettrait effectivement de conclure que celle-ci relève d'un déterminisme.

Ce faisant, la discussion qui précède révèle le passage obligé, qu'est pour cette démarche, le remplacement de l'intuition de déterminisme par la simple implication logique. Pour ce faire, il faut évidemment se ramener à un contexte signifiant conceptuel. Depuis longtemps déjà le physicien sait très bien le faire via ses règles d'interprétations.

Et donc, il n'y aura nulle fausse honte à suivre son exemple. Ainsi, en utilisant un objet de base (pour ce modèle) du nom de "phénomène" censé désigner n'importe quoi, et dont bien entendu on se gardera de qualifier d'une quelconque façon son pouvoir référenciateur, peut s'énoncer :

D6.1 On dira qu'il y a DÉTERMINISME entre un phénomène A et un phénomène B si on peut associer, via des règles d'interprétation reconduisant la désignation juste-exclusive, un contexte signifiant pour chacun, respectivement CA et CB, tels que CA implique logiquement CB.

Ce faisant, le modèle va pouvoir se dispenser de toute considération sur le thème de la causalité, ceci en pure cohérence avec lui-même. Tout ici se déroule sous l'égide de la signification. Ainsi, dire qu'un phénomène A entraîne de façon déterministe un phénomène B, c'est dire qu'il en existe une explication signifiante rigoureuse, qui n'est autre que l'implication logique entre CA et CB. De ce fait, la seule restriction qu'apporte cette approche à la généralité des choses consiste à décréter que tout déterminisme possède une explication signifiante où sévit la désignation juste-exclusive, c'est-à-dire, en fin de compte, une explication signifiante rigoureuse ! Refuser ce point de vue n'amènera rien de sérieux puisque de toute façon, par construction, se privant ainsi de toute justification signifiante, ou, à tout le moins, récusant la désignation juste-exclusive, on se trouvera bien en peine pour pouvoir en déduire quoi que ce soit qui puisse se voir doté de la moindre certitude fondée avec quelque solidité.

Dès lors, si d'aventure apparaît quelque phénomène non assujetti au déterminisme (et c'est bien ce que mijote ce chapitre), cela se traduira par l'impossibilité intrinsèque à ce que sa réalisation puisse présenter une quelconque explication signifiante raisonnablement robuste. Ainsi s'énonce :

D6.2 La LIBERTÉ est, si elle existe, la propriété qu'a la perception de signification d'être non déterministe.

Être non déterministe, cela représente l'impossibilité de produire un contexte signifiant assurant à coup sûr la perception. Cela ne veut pas dire que n'existe pas d'autres phénomènes pouvant la favoriser. La seule incidence résultante est que si ces moyens existent, ils ne seront pas représentables correctement en termes signifiants. Dès lors, l'expérience psychologique précitée, ne prenant en compte aucune précaution de cet ordre, devient complètement tautologique. Si existent des moyens de susciter la perception des traits signifiants les plus marqués, et s'ils sont mis en œuvre dans une expérimentation, il est parfaitement banal de constater que cela réussisse. Quant à la nature de ces moyens, tout reste à élucider !

6.3 La liberté : existence

C'est ce que s'apprête à entreprendre ce modèle, à commencer par :

E6.1 La perception de signification a la propriété de liberté.

Si la perception était déterministe, pour toute signification S, il existerait un contexte signifiant Cp, ainsi qu'un contexte Cs, auxquels puissent être associées de façon juste-exclusive respectivement une représentation signifiante de la perception et la perception de S elle-même, et tels que Cp implique logiquement Cs.

1) Si S est conceptuel, alors Cs est une signification mathématique. En effet, l'implication logique de Cp dans Cs ne peut exister que si l'on peut trouver dans Cs des objets dont le support est entièrement redevable de manipulations mécaniques finies, lesquels sont par conséquent des objets mathématiques. En outre, de par l'énoncé caractéristique (E3.5), tous les objets de Cs les référençant sont eux-mêmes mathématiques. Ainsi, tous les objets de Cs concernés d'une quelconque façon par l'implication logique de Cp dans Cs sont eux-mêmes mathématiques. Il s'ensuit que Cs est lui-même mathématique.

2) Ainsi dans les modes conceptuels, Cs est nécessairement mathématique. Soit donc une théorie mathématique, dans laquelle puisse s'exprimer la substitution et la prouvabilité. Dès lors, le théorème de Gödel s'y applique, et ainsi l'énoncé de sa non contradiction y est exprimable. Soit E un tel énoncé. Bien entendu cet énoncé doit être vrai, ce qui implique qu'il ait une signification. Il lui correspond donc de façon juste-exclusive un contexte Cs pour sa perception ainsi qu'un contexte Cp, tels que Cp implique Cs. Dès lors, l'implication logique de Cp dans Cs, restreinte à l'interprétation de Cs dans E, détermine une implication logique de Cp dans E, ce qui finalement constituerait une preuve pour E. Or ceci est impossible par le théorème de Gödel. De là découle qu'une quelconque représentation signifiante Cs de la perception de E ne saurait exister. Il s'ensuit naturellement que l'implication logique de Cp dans Cs ne peut pas davantage exister.

3) Enfin dans le cadre non conceptuel, de la même façon, l'existence de l'implication logique de Cp dans Cs détermine dans Cs des classes dotées de la désignation juste-exclusive, donc conceptuelles, et la correspondance entre Cs et S détermine une représentation conceptuelle de S, ce qui contredirait leur caractère non conceptuel.

Liberté donc, il y a. Il est à noter que tout autre aurait été la conclusion pour les partisans du discours universel. L'existence de significations pouvant jouer le rôle d'unificateur final aurait bien du mal à éviter le piège d'un contexte universel permettant la détection de toutes significations.

Dans le même esprit, si le débat sur la liberté trouve tant de mal à s'approcher d'une solution unanime, c'est bien parce qu'il se laisse embourber dans une description entièrement circonscrite en termes signifiants. Or l'énoncé qui précède montre précisément qu'il ne saurait exister de tels contextes représentant validement la réalisation de la perception de significations.

En revanche, tout ceci est à rapprocher des philosophies du milieu du vingtième siècle, qui ont relevé l'existence d'une liberté en quelque sorte absolue, issue du constat montrant de façon imparable que la conscience des choses échappe à une véritable représentation signifiante valide.

Un intérêt tout particulier du présent résultat réside dans son universalité ; tout cela est valide pour toutes perceptions, même celles réputées les plus simples. Et si quelqu'un tient encore à revendiquer : "la mathématique est la science du nombre", finalement que peut-il en conclure de restrictif ? Il ne peut certes pas, en tous cas, induire une quelconque connotation de simplisme ; la perception des significations qui y ont cours échappe tout autant qu'ailleurs à toute représentation signifiante.

6.4 L'instance intime

La section précédente a démontré l'impossibilité à ce que puisse s'expliquer le pourquoi de la perception de signification : c'est l'existence de la liberté. En vérité, les choses peuvent se préciser un peu plus loin dans ce même sens, par les bons soins de l'énoncé qui suit, lequel ne laisse aucune chance à ceux qui auraient voulu pouvoir expliciter quelque trait spécifique de la perception.

E6.2 Il n'existe pas de représentation signifiante qui puisse être caractéristique de la perception de signification.

> *En effet si une telle représentation existait, elle permettrait de distinguer ce qui est signification et ce qui ne l'est pas. Par voie de conséquence, dans les théories mathématiques où la signification s'identifie au vrai, cette distinction impliquerait une caractéristique des propositions vraies. Or ceci est impossible d'après le théorème de Tarski (cf chapitre 1), valable pour toute théorie pouvant exprimer la substitution.*

Voici donc que ce modèle, qui avait pris pour objectif de décrire l'univers de la signification selon l'approche mathématique, s'avère en mesure, comme cela arrive souvent dans ce mode, de caractériser les frontières du domaine considéré. Ici, il apparaît que la signification est objet de détection via un processus dénommé perception qui n'est ni déterministe ni même représentable en significations.

Qu'il soit ainsi possible de caractériser la frontière est souvent fécond. En effet, bien qu'il soit impossible de parler du contenu de ce qui se situe au delà (ici la perception, et par voie de conséquence la personne), on peut en tirer des propriétés générales dont l'existence est une nécessité qui découle de la cohérence autour de laquelle doit s'articuler le domaine considéré (ici les significations). C'est cette cohérence nécessaire que va s'attacher à exploiter toute cette seconde partie.

Ainsi, dès les axiomes initiaux, la personne a été caractérisée comme étant le siège de toutes perceptions. Bien que celle-ci reste indescriptible, ce qui précède implique que la personne dispose d'une structure (bien entendu elle aussi non représentable en significations), responsable de toutes les détections de significations. On la dénote instance intime.

D6.2 On dénote INSTANCE INTIME la structure propre à toute personne qui assure toutes les perceptions de significations.

Pour la bonne clarté de la démarche, il a été jugé préférable de se départir des termes usuels tels que l'esprit ou l'âme, qui pourtant ne sont manifestement pas sans rapport avec cette entité qui vient ici de se dévoiler. La raison principale en est le bien trop grand flou, voire la connotation bien trop fluctuante selon les usages, dont ils sont l'objet. En outre, loin s'en faut qu'ils aient hérité des propriétés précises ici énoncées. Ainsi, il n'est pas assurément acquis que le concept d'âme référence usuellement le siège de toute perception. Et en ce qui concerne l'esprit, il n'est pour le moins pas clair qu'il désigne une structure qui échappe à toute description signifiante. Ceci contrairement à ce qui vient d'être mis en évidence par les bons soins de E6.2, et qui peut se réécrire :

E6.3 L'instance intime est non représentable par quelque discours signifiant que ce soit.

Ainsi, alors que les axiomes initiaux, à l'encontre de l'hypothèse mécaniste, posaient une dichotomie de base entre physique et signification, le premier ne pouvant représenter le second, c'est désormais une trichotomie qui apparaît, avec l'instance intime, elle-même non représentable en significations.

Peut-être doit-on faire valoir ici que cette représentation en trois univers irréductibles commence à s'écarter quelque peu de la dichotomie traditionnelle entre matière et esprit, laquelle fait redouter le pire à bon nombre de tenants des sciences. Il est trop clair en effet qu'elle a servi de cheval de bataille à quantité de mouvements religieux pour imposer par la force leur vision du monde, aboutissant à des formes d'oppression qui n'ont rien à envier à ce que montrent les empires politiques les plus durs. D'ailleurs, en ce début du vingt et unième siècle, le spectacle de violences organisées par certains de ces pouvoirs religieux ne prend même pas la peine de tenter d'afficher un quelconque visage de modération.

Pour rassurer le tenant des sciences échaudé par de tels abus, faut-il dès maintenant anticiper sur la suite : cette trichotomie recèle en elle, bien au contraire de ces susdites oppressions, une dynamique sécrétant une inaccessible grandeur de la personne. Autant dire qu'elle va faire prendre le contre-pied de la vision usuelle de maintes doctrines où l'homme n'est qu'un piètre fauteur de méfaits englué dans toutes sortes d'imperfections.

Le chemin est déjà sérieusement amorcé par le constat qui vient d'être mis en évidence selon lequel toute personne dispose de l'instance intime, siège de toute perception, qui ne saurait être représentable en quelque signification que ce soit. En quelque sorte, elle transcende l'univers de la signification, au point que toute description qui peut en être esquissée ne peut en aucune façon approcher le moindre trait de validité.

En outre, telle qu'elle vient d'être délimitée, en tant que siège de toutes perceptions, la cohérence avec les axiomes initiaux lui impose une autre différence de taille vis-à-vis des significations :

E6.4 L'instance intime ne peut opérer sa propre détection selon les processus par lesquels elle détecte les significations.

> *En effet, si elle se détecte elle-même à la façon dont elle détecte les significations, alors l'instance intime vérifie tous les axiomes de la signification, et serait donc elle-même une signification, contrairement à E6.3.*

Autrement dit la structure spécifique de la perception de significations ne peut se représenter elle-même dès lors que l'on s'est assuré qu'elle est elle-même non représentable en significations. C'est cette limitation vis-à-vis d'elle-même qui contient en germe un statut d'une irréductible grandeur de l'homme.

Toutefois, il ne faut pas attribuer à ce résultat une portée qu'il n'a pas. Ce n'est pas parce que l'instance intime ne peut se détecter elle-même à la façon dont elle détecte les significations, que pour autant cela interdit à la personne tout processus qui permettrait sa propre détection directe. Cela assure uniquement que s'il existe, il ne pourra jamais se ramener à une détection directe de l'instance intime selon son mode d'accès aux significations, et, de ce fait, il n'a strictement rien à voir avec une quelconque représentation signifiante.

6.5 Bilan concernant la liberté

Concert cacophonique concernant la liberté observait le début de ce chapitre, et ceci même de la part de ceux qui en prônent l'existence. C'est d'ailleurs ce spectacle qui constitue le meilleur prétexte à disposition des opposants pour décréter qu'un concept conduisant à un tel cafouillage ne peut relever d'aucune réalité sensée.

Or en vérité, comme indiqué au tout début, ce concept s'appuie sur une conviction intime selon laquelle l'homme est doté d'une force intérieure dont aucune coercition de quelque sorte que ce soit ne peut vraiment venir à bout. Cependant cette conviction semble particulièrement ardue à décrire, au point que les représentations qui sont tentées sont tellement diverses qu'elles apparaissent bien vite inconciliables.

C'est ainsi que le débat sur le libre choix se heurte à un obstacle infranchissable, instauré d'emblée par la nécessité où il se soumet de devoir ramener le problème à une représentation signifiante, puisque tels sont les termes entre lesquels ce même choix doit être opéré. Mais d'une part ce choix restant fini, il va devenir inextricable de déjouer toutes les tentatives, menées par les adversaires de ce concept, cherchant à en donner une explication mécanique finie. D'autre part, c'est un jeu d'enfant de trouver des cas de figure où les choix des uns s'avéreront contradictoires, voire en compétition, avec ceux des autres.

Toutes ces déconvenues résultent de la seule et unique obstination à chercher à représenter la liberté en termes signifiants. Certes, il s'agit là d'une approche dont ont tenté de se départir nombre de philosophies classiques. De ce fait, plus elles ont voulu en discourir plus elles se sont enferrées dans le flou ou l'abscons, puisque la seule caractéristique que lui reconnaît ce modèle est que l'on ne peut rien en dire, conformément à ce qu'affirment les énoncés E6.1 à E6.3. Ainsi cette conviction intime qui habite chacun relève, en réalité selon ce modèle, d'un processus définitivement inaccessible à la description signifiante. Il est donc inéluctable que toutes les tentatives en ce sens soient inexorablement vouées à l'échec.

Enfin, ce statut, qui revient à la liberté selon ce modèle de présider à toute perception tout en restant non descriptible en significations, se dote d'au moins deux attributs aux conséquences qui se révéleront considérables, que sont d'une part l'inaccessible grandeur de toute personne, et d'autre part l'aspect universel de sa manifestation dans l'exercice de la perception, aussi ténues soient les significations en jeu (mais a-t-on encore le droit à un tel qualificatif à ce point de la démarche ?). Aussi bien, dès à présent, le lecteur est-il convié à un complet changement d'ordre de grandeur en ce qui concerne la considération qui doit d'office être attribuée à toute personne.

Chapitre 7

La création-communication

Par les bons soins du chapitre précédent, la signification se montre désormais sous un jour quelque peu paradoxal. D'une part, elle a été posée universelle dès le début du modèle, ce qui entraîne ipso facto la non-ambiguïté entre support et signification. D'autre part, le processus de perception vient de se révéler non représentable en termes de significations. Comment tout cela peut-il être compatible ? La difficulté qui en résulte doit naturellement être résorbée : de toute évidence, les individus de l'espèce *Homo sapiens sapiens* arrivent, sans trop d'efforts, à se comprendre, et tous les processus d'enseignement et d'éducation sont là pour transmettre des significations jugées d'importance. Il faut donc bien trouver une solution qui justifie tout ceci. Ce chapitre va en faire son affaire.

Et pour inaugurer la chose, il y a lieu de revenir sur l'hypothèse antinomique de celle adoptée ici, concédant à la signification d'être sujette à ambiguïté.

7.1 La non-ambiguïté entre support et signification

En tout premier, le constat relatif à la nature même de l'objet mathématique est incontournable : celui-ci ne peut exister que s'il y a non-ambiguïté entre support et signification. En effet la désignation juste-exclusive inhérente à l'objet mathématique repose sur l'existence d'un processus mécanique fini permettant de vérifier si la référenciation opère. Par construction, ne peut exister un quelconque point d'ancrage pour une éventuelle ambiguïté.

Toutefois, contrairement à une impression trop hâtive, il n'y a pas d'évidence flagrante à cela. En effet, de par l'existence de l'objet de base dont le discours mathématique ne dira mot, tout en utilisant sa possibilité de référenciation indéfinie, l'approche intuitive de l'objet mathématique ne peut prétendre être à l'abri d'une irruption d'ambiguïté. Et en tous cas, le paradoxe relevé ici se trouve déjà entièrement posé. Comment s'assurer de l'universalité d'une signification mathématique alors même que rien n'est dit de l'objet de base qu'elle utilise ? Aussi, il n'est pas déraisonnable de suspecter une confusion, ou à tout le moins une sérieuse approximation à reporter l'évidente non-ambiguïté dont jouissent les preuves mathématiques sur les objets qu'elles manipulent. A contrario, il n'est pas sorti d'affaire celui qui se hasarderait à tenter de produire une preuve mécanique finie établissant de façon péremptoire l'identité pour tous de l'effet intime provoqué par la perception du nombre entier ! Pour sa part, le modèle ici en marche conviendra bien modestement qu'il ne saurait se priver des premiers axiomes, qui ont pris l'initiative de poser a priori les bases qui ont permis d'assurer une telle identité.

Ainsi donc, les tenants d'une ambiguïté entre support et signification s'infligent par cette hypothèse une difficulté supplémentaire d'importance, par l'obligation qui va leur revenir de rendre compte de ce que les mathématiques existent !

Ensuite, dans la même veine apparaît non moins clairement que l'objet scientifique hérite du même statut que l'objet mathématique. Car s'il était ambigu, ceci ne pourrait provenir de l'objet mathématique en superposition, et donc devrait revenir au principe de réalité ; or ceci remettrait en cause son existence même, puisqu'il est censé prolonger la désignation juste-exclusive.

Ainsi donc, à supposer que des significations ambiguës existent, elles ne peuvent figurer ni dans l'ère mathématique, ni dans l'univers scientifique. En outre, une ambiguïté intrinsèque exige que la classe où elle sévit soit infinie. En effet dans le cas contraire, soit cela représente une classe finie isolée, et auquel cas cela pourra se ramener à un mécanisme fini (ne serait-ce que la collection des supports), soit ces significations sont utilisées par d'autres significations qui ne sont plus ambiguës, ce qui revient à ce que celles-ci aient levé l'ambiguïté (c'est, par exemple, ce qui arrive lorsqu'une trop faible portion d'une œuvre est exposée ; cela engendre une grande perplexité ; mais, évidemment, celle-ci se résorbe au fur et à mesure que la présentation est poussée plus avant).

D'une façon plus générale, si une ambiguïté intrinsèque existe, elle ne peut être délimitée par un discours fini. Dans le cas contraire, on se ramènerait au cas précédent, puisqu'une signification ambiguë accompagnée de la description de l'ambiguïté constitue une description qui n'est plus ambiguë.

Finalement une ambiguïté intrinsèque ne peut être le fait que d'une classe infinie, et, en outre, ne saurait être circonscrite par un discours fini. Mais là, le pire est arrivé : la communication est devenue impossible. En effet, le minimum que l'on est en droit d'attendre, c'est d'être assuré qu'un effet signifiant a pu être transmis chez autrui. Mais une telle certitude ne peut s'appuyer que sur un discours fini qui aura su circonscrire cet effet signifiant. Et dans ce cas, il n'y a nulle ambiguïté.

En fin de compte, poser l'existence de significations intrinsèquement ambiguës, cela implique l'existence d'un domaine dont on ne pourra finalement rien dire, et cela pour un bénéfice absolument nul par ailleurs. D'une part, encore une fois, cela n'atténue en rien la nécessité qu'il y aura à rendre compte de l'existence de significations non ambiguës, telles que mathématiques ou scientifiques.

D'autre part, ce modèle s'est chargé de montrer qu'une très grande variabilité dans la perception peut fort bien s'interpréter avec précision, et ceci selon de multiples cadres explicatifs. Ont déjà été répertoriées, entre autres, les formes suivantes. Les significations mal perçues donnent lieu à grande variabilité ; les pré-perceptions en sont de bons exemples, et peuvent manifestement s'avérer très diverses à l'égard du même effet signifiant à percevoir (cf l'appendice A). Une autre source provient des tentatives de descriptions de significations par des discours n'appartenant pas au même mode ; quelles que soient les compatibilités repérées, elles ne sauraient atteindre une représentation fidèle, ce qui leur permet de pouvoir rester très diverses. Encore tout autre est le cas d'un objet général, à propos duquel sont formulés des cas particuliers ; bien qu'ils puissent être rigoureusement exacts, cela ne représente nullement l'objet initial, et derechef, ils ont tout lieu de se montrer multiples. La même remarque s'applique à une signification floue ; aucune tentative pour lever ce flou ne peut être considérée comme un représentant réellement valide de l'original, car cela n'en constitue que des utilisations particulières. Enfin, même dans un cadre où tout est clair, rigoureux et bien perçu, encore faut-il démontrer que les usages d'un même objet figurent dans la même théorie ; ainsi le concept de nombre entier ne peut en aucune façon renvoyer à la même signification lorsqu'il est utilisé en arithmétique ou en théorie des nombres réels.

Par conséquent, la variabilité peut foisonner partout, y compris à l'intérieur du mode mathématique, mais elle peut être parfaitement circonscrite via les critères d'égalité énoncés au chapitre 2, qui, comme cela est manifeste, peuvent supporter l'essor d'une acuité aussi grande que l'on voudra.

Dans ces conditions, le problème de la communication, qui naturellement reste posé, évite de buter sur un paradoxe d'emblée infranchissable. Et pour préparer sa mise à plat, il y a lieu de se pencher sur l'un de ses pôles qui n'est autre que la création de significations nouvelles.

7.2 Le parallèle entre création et communication

Tenter d'explorer la création passe, de toute évidence, par la nécessité de savoir de quoi il est question. Aussi ce modèle se voit mis en demeure d'en circonscrire une définition acceptable.

D7.1 On désigne par CRÉATION la constitution par une personne d'un support auquel puisse être associée une signification non mécaniquement déductible des significations antérieurement perçues.

Il va de soi que, inscrite dans le temps, la perception via la création s'étendra sur un intervalle bien plus long que via la communication. En tout état de cause, la constitution d'un support auquel puisse, à coup sûr, être associée une signification intéressante a peu de chance d'aboutir de façon aussi instantanée que la présentation d'un support communiqué par autrui. Il va être nécessaire, en toute probabilité, de passer par les essais, erreurs, rectifications, réajustements. Même chez des sujets spécialement doués, comme l'était Mozart, dont les manuscrits portent très peu de corrections, il ne fait aucun doute que toute cette maturation a réellement bien eu lieu, mais en son for intérieur, ceci grâce à une mémoire prodigieuse, dont il a maintes fois montré l'efficacité.

Par ailleurs, culturellement la création est survalorisée, au moins dans l'univers occidental, au point qu'il est de bon ton de la solenniser davantage encore lorsque son langage peut être qualifié de plus original, ceci presque indépendamment du contenu signifiant produit. D'où le penchant de nos cultures contemporaines pour une certaine course éperdue vers l'originalité qui a tendance à quelque peu supplanter la valeur intrinsèque recherchée.

Pourtant, en ce qui concerne le contenu, ce modèle n'observe aucune différence entre création et communication.

E7.1 Il n'est pas possible d'établir en termes de significations une distinction entre les perceptions par création et par communication.

> *En effet, s'il n'en était pas ainsi, soit S une signification dont on peut prouver qu'elle établit une distinction entre perception par création et par communication. Pour qu'il en soit ainsi, il est nécessaire qu'elle soit spécifique des détections de signification que constituent ces perceptions elles-mêmes. De ce fait, elle implique une spécificité de la perception de signification. Mais ceci est impossible par E6.2.*

En résumé, que la perception échappe à toute description signifiante, cela rend caduque toute tentative de hiérarchisation entre création et communication, et a fortiori entre les instances intimes, sièges de toute perception, que l'on soit créateur ou simple observateur.

Ceci s'inscrit en parfaite antinomie avec le déroulement des perceptions dans l'espace-temps. Non seulement les différences sont flagrantes entre création et communication, mais même en ce qui concerne cette dernière, la vitesse cérébrale de chacun couvre une plage énorme ; et l'on peut assurément énoncer que certains pensent beaucoup plus vite que d'autres. Et de la même façon, l'imagination, paramètre crucial pour la création, apparaît partagée de façon bien peu équitable entre les personnes.

Et bien malgré tout, E7.1 prend le contre-pied radical de toutes les solennisations culturelles qui en procèdent. Quand bien même une cervelle se montrerait ultra rapide et surdouée pour l'imagination, en aucune façon il n'est légitime d'inférer quoi que ce soit en ce qui concerne ses perceptions, et a fortiori son instance intime !

Ceci dit, la célébration toute spéciale que les canons culturels vont s'empresser de marteler envers les grands créateurs a une probable fonction assez cruciale, consistant à tenter de s'affranchir d'une limite incontournable : l'impossibilité de critères d'auto-validation en termes signifiants. Faute de pouvoir disposer de tels critères, la célébration de l'auteur a pour effet de mieux prédisposer aux perceptions dont on peut profiter dans ses œuvres, via des canons érigés en ce sens dans le domaine considéré.

On a en effet :

E7.2 Pour une personne, il n'existe pas de signification impliquant la validité signifiante de ses propres perceptions.

En effet une signification qui impliquerait cette validité signifiante impliquerait nécessairement une représentation signifiante d'une caractéristique de la perception, contrairement à E6.2.

Encore ne faut-il pas extrapoler ce résultat au delà de ce qu'il représente. En particulier, cela ne veut pas dire que la personne ne dispose pas d'une quelconque forme de certitude intime d'avoir perçu une signification. Ceci assure simplement que si une telle certitude existe, elle n'a aucune chance de pouvoir être décrite en termes signifiants. S'expliquer sur tout ceci plus en détail sera l'une des préoccupations centrales du chapitre 9.

De la même façon, ce n'est pas parce que la validité de la perception ne peut être décrite en termes signifiants, que pour autant on ne puisse rien en dire. En particulier il n'y a aucune raison de la déconnecter des propriétés universelles propres à toutes significations. Dans cet esprit, les axiomes initiaux ont permis d'attribuer à la signification une valeur universelle, et de ce fait, la perception hérite de la même caractéristique. Ceci peut s'énoncer ainsi :

E7.3 Les propriétés signifiantes de la validité de la perception contiennent l'énoncé de sa valeur universelle.

Ceci ne s'applique évidemment qu'à la condition que l'on s'interroge sur cette validité. A contrario, en ce qui concerne la majorité des perceptions à travers lesquelles déferle la vie courante, la question de cette universalité ne trouve guère le temps d'une prise en considération quelconque. En réalité, seuls les moments forts font émerger assez naturellement cette propriété. Toute perception entraînant un retentissement intense est propice à ce recul sur soi-même, qui fait que l'on n'imagine pas cet effet autre qu'universel, au moins en potentialité. Cette prise de recul mérite d'être qualifiée nommément.

Notation. On désigne par perception CONSCIENTE, toute perception associée à l'affirmation de sa validité. Si cette perception correspond à une création, on la désignera aussi par création consciente, et communication consciente dans l'autre cas.

Ainsi E7.3 peut se réécrire :

E7.4 Toute création consciente ou toute communication consciente implique une valeur d'universalité.

C'est pourquoi le créateur cherche d'une certaine façon à s'identifier à un interlocuteur universel, dont le degré d'adhésion auquel il aspire à son égard sera interprété comme un témoin de la valeur de l'œuvre qu'il façonne. Et parallèlement le protagoniste d'une communication reconduit un processus tout à fait similaire dès qu'il se hisse au niveau de la communication consciente. Il accueille l'objet transmis et l'écoute comme s'il se substituait à l'interlocuteur universel.

En fait, il revit pour son propre compte la propriété selon laquelle toute signification est universelle pour toute personne. Ainsi, si l'auditeur, dans l'intimité de son écoute, fait résonner en lui l'objet de l'échange, comme si l'univers entier vibrait de conserve, c'est bien qu'il pressent en son for intérieur combien l'action de l'instance intime en cours de perception effectue une opération proprement universelle.

7.3 La complémentarité de la création et de la communication

Ainsi donc, le processus de perception s'avère indiscernable, qu'il s'agisse de création ou de communication. Cela concerne le propre de l'opération spécifiquement à l'œuvre dans le cours de la perception. Encore une fois, le tout remis dans l'espace-temps montre une différence de taille ; pour la création, il y a constitution d'une signification ne figurant pas encore dans le bagage de la personne qui l'émet.

D'ailleurs cette distinction est mise en exergue par les ambiances culturelles en place, car, là, il est de bon ton de célébrer plus particulièrement les créations qui sont considérées comme un apport au patrimoine depuis lequel elles ont surgi. Évidemment, ici le flou règne en maître. En effet, qui décide des significations qui doivent figurer dans le patrimoine considéré ? Qui décrète qu'une création donnée doit désormais s'y adjoindre ? Aussi les bévues ne sont pas rares. Et même si le temps s'étendant sur plusieurs générations apporte des corrections permettant de se rapprocher de l'universel, cela n'a pu éviter les engouements ponctuels, essentiellement engendrés par des effets de mode bien orchestrés.

Tout ceci prend ses racines dans une pratique maintenant bien ancrée dans les habitudes, qui consiste à solenniser l'auteur de créations reconnues dans un cercle culturel donné. Ceci est vrai dans tous les domaines, au point qu'il n'existe plus de lieu où la création ne soit pas le jeu de concours ou récompenses élitistes. Cela sécrète une répartition des rétributions devenant de plus en plus exorbitantes pour les meilleurs (ou ceux qui ont réussi à le faire croire), alors que la majorité a bien du mal à surnager, ce qui est manifestement tout à fait hors de proportion vis-à-vis des créations considérées.

Il va de soi que ce modèle ne peut reprendre ceci à son compte, et cela pour une raison qui va faire la force de tous les résultats à venir : l'instance intime, puisque indescriptible, ne saurait a fortiori se mesurer selon les créations qu'elle a produites. Et finalement toute comparaison entre les personnes devient un non-sens. Or les processus culturels sus-évoqués passent leur temps à identifier les personnes à leurs œuvres, et en déduire des comparaisons entre elles. De là à ce que les auteurs vivent très mal le fait de ne pas être reconnus, il n'y a qu'un pas, sur lequel la quasi-totalité trébuche allégrement.

Par conséquent, ici, s'il est admissible que l'on se livre à des comparaisons sur les œuvres, il est sans objet d'en déduire quoi que ce soit sur les personnes. En outre, rien ne prouve que la célébration par un cercle culturel soit un gage d'authenticité. Affirmer le contraire conduit inéluctablement à éliminer la plupart des actes effectués par tout un chacun, et qui pourtant constituent toute l'épaisseur de la vie.

Toutes ces approximations ont leur source dans le paradoxe incontournable selon lequel, d'une part un critère indispensable d'authenticité pour une signification se trouve être l'universel, mais d'autre part, au moins dans l'espace-temps, cet universel ne saurait s'atteindre réellement. De là découle qu'il y a problème à déterminer la validité des significations ; et c'est pour cela qu'il reste encore de beaux jours à couler pour cette pratique de la solennisation par les cercles culturels, déstinée à tenter de colmater cette brèche.

Maints autres comportements prennent le relai pour les domaines jugés trop anodins, et correspondant davantage à la vie de tous les jours. Ce sont, entre autres, les coutumes diverses ainsi que les canons de bonne conduite. Pourtant, il existe un processus solide en ce qui concerne la détection de cette validité. On a en effet :

E7.5 Étant donné un objet signifiant A créé par une personne, toute signification impliquant la validité de A contient une signification propre B créée par une personne ayant perçu A, telle que B utilise A.

> *1) Si B a une signification propre, et si B utilise A (au sens des significations), alors la perception de B implique nécessairement que A ait été perçu ; et en particulier cela implique qu'il y a bien une signification associée au support de A.*
>
> *2) Réciproquement, soit une signification S impliquant qu'il y a une signification associée au support de A. Comme S ne peut contenir la détection de A elle-même, elle doit contenir au moins une autre signification B ne pouvant être perçue que si A l'a été. Par définition, cela implique que B utilise A.*

Énoncé loin d'être anodin. Il existe bel et bien une seule et unique façon valide de repérer la présence (ou la perception réussie) d'une signification nouvelle ; c'est de provoquer chez autrui son utilisation de façon non mécaniquement déductible. Le fait d'être non mécaniquement déductible est évidemment crucial. Une plate redite ne prouverait rien du tout. D'ailleurs cela n'aurait même pas de signification propre selon ce modèle.

En d'autres termes, qu'aucune signification ne puisse représenter la perception, cela conduit à ce critère sans concession : la seule façon de s'intéresser à la validité signifiante de ce que l'on vient d'émettre est de le faire utiliser de façon non élémentaire par d'autres.

Pour le compositeur, cela se traduira par les diverses interprétations qui seront données de ses oeuvres, ce qui, évidemment, constitue des utilisations au sens de ce modèle. Pour le mathématicien, ce seront les multiples applications que d'autres parviendront à concevoir. D'ailleurs, en ce qui concerne les créations reconnues, tous les univers culturels correspondants tentent de prendre en charge plus ou moins explicitement ces utilisations non élémentaires, même s'il arrive que cela patauge dans le flou prétentieux, voire l'abscons, en particulier, par exemple, dans les cas d'effets de mode à entretenir.

C'est également pour partie ce qui supporte le projet éducatif. Pour s'assurer que les objets à inculquer ont bien été saisis, on ne se contente pas de vérifier qu'ils font désormais partie du bagage des auditeurs ; on s'efforcera de provoquer des usages non immédiats vis-à-vis du niveau où se situe la présentation.

Ainsi, que la signification initiale soit création ou communication, la validité signifiante à lui attribuer dépend d'une autre signification créée par au moins une autre personne. C'est pourquoi, la suite dénotera ce processus : **CRÉATION-COMMUNICATION**. Et l'on retient donc ce résultat incontournable. S'intéresser un tant soit peu à l'authenticité signifiante, c'est nécessairement entrer dans un processus de création-communication.

Ce constat est lourd de conséquences, tant il est clair que ceci n'est finalement le lot que de bien peu de pratiques dans le cadre des rapports sociaux. Or là, la sanction est cinglante. Puisque le processus de création-communication est la seule voie concourant à l'avènement de la spécificité signifiante, elle-même posée comme seule spécificité de la personne pouvant se voir l'objet d'un minimum de critère vérifiable, refuser de jouer ce jeu est par voie de conséquence renier la spécificité de la personne, dans le contexte considéré. Et finalement les instances qui refusent de s'y plier ne font, aux yeux de ce modèle, que ravaler ipso facto la personne au niveau du simple primate *Homo sapiens sapiens*.

7.4 Applications

L'accès à la signification est l'unique critère de base retenu par ce modèle pour qualifier la spécificité de la personne. Cette unicité repose sur le constat selon lequel il s'agit là, en définitive, du seul phénomène réellement vérifiable en toute certitude. C'est ainsi que le tout premier chapitre mettait en avant la stricte distinction qui découle, entre *Homo sapiens sapiens* et le reste des êtres vivants, de la simple observation selon laquelle le premier perçoit manifestement le dénombrement indéfini, et aucun des autres.

Il en résulte que seul peut, à bon droit, être considéré comme authentique de la personne ce qui se conforme aux propriétés ici énoncées à l'égard de la communication, lesquelles découlent de cette spécificité. Tout le reste doit, a priori, se faire suspecter d'une origine mécanique, c'est-à-dire, en fin de compte, se réclamer de l'animalité. Il s'agit là de critères simples, mais terriblement efficaces. C'est ce que va illustrer cette section.

Le premier exemple concerne les cercles éthologiques, où nombre d'équipes cherchent à montrer une proximité proche de l'identité entre les singes supérieurs et les hommes. Pour ce faire, plusieurs tentatives ont d'abord cherché à leur inculquer un équivalent de la parole. Devant l'échec rédhibitoire, par la suite, différentes expérimentations ont été menées pour développer des moyens de communications par d'autres voies (clavier avec touches munies de dessins symboliques, etc...). L'une des plus spectaculaires a été l'apprentissage du langage des sourds-muets. Là, les résultats positifs ont proliféré, montrant le singe ainsi éduqué devenu capable de formuler des "phrases" originales à bon escient, y compris des affirmations qualitatives sur lui-même.

De là à affirmer que ces animaux (chimpanzés et gorilles notamment) sont munis des mêmes attributs que l'homme (y compris conscience d'eux-mêmes), il n'y a qu'un pas que franchissent allégrement les partisans de ces écoles. Mais bien entendu, cela déclenche débats voire querelles ; et notamment nombre de contradicteurs récusent cette identification tant il paraît clair que ces "phrases" sont loin de représenter des propositions syntaxiquement correctes, comme sait pourtant le faire très tôt le petit enfant.

Manifestement le débat apparaît ainsi bien mal engagé. D'une part, le flou dans lequel baignent ces expériences a fort peu de chances de se laisser circonscrire dans une interprétation non ambiguë. D'autre part, il est quelque peu gratuit de ramener la spécificité de l'intelligence à une capacité à énoncer des phrases syntaxiquement correctes : l'ordinateur lui-même, suffisamment bien "instruit", peut y parvenir !

Bien plus décisif est le critère que vient de mettre en évidence la section précédente. Le singe a-t-il pu formuler des phrases non mécaniquement déductibles des stimuli reçus et du savoir antérieur ? Là, on est loin du compte. D'ailleurs, à cet égard, suffirait la perception de la signification jugée usuellement bien plus élémentaire qu'est le dénombrement, que ce soit dans son aspect dénombrement infini ou dans son aspect indéfiniment diversifié (provenant de l'objet de base "suivant", muni de sa potentialité de référenciation illimitée). Or cet apprentissage du dénombrement figure dans les tous premiers échecs sévères rencontrés. Au même titre que le chien savant du cirque, aucune trace de dénombrement illimité ne parvient à percer ; de même, les dénombrements inculqués restent rivés aux stimuli dans lesquels ils ont été appris. C'est pourquoi, dans l'état actuel des choses, ce modèle ne peut que sanctionner négativement les résultats de ces expériences.

La même acuité permet de jauger l'authenticité de la communication quelle qu'elle soit. En particulier deux types de comportements douteux, bien que fort usuels, sont ainsi clairement montrés du doigt. Le premier concerne les échanges qui s'enveniment du seul fait qu'au moins un des protagonistes s'estime nié dans sa personne sous prétexte que ce qu'il a formulé apparaît manifestement non reçu. L'ambiance culturelle commune est un bon ferment pour cette conduite, tant elle décerne une valeur aux individus bien près de se réduire aux choses qu'ils font. Dans le même ordre d'idée, les efforts d'éducation ont tout le mal du monde à s'extirper de cette mouvance ; et les "mauvais élèves" le savent bien, au point que, rejetés qu'ils finissent par se croire, ils ne voient guère d'autres issues que condamner en retour l'enseignant ou la matière enseignée, ceci pour préserver leur ultime revendication à exister au delà des jugements définitifs.

À titre d'exemple caricatural, méritent un petit détour quelque peu circonstancié, les multiples cas d'élèves ou étudiants, manifestement doués de neurones performants dans leurs domaines privilégiés, mais ravalés à un bien piètre niveau dans d'autres secteurs. Ceci concerne, entre autres, nombre de scientifiques, s'avérant assez pitoyables en expression littéraire, ou de littéraires pratiquement analphabètes vis-à-vis des mathématiques. Pourtant, il est impossible d'attribuer ces déficiences à une quelconque forme de carence cérébrale, tant leurs capacités dans leur secteur favori démontrent le contraire. Or, dans la très grande majorité des cas, une analyse un tant soit peu attentive révèle avec évidence une sorte de "blocage", vis-à-vis de la spécialité antagoniste. Mais ce comportement n'est rien d'autre que la mise en place d'un barrage de protection érigé au fil du temps, pour parer l'impact des blessures affectives que vont enclencher les jugements péremptoires et définitifs des autorités professorales. Il se trouve, en effet, que chercher à comprendre entraîne ipso facto une attitude toute en disponibilité, qui elle-même va se traduire en vulnérabilité de son propre ego dans tous nos univers culturels où le degré de réussite des perceptions est immédiatement transformé en évaluation sentencieuse de la personne. Ainsi donc, dans de tels contextes, la seule façon de parer à toute humiliation façonnée de ces comparaisons blessantes est de se fermer à toute disponibilité sur le sujet, voire d'afficher une agressivité virulente envers le domaine correspondant, en lieu et place de l'accueil en ouverture, seule attitude pouvant conduire aux perceptions explicites propres au domaine considéré.

Tout ceci se situe manifestement aux antipodes de la perspective de ce modèle. D'une part, l'instance intime ne saurait souffrir la moindre esquisse de mesure, d'autre part, la détection de signification constitue un trait parfaitement spécifique de sa manifestation. Ainsi ne se révélerait-il pas une toute autre efficacité si, au lieu de s'engluer dans le système de jugements péremptoires assorti de récompenses et punitions, on s'attachait à faire exister la véritable transcendance du moi, qu'est l'instance intime, se révélant à travers l'accès à de nouvelles perceptions. Entre autres conséquences, si une telle célébration entrait en pratique, elle prendrait petit à petit le pas sur le système des félicitations et récriminations, pour lui substituer l'évidente responsabilité qu'ont les plus doués à prendre en charge une certaine assistance à ce que les moins armés réussissent à leur tour les perceptions en jeu.

L'autre dysfonctionnement concerne les débats embourbés dans les fins de non-recevoir, les arguments d'autorité, voire les falsifications des propositions du contradicteur. Ici le critère est non moins simple. Le modèle refusera le titre de communication à ce qui ne passe pas par une vérification selon laquelle on s'assure d'avoir compris les propositions de l'adversaire. Évidemment ceci n'est pas si facile, d'autant que l'ambiance culturelle n'y aide pas, du moins lorsqu'elle fait sienne l'hypothèse d'une signification ambiguë ; car dans ce cas, l'interlocuteur a tout loisir d'estimer que ce qu'il a perçu peut, à bon droit, être attribué à l'auteur. Et dans ces conditions, on voit mal comment la dispute peut progresser constructivement. D'ailleurs, à titre d'illustration caricaturale, dans le débat politique usuel, il y a très peu d'allers et retours sur le même sujet ; comme si le progrès dans la communication n'était nullement le but visé, mais simplement l'étalage de ses propres visions, et la condamnation sans appel de l'adversaire.

Tout ceci semble nier la possibilité d'un universel, alors même que l'ambiance culturelle prône tout le contraire, puisqu'elle a ce trait caractéristique de célébrer comme universelles les œuvres considérées comme les plus réussies.

Contradiction manifeste, mais que ce modèle n'a aucune difficulté à dépasser. Or, dans le même mouvement, une brèche vers une efficacité d'un tout autre ordre vient, semble-t-il, de s'entrouvrir. Mais tout ceci sera repris avec davantage de détail et de précision dans le cours de la troisième partie.

Chapitre 8

Du pouvoir

Ainsi, passant le processus de perception au crible de la logique, le modèle débouche sur cette double caractéristique. D'une part son bon fonctionnement n'est pas descriptible en termes signifiants, d'autre part, il existe néanmoins un critère qui permet d'en constater le parachèvement, le cas échéant, qui est énoncé par E7.5, et est désigné par processus de création-communication. Il consiste à produire une signification propre utilisant l'objet en jeu, qui n'en soit pas mécaniquement déductible.

Autrement dit, la perception de signification est tout sauf anodine, au point qu'elle reste indescriptible. En outre, le progrès dans les perceptions réussies n'a rien d'élémentaire, et exige systématiquement un investissement d'importance.

Voilà qui se situe manifestement aux antipodes des comportements du pontife et de l'autoritarisme. Et l'on pressent bien que cette requête en investissement ne peut faire bon ménage avec tout fait de pouvoir, dont pourtant sont pétries à peu près toutes les organisations de l'homme. Or, il se trouve que parallèlement il s'agit là d'un comportement très largement partagé avec la gent animale. Et par conséquent, il n'y a nulle surprise à ce que ce modèle se prépare à récuser les pratiques qui en dérivent. Bien entendu, il lui reviendra la charge d'y substituer un ordre d'une toute autre tenue en ce qui concerne le respect de la personne. Il s'agit là d'une perspective tellement inacceptable pour nombre de partisans se rangeant docilement sous la bannière du pouvoir, qu'il faut bien, pour préserver la crédibilité de la suite, dès à présent s'atteler à l'objectif consistant à prendre à bras le corps ce paradoxe partagé par à peu près toutes les structures organisées. Néanmoins, le point final logique sera apporté au cours de la troisième partie, notamment par les bons soins du chapitre 11, qui prendra sur lui de mettre en place une batterie de critères permettant de débusquer ce qui est spécifique de la personne et ce qui ne l'est pas.

8.1 Le pouvoir chez les espèces animales

Se cantonnant pour le moment au sens intuitif usuellement accordé au terme, il n'est pas sans intérêt de constater, en tout premier, à quel point fait défaut une justification solide au droit à exercer le pouvoir. Cela se fait cruellement sentir au point que par les temps jadis, tout potentat cherchait un fondement d'origine divine. Attitude de nos jours restreinte aux seuls pouvoirs religieux (ce qui, semble-t-il, ne constitue nullement un élément modérateur vis-à-vis des débordements meurtriers). Cependant, pour la plupart des maîtres d'aujourd'hui, d'autres recours sont appelés à la rescousse, qui sont soit d'ordre élitiste (il faut obéir au détenteur du pouvoir, puisqu'il est le meilleur), soit reposant sur des notions situées a priori au dessus des personnes : l'état, la nation etc...

Voilà toute une mouvance où l'on voit mal comment déceler une quelconque compatibilité avec la spécificité de la personne qui s'impose à ce modèle, alors même que parallèlement elle se retrouve de façon tout à fait similaire chez l'animal.

En effet toutes les espèces animales vivant en groupe ont établi des structures hiérarchisées, et ont mis en place tout un système de signaux régissant les comportements et situations vis-à-vis de la hiérarchie. Certains n'ont pas de correspondants très évidents chez *Homo sapiens sapiens*. Ainsi chez le chien ou le loup, le rapport entre dominant et dominé est marqué en permanence par le port de la queue ; le premier la tient redressée et le second se doit de la baisser, et à défaut cela sera immédiatement interprété comme un signe de rébellion.

Mais très souvent, et a fortiori chez les grands singes, le parallèle avec l'homme est évident. Ainsi chez le gorille, bomber le torse est signe de dominance. Et d'une façon très générale chez de multiples espèces, baisser les yeux, voire baisser la tête, constitue un signe de soumission exigée face au dominant ; regarder droit dans les yeux sonne comme un défi face à l'autorité. On trouve même des signes plus spécifiques, comme chez le chimpanzé qui pratique un véritable ancêtre de la poignée de main. L'inférieur tend la main, paume tournée vers le haut, représentant une demande symbolique de nourriture, et le supérieur touche la paume, accédant ainsi tout aussi symboliquement à cette requête.

Tout manquement à ces signaux représente un défi du dominé envers le dominant, lequel, inéluctablement déclenche une lutte pour éviter toute modification de l'état de la hiérarchie. Ainsi de façon incessante, comme chez l'humain, il y a des "vizirs qui veulent devenir calife à la place du calife". Ceci peut dégénérer en combats très rudes ; c'est souvent le cas chez les herbivores, au point que cela peut quelquefois tourner très mal. Mais ils peuvent aussi rester très symboliques, comme dans la plupart des espèces où les armes sont très redoutables, et aussi chez les espèces les plus évoluées. Cela commence par des défis, comme le regard fixe dans les yeux de l'adversaire ; puis suivent des signes de menaces, qui sont la plupart du temps accompagnés d'attitudes où chacun cherche à paraître plus gros qu'il n'est, via un quelconque gonflement du corps amplifié par le hérissement des poils. À tout cela s'ajoute un arsenal sonore, qui n'est pas sans rappeler le chef usuel, qui cherche à maintenir son autorité en martelant de la voix. Et même le chimpanzé y ajoute toutes sortes d'agitations bruyantes, dans le seul but de produire un maximum de tintamarre. Bref, désolé, mais "brasser du vent" pour la conquête du pouvoir, cela n'a donc pas été inventé par *Homo sapiens sapiens* !

Les parallèles ne s'arrètent pas là. Dans de multiples sociétés hiérarchisées, le dominant qui vient de se faire détrôner redescent très vite dans les derniers rangs, et même devient le souffre-douleur de toute la tribu. Là encore, les acharnements, dont sont l'objet les hommes politiques qui se sont faits renverser, peuvent difficilement passer pour une invention d'*Homo sapiens sapiens*.

En ce qui concerne les attributs du dominant, derechef, on se retrouve en terrain connu. En tout premier lieu, il a droit à l'appropriation sexuelle ; droit exclusif dans nombre d'espèces, comme les herbivores, mais plus nuancé chez les espèces plus évoluées où le dominant se contente de choisir en premier. Dans ce dernier cas d'ailleurs, les femelles sont également hiérarchisées, de sorte qu'un dominant ne s'accouplera qu'avec une dominante. D'une part, le parallèle avec le "droit de cuissage" ne peut être éludé ; et d'autre part, ceci n'est pas sans rapport avec la pratique des familles de privilégiés qui consiste à estimer contre nature les unions avec des partenaires n'appartenant pas à leur cercle fermé.

En second lieu, le dominant jouit de l'appropriation de la meilleure part. Cela va jusqu'au cas caricatural du lion. Alors même qu'il n'a pas participé à la chasse, le mâle aura le droit de se servir en premier et se rassasier de tout son soûl, sans que les lionnes, les chasseresses, ne manifestent la moindre récrimination. Que cette appropriation de la meilleure part figure en bonne place chez *Homo sapiens sapiens*, cela est d'une bien grande banalité. Même si elle est la plupart du temps camouflée derrière des raisons colorées du genre "mérite des individus", elle cache bien mal sa raison d'être : la rétribution sanctionnée par la course au pouvoir.

Toutefois, ici une différence de taille apparaît. Alors que, chez l'animal, la satiété est circonscrite à ses besoins biologiques, chez l'homme, l'intelligence prend le relai pour imaginer des besoins sans limites. Et l'histoire a montré que la course à l'appropriation résultante ne rencontre d'autres freins que révoltes et révolutions. Aujourd'hui un arsenal légal tente d'y apporter une certaine modération ; mais il se montre le plus souvent à la traîne vis-à-vis de toutes les tentatives faites pour le contourner.

Enfin, il échoit un rôle majeur au dominant qui est la protection de la tribu. Il organise la fuite chez les espèces les plus vulnérables. Et il fait face au danger dans celles qui sont dotées de moyens de défense efficaces. Cela va jusqu'à des comportements extrêmes comme chez le babouin. Bien qu'il soit plus petit et autrement moins outillé qu'une panthère, celle-ci n'osera pas attaquer une tribu qui a eu le temps de s'organiser. En effet, dès qu'elle a été repérée, d'un commun accord les dominants se regroupent pour lui faire face. Cette attitude, apparemment suicidaire, en réalité réussit car la panthère, même si elle n'a aucun doute sur ses moyens exceptionnels, sait très bien que pour sa survie elle ne peut se permettre d'encourir un dommage sérieux, lequel lui est promis par le groupe des dominants qui ainsi la défie.

De la même façon, chez *Homo sapiens sapiens* tous les pouvoirs prétendent assurer défense et protection. Quelquefois il s'agit bien de la protection des personnes, voire à la rigueur des intérêts des soumis. Mais l'intelligence a inventé de multiples autres sujets de protections, jusqu'aux idéaux religieux, qui ont la part belle en matière de coercition sur autrui au nom de cette susdite protection. Peut-être encore plus tentaculaire est aujourd'hui le pouvoir dont se dotent les multinationales pour la protection de leur idéal absolu qu'est leur propre prospérité, dont elles utilisent l'agressive expansion comme prétexte pour constituer un prétendu cocon de survie en faveur de leurs propres agents (au moins tant que cela les arrange), et ainsi exiger d'eux, en retour, un engagement qui va parfois jusqu'à côtoyer l'esclavagisme. À ceci, il faut ajouter que si, chez l'animal, le dominant ira jusqu'à mettre sa vie dans la balance, chez l'homme, plus l'histoire avance, plus la protection par les dominants s'exerce davantage à l'abri des dangers.

Il n'est peut-être pas utile de continuer à s'étendre sur les parallèles qui inéluctablement apparaissent entre l'homme et l'animal dès que l'on s'intéresse aux rapports entre dominants et dominés. De toute façon, il faut bien s'y attendre. À en croire le biologiste, les différences entre le matériel génétique de l'homme et celui du chimpanzé portent sur moins de deux pour cent. Dans ces conditions, la surprise serait plutôt que les gènes assurant le comportement social n'y soient pas à l'œuvre de façon quasi identique.

Ainsi, il y a tout lieu de penser que si la gent animale s'organise si universellement autour du rapport dominant dominé, c'est bien qu'elle dispose de mécanismes appropriés. Or, chacun peut le constater pour son propre compte, il existe un émoi caractéristique qui se déclenche systématiquement dans toute situation où le pouvoir pointe le bout de son nez. Il s'agit d'une sorte de jouissance à se croire au dessus, ou tout au contraire une sorte de complaisance à l'obédience servile, complètement obnubilée à tenter de provoquer la "reconnaissance" du maître. Et ceux qui apprécient la compagnie des chiens pourront difficilement renier combien leur comportement rappelle à quel point il est facile de déclencher, chez eux, ces attitudes d'obéissance dans lesquelles ils semblent trouver leur compte. C'est pourquoi, il y a tout lieu de penser que ces émois sus-évoqués sont bel et bien d'origine animale, et qu'ils figurent en bonne part dans les rouages permettant aux processus de pouvoir de perdurer chez toutes les espèces organisées.

8.2 Le processus du pouvoir chez l'homme

Ainsi on peut imaginer qu'à l'orée de son existence l'espèce humaine devait se comporter d'une façon parfaitement similaire à celle des grands primates supérieurs. Depuis, l'aventure signifiante a fait son chemin, en sorte que le simple bombement du torse et autres stimuli animaux ne sauraient suffire à justifier un quelconque pouvoir qui ait des chances d'être accepté de façon durable dans un cadre social honorable. Tout au plus cela pourrait peut-être suffire dans les milieux où la violence reste la règle majeure (mafia, etc...).

Le pouvoir ne peut perdurer qu'à la condition de s'inscrire dans la mouvance de l'aventure signifiante. C'est dire que l'espace de prérogatives qui lui est inhérent se doit d'aller conquérir tout le domaine des significations. Or, ici, parler de prérogative c'est au minimum parler de prérogative en ce qui concerne leur validité. D'où la définition :

D8.1 Est dénoté POUVOIR tout processus attribuant à une personne le droit de décider de la validité de significations.

Manifestement, il ne va pas falloir un grand labeur pour assigner au pouvoir ainsi défini un statut impliquant une contradiction exemplaire avec la nature de la signification selon ce modèle. Encore faut-il vérifier qu'ainsi circonscrit, il recouvre bel et bien ce à quoi renvoie son sens usuel.

Or il est clair que tout pouvoir est là pour décider. Certes il y a des degrés divers, allant de la décision préparée et mûrement réfléchie par tout un groupe d'assistants, jusqu'au décret imposé par le dictateur qui a fini par se prendre pour un surhomme. Mais dans tout cet espace, la spécificité du pouvoir et la jouissance qu'y trouvent ses détenteurs ne sont pas vraiment liées au fait d'avoir imaginé l'idée. Elles tiennent bien plutôt à l'acte de décision lui-même, c'est-à-dire au décret solennel de sa nécessaire application, partout où cela a un sens, c'est-à-dire en fin de compte à ce que cette décision même lui attribue un statut selon lequel il doit être considéré comme valide par tous, et ceci de façon définitive.

La jouissance que les pratiquants du pouvoir en retirent a toutes chances de n'avoir d'autre source que l'origine éthologique. Et les comportements de même provenance peuvent très bien se voir utilisés dans les luttes pour accéder aux postes de commande. Mais aucun d'entre eux ne peut, à lui seul, permettre à ce processus de garder son emprise sur l'homme. Il aurait tôt fait de se voir détrôné dans l'ordre de la signification s'il ne prenait pas la peine de venir s'instaurer au beau milieu de cet univers. D'ailleurs, comment le détenteur lui-même pourrait-il trouver jouissance à un décret qui serait hors de la signification, c'est-à-dire n'aurait aucun sens ?

Bien entendu, aucune raison véritable ne pouvant justifier cet avantage, nombre de prétextes sont invoqués pour tenter de mieux asseoir l'autorité résultante. Dans les temps anciens, le chef suprême se réclamait de Dieu ; dès lors, puisque son avis venait de Dieu, par voie de conséquence, il était le dépôt de la validité des choses. Et c'est en vertu de cette prétendue origine divine que tous les intermédiaires devaient exercer le pouvoir au nom du prince. Bien entendu, l'installation du dominant se voyait le jeu de toute une sacralisation solennelle à laquelle les instances religieuses se devaient de se prêter avec toute la complaisance voulue.

De nos jours, seules ces mêmes instances religieuses revendiquent encore pour leur propre compte un tel recours. Car depuis la généralisation des démocraties, le pouvoir appartient, paraît-il, au peuple. En réalité, bien entendu, il n'en est à peu près rien, et le pouvoir est bel et bien remis entre les mains de quelques personnes, qui elles, ont effectivement été élues par le peuple. Aussi Dieu est remplacé par quelques notions a priori établies au dessus des hommes. C'est l'état, la nation, ou de façon plus floue, l'intérêt général. Et tout ceci se traduit dans une certaine forme diffuse de sacralisation attribuée au fait de pouvoir être déclaré "un élu". C'est pourquoi il est très difficile à un pouvoir de ne pas dériver vers l'abusif. Car rien n'empêche que son détenteur, lorsqu'il ne fait que jouir de son exercice, se prenne à croire qu'il agit pour le bien de tous, de sorte que, si quelque abus en dérive ici ou là, l'auteur aura tôt fait de le ranger dans le mal accidentel, très vite éludé au regard des bienfaits importants qu'il se complait à décréter découler de son action.

En ce qui concerne les organisations non politiques, la plus grande part est d'ordre économique, là où le pouvoir est lié à l'argent. La justification est ici encore plus malaisée si cela reste possible, et les prétextes colorés vont bon train. Hormis le leitmotiv "il fait vivre beaucoup de monde" adressé à celui qui jouit de gros moyens, on rencontre "il apporte du travail" à l'égard de l'investisseur, lui-même assorti de "celui qui a pris le risque mérite rétribution", bien entendu, en évitant de préciser par quel miracle cette rétribution va se transformer en mainmise démesurée. Bien d'autres clichés de même acabit circulent ; mais, en réalité, aucun n'est accompagné d'un argumentaire un tant soit peu crédible, justifiant le pouvoir quasi absolu qui en découle pour le détenteur de l'argent. Et en contrepartie, il n'y a pas d'autre alternative que le gonflement continu d'un arsenal légal destiné à tempérer les excès résultants.

Bien évidemment la recherche de justifications sérieuses a toutes chances de rester peine perdue. Car encore une fois, aux yeux de ce modèle, imposer son point de vue en matière de signification s'affiche définitivement contre nature. Or, par ailleurs, imposer son point de vue constitue la conséquence inéluctable de toute recherche de pouvoir au sens éthologique du terme ; faute de quoi, cela n'aurait aucun impact durable sur l'homme, devenu cet être se développant dans l'espace d'intelligence que l'on connaît aujourd'hui. C'est pourquoi non seulement le pouvoir ne peut prospérer sans investir l'ordre de la signification (d'où la nécessité d'imposer son point de vue), mais il va utiliser le maximum de ressources que ce nouveau domaine lui offre. Et tout va y passer depuis les moyens hypocrites comme la rétention d'information, jusqu'aux plus brutaux tels les tentatives de destruction symbolique via la diffamation.

Ainsi donc le pouvoir est bien un processus dont l'origine se situe dans les gènes. Son appropriation par l'homme se traduit par la jouissance à décréter de la validité des choses. Autrement dit le pouvoir est bien inhérent à la nature de l'homme. Oui certes, mais à sa nature de primate, et non pas de l'instance intime. Il convient donc d'énoncer :

E8.1 Le pouvoir est contradictoire avec la validité de la signification

C'est évident par E7.4 et E7.5, puisque la représentation signifiante de la validité des significations doit nécessairement contenir leur aspect universel, lequel, par construction, ne saurait être décrété par une seule personne.

8.3 Instances uniques

Si le lecteur veut bien en rester aux stricts énoncés ici produits, il n'aura aucune raison de craindre voir poindre l'utopie ou même l'anarchie. Il ne s'agit nullement de chercher à opposer le pouvoir d'une collectivité au bon vouloir sans limite de chacun. Ils sont tous deux d'origine purement éthologique, et donc cela ne concerne pas le débat en cours. Tout autre est le fer de lance de cette démarche, qui oppose deux dynamismes ; l'un de provenance purement animale, le pouvoir, l'autre spécifique de la personne, à savoir l'univers signifiant et son corollaire, la recherche de l'universel. Et la plus élémentaire attention prêtée à ce second terme même ne laisse aucun doute : il s'agit d'un dynamisme sans équivalent, dont l'exigence en matière d'énergie humaine est colossale et ne saurait se contenter de demi-mesures.

Évidemment, l'habitude du pouvoir est tellement ancrée dans les esprits que la tendance à la facilité pourrait laisser croire que la soumission de l'homme au devoir d'obéissance aveugle est là pour perdurer longtemps encore. Ainsi, à observer le spectacle qui draine les plus grandes foules et engendre les plus grandes audiences de télévision, à savoir le football, on le voit doté de l'image la plus caricaturale du pouvoir absolu en la personne de l'arbitre. Non seulement son pouvoir discrétionnaire est sans limite en ce qui concerne le jeu, mais il dispose de tous les moyens coercitifs envers quiconque qui, sur le terrain, oserait émettre contestation. Pour faire face aux incongruités résultantes, notamment les erreurs d'arbitrage changeant complètement le déroulement du jeu, les augures de ce sport ont inventé l'adage : "l'erreur d'arbitrage fait partie du jeu".

Voici qui montre l'image d'un monde complètement embourbé dans le processus du pouvoir le plus naïvement caricatural, au cœur même de ses loisirs, et qui laisserait entrevoir le pire en ce qui concerne l'avenir pour qui voudrait espérer s'en extirper. Mais c'est sans compter que le sport sait montrer ailleurs un tout autre visage. Il se trouve en effet que la plus grande fête du sport est un attribut très généralement décerné aux Jeux Olympiques, et qu'en outre, le premier sport olympique n'est pas le football, mais l'athlétisme. D'ailleurs, il détient la palme en ce qui concerne le plus grand nombre de nations participant à ses championnats de monde, et par conséquent, c'est lui, et non le football qui mérite le titre de sport le plus universel de la planète. Or, dans le cours de son exercice, interviennent de multiples juges et arbitres, mais qui ne sont généralement dotés d'aucun pouvoir absolu. Leur rôle est à peu près restreint à officialiser le geste de l'athlète. En effet, en cas d'erreur, non seulement toute contestation est possible, mais le concurrent lui-même peut contester la décision. Et pour comble, jamais une décision effectivement contestée ne peut jouir d'un caractère irrévocable. Si le temps manque, la contestation sera reportée ultérieurement, et même sa résolution pourra intervenir longtemps après. Ainsi a-t-on vu une athlète recevoir une médaille olympique près d'un an après le déroulement de l'épreuve : ce jour là, elle avait été classée quatrième, mais tous les films témoins, après examen rigoureux, ont bien montré que, selon les critères en vigueur, elle était réellement troisième ex æquo.

Quelle est la différence ? Simplement par nature même, le geste de l'athlète est jaugé à travers un universel : sa mesure en distance ou en temps. Universel qui non seulement permet de se comparer à soi-même, mais également à tous les concurrents de la planète, et ceci en tous temps et en tous lieux. D'où l'unique raison d'être des règles qui délimitent les épreuves : la nécessité de cadres rigoureux qui permettent à cet universel de se fonder sans équivoque.

Ce parallèle est loin d'être anodin. Dans le football, il n'y a aucun universel ; une rencontre n'a rien à voir avec une autre ; or ici, le pouvoir règne en maître, au point que même les erreurs d'arbitrage font partie intégrante du jeu. En athlétisme, l'universel est l'unique mot-clé autour duquel tout est organisé ; or là, il n'y a pratiquement plus de pouvoir discrétionnaire en ce qui concerne le déroulement des compétitions, hormis les décisions qu'il faut bien prendre dans le temps limité de l'épreuve, qui toutefois n'auront aucun caractère définitif, si quelque participant le juge bon.

On retrouve sur cet exemple qui draine les foules et les mass media, ce que révèle ce modèle : il y a incompatibilité entre le pouvoir et l'universel, et ici incompatibilité inscrite dans les plus intimes interstices des faits concrets.

L'autre enseignement que met en avant l'exemple de l'athlétisme mérite de s'y arrêter quelque peu ; contrairement à une impression superficielle trop vite dégainée, qui dit absence de pouvoir discrétionnaire ne dit pas pour autant anarchie. Apparaît de façon évidente la nécessité d'instances uniques, dont l'unicité même garantit que l'on sache s'y retrouver, et qui ont pour mission d'organiser la marche vers l'universel.

Or de telles instances uniques sont déjà multiples dans l'organisation sociale. C'est le notaire, officialisant un échange de biens immobiliers ; c'est le maire qui solennise la décision d'un couple de partager durablement une vie commune.

Instances dont le rôle est d'officialiser, hors de toute emprise du pouvoir, voici qui est indiscutable aujourd'hui. Mais cela n'a pas toujours été le cas par le passé. Il n'y a pas si longtemps, la décision d'unir un couple appartenait aux parents, et ceci reste toujours vrai dans certaines cultures aujourd'hui. Un peu plus loin dans le temps, le droit de propriété n'était qu'une concession cédée par le dominant, roi ou prince. Ces exemples montrent donc comment le recul du pouvoir laisse place à une instance unique dont le rôle se cantonne à officialiser des actes posés hors de toute intervention autoritaire.

Une autre évidence que l'on va retrouver dans toute structure, qui à l'instar de l'athlétisme cherche à s'organiser autour de l'universel, n'est autre que la nécessité de prendre une décision dans un temps limité. Mais décision toute provisoire, qui par la suite aura tout lieu d'être remise sur le tapis, et devenir ainsi l'objet de débats qui perdureront le temps qu'un accord sur un consensus tardera à faire rejoindre les parties. Ceci montre la nécessité de deux types de protagonistes. D'une part ceux qui auront la charge de prendre la décision qu'il faut bien adopter dans un temps imparti, insuffisant dans nombre de cas pour atteindre la seule validité, c'est-à-dire l'universel ; d'autre part ceux qui ont pour mission de susciter et faire vivre le débat, là où cet universel demeure en gestation.

Finalement ces deux catégories, jointes à la toute première, l'officialisation, représentent donc les trois formes d'instance unique où tout se joue en complète antinomie avec le pouvoir. Alors que, pour celui-ci, le décideur voit ses actes comme parfaitement définitifs et sans appel, pour les instances sus-nommées, toute décision doit faire l'objet de consensus global, et c'est là leur seul droit à rester irrévocable ; dans tous les autres cas, lorsqu'il a fallu la prendre faute de temps, il est de toute nécessité que d'autres instances s'attellent à rechercher ce consensus, et au besoin si l'évidence du contraire se révèle, la remettre en cause, s'il est encore temps, ou alors corriger ses conséquences dans le cas contraire.

De manière similaire, le vécu de chacun apparaît diamétralement opposé. Dans le concert des instances uniques, il y a une satisfaction intime d'une grande sérénité, et d'une grande complicité envers autrui, qui accompagne les exercices de recherche d'universel. Ces traits seront évoqués plus précisément dans le chapitre suivant. Mais chacun voudra bien concéder pour le moment que chaque fois qu'un réel consensus vient d'être atteint, tous les protagonistes se découvrent une mutuelle connivence, qu'ils aiment d'ailleurs bien souvent à célébrer.

En contrepoint, l'homme de pouvoir n'a qu'une jouissance isolationniste à décréter au nom des autres, jouissance qui a tôt fait de dégénérer en vindicte s'il voit ses décisions contestées concrètement. Et elles ne valent plus grand chose les libertés, voire les vies de ces contestataires, lorsque l'homme de pouvoir a les moyens d'y attenter.

Ainsi pour toute critique, le point de vue du pouvoir enclenche la nécessité de faire payer le prix fort en matant ces tentatives d'insubordination. Dans l'autre point de vue, il suffira à chaque fois de fournir au contradicteur le déroulement complet de la démarche qui a conduit au consensus. Et si d'aventure se trouve quelqu'un pour déceler une objection valide, l'instance chargée du consensus n'aura pas d'autre réponse admissible que la nécessité de relancer le débat, ceci pour le bien d'un consensus encore meilleur.

Enfin, lorsque l'homme de pouvoir change, nombre de ses décisions vont être remises en cause, ce qui, là encore, fera payer le prix fort en remaniements divers et variés. Au contraire, le changement de personnes dans les instances uniques ne peut en aucune façon modifier quoi que ce soit des consensus déjà acquis, puisque chacun d'eux se trouve assorti d'un argumentaire dûment vérifiable établissant sa validité universelle, et sur lequel les nouveaux protagonistes avaient déjà tout loisir, auparavant, d'intervenir à leur guise.

8.4 Débattre selon la spécificité de la signification

Encore faut-il s'assurer que les débats chargés de faire émerger les consensus se déroulent en toute conformité avec la spécificité de la signification. Car bien plus souvent qu'à leur tour, ceux qui se pratiquent aujourd'hui s'inscrivent complètement dans les joutes de rapports de pouvoir.

Aussi est-il nécessaire de circonscrire avec quelque précision les règles auxquelles doit impérativement se conformer un débat pour s'inscrire explicitement dans la recherche de l'universel. Comme déjà signalé par le chapitre précédent, un débat se déroule nécessairement dans un mode conceptuel. Dans ce cadre, une théorie peut toujours être clairement identifiée. C'est pourquoi la toute première opération consiste à vérifier le contexte du débat : est-on dans la même théorie, ou s'agit-il de deux théories distinctes qui s'affrontent ? D'où les deux premières règles.

1- Chacun est tenu d'exposer tout ce qui caractérise la théorie dans laquelle il souhaite inscrire le débat. Ceci doit comprendre les trois composantes que sont les postulats, les règles d'interprétation, et le champ d'application.

2- Chacun est tenu de vérifier (cf E7.5), que le contenu de sa propre théorie, au sens de ce modèle, a bel et bien été perçu par l'autre partie, notamment avec le degré d'imprécision éventuelle qui lui est propre.

Ceci, bien entendu, est loin d'être élémentaire. Mais l'énergie dispensée à cette clarification préliminaire peut fort bien, dans nombre de cas, suffire à résorber tout problème. Il se peut en effet que les protagonistes controversent sur un état de choses parfaitement similaires, mais en termes suffisamment différents pour laisser croire à un désaccord évident. Il se peut tout au contraire qu'ils se situent dans des théories tellement disjointes, que, une fois levées les imprécisions, il paraisse clair qu'elles n'avaient aucun sujet en commun. Enfin, il peut s'agir d'une même théorie dans laquelle un des protagonistes voyait une critique valide à l'encontre de l'adversaire, laquelle tombe d'elle-même, lorsque toute la clarté est faite à son endroit.

Après s'être ainsi assuré que chacun parle réellement de la même chose, si débat demeure, c'est que soit au moins une des théories va se voir opposer des critiques internes, soit même, alors qu'aucune critique interne n'apparaît, chacun voudra pourtant considérer sa théorie comme la meilleure. Mais pour cela, on ne saurait déroger à cette troisième règle.

3- Aucune critique valide ne peut être adressée à une théorie depuis une autre. Seules sont valides les critiques énoncées à l'intérieur même de la théorie mise sur la sellette, ou bien celles qui découlent de critères acceptés par tous comme universellement valides.

Terminés les fins de non-recevoir, les arguments d'autorité, et tous subterfuges destinés à embarrasser l'adversaire. Dans le monde du pouvoir, tous les moyens sont bons pour que l'antagoniste fasse mauvaise figure. Car puisque l'homme de pouvoir sera l'homme dont la décision sera valide a priori, sera le bienvenu à l'encontre d'un éventuel adversaire tout ce qui pourra apporter quelque suspicion sur cette potentialité à décréter de la validité des choses.

Ici, au contraire, tout ce marasme devient sans objet. Soit on se raccroche à ce qui est déjà universellement admis, soit rien ne peut être retenu de valide qui ne soit strictement inscrit dans la théorie critiquée. Il s'agit là d'une évidence requise depuis les tout premiers jalons posés dès le chapitre 2. Le sens des choses se doit d'être pris en compte à l'intérieur d'une théorie, et selon les manipulations légitimes qui lui sont propres. Cela représente une duperie caricaturale de prétendre jauger les significations via les manipulations légitimes propres à une théorie différente de celle qui les a vues naître. C'est pourquoi la seule critique valide s'exerce de l'intérieur de la théorie contestée. Elle peut être de deux ordres. Soit elle prétend relever une inadéquation (ou bien dans son déroulement logique, ou bien dans les applications auxquelles elle conduit), soit elle assure son incapacité à rendre compte de faits manifestes figurant dans son champ d'application.

Cette troisième règle implique que les argumentaires correspondants doivent non seulement être clairement énoncés, mais également se dérouler à l'intérieur de la théorie mise sur la sellette. Ce faisant, le débat peut progresser, grâce notamment à la quatrième règle :

4- Toute théorie recevant une critique argumentée devient une nouvelle théorie à laquelle les règles précédentes s'appliquent.

Ceci implique notamment que le tenant de la théorie a bien perçu la critique dont elle est l'objet. Une fois seulement ceci établi, il se peut que la critique tombe d'elle-même. Soit elle provenait d'une compréhension insuffisante, soit elle entraîne la levée d'un flou dans l'exposé initial. Si en revanche elle persiste, elle ne peut à son tour que faire l'objet d'une contre-argumentation qui joue désormais exactement le rôle qui lui est dévolu par la règle 3.

Dès lors, le débat ne peut plus s'arrêter tant que n'est pas atteint l'accord final, véritable image de l'universel. En effet, seul peut le suspendre une impossibilité manifeste d'aller plus loin dans l'immédiat. Par exemple, il se peut que l'état actuel de la théorie ne permette pas de trancher ; elle a donc besoin d'être affinée. Il se peut également qu'aient été énoncés des faits insuffisamment vérifiés ; et donc ceci reste à clarifier. Il se peut enfin que la panoplie des règles universelles ait dû subir quelque affinement, et du fait de ces précisions, elle n'apparaisse plus totalement admise ; et c'est elle qui désormais devient l'objet d'un autre débat.

Bref, quoi qu'il advienne, tout constat de non-résolution entraîne, pour chacun, l'obligation de retourner à sa table de travail. Bien entendu, rien n'empêche quiconque de chercher à s'oppposer à ce type de processus. Mais dans ce cas c'est prononcer son refus de la spécificité de la signification valide. C'est par voie de conséquence se situer de plain-pied hors de cette spécificité. C'est en fin de compte s'exclure soi-même de toute prise en considération dans le domaine considéré. L'instance ayant la charge du suivi de tels débats n'aura donc pas d'autre choix que de constater cette exclusion, laquelle, naturellement, ne pourra durer que le temps que le récalcitrant persiste dans son attitude.

Replacés dans ce cadre, les processus démocratiques trouvent une nouvelle dimension. Étant donné le labeur qu'exigent ces formes de débat, il se présentera presque toujours maints problèmes où le temps manquera pour atteindre une conclusion finale admissible par tous ; dans ces conditions, la loi de la majorité reste le meilleur palliatif... temporaire, bien entendu. Ici tout décret majoritaire ne garde sa légitimité que pour autant qu'il soit assorti de la mise en chantier d'un débat qui tente de résoudre toutes les objections laissées en suspens. Finalement, la loi majoritaire n'est que le consensus provisoire qu'il faut bien accepter pour que le corps social puisse survivre, et, par là, garder toute latitude à progresser dans la recherche de l'universel via la prise en compte des critiques non résolues.

A contrario, toute instance s'emmurant dans un quelconque statu quo s'inscrit d'office en négation de toute validité signifiante. L'impression de totale liberté et d'irréductible respect de la personne qui découle de ces quelques lignes ne méritent-elles pas que de l'énergie soit significativement dispensée à chercher à faire sourdre cette dynamique, même si cela paraît a priori démesuré, et en tous cas bien laborieux à mettre en branle ; et d'ailleurs à ce propos, la pratique de la presque totalité des processus démocratiques n'aide guère à y croire, puisqu'elle exige d'emblée la présence de candidats et par là s'assure malencontreusement la probabilité maximale de rassembler les personnages les plus obsédés par les gènes du pouvoir. De ceci découle qu'il serait quelque peu illusoire de compter sur les instances en place pour réussir à déclencher une quelconque métamorphose en ce sens. Et par conséquent, il vaut mieux avoir présent à l'esprit qu'entreprendre des expérimentations mettant à profit les considérations de ce modèle se doit, de toute nécessité, de se départir de tout recours à ce type de pratiques.

8.5 Une application : un substitut aux disputes judiciaires

S'il existe un système où règne une forme de pouvoir absolu résolument à contre-courant des principes où conduit ce modèle, c'est bien l'institution judiciaire. Le statu quo y revêt une forme extrême : après jugement, aucune critique ne peut remettre en cause la décision ; seul le terme dit du "fait nouveau" peut, dans certains cas exceptionnels, amener à une révision. Un jugement une fois rendu, rien ne peut venir amender son effet, même s'il s'agit d'une critique valide sur le fond, y compris si un jugement contraire est ultérieurement prononcé sur une affaire tout à fait similaire.

Qu'il y ait là un objectif consistant à installer un ordre définitif auquel chacun devra absolument se plier, cela paraît évident. Mais, il est non moins évident que cet ordre ne trouvera guère de justification solide, et qu'il s'inscrit en bonne part dans les mécanismes du primate *Homo sapiens sapiens*.

Aussi, là encore, est-il utile que ce modèle, scrutant la spécificité de la personne via l'univers signifiant, explicite ce qui peut être substitué à cet ordre de dictats absolus. Toutefois, cette section va se restreindre aux disputes entre citoyens, le cas de la justice pénale étant renvoyé au chapitre 13.

La première évidence, l'universalité, signe de la validité signifiante, exclut que les disputes se déroulent sous une quelconque forme de secret. Au contraire, la plus grande publicité possible doit être donnée aux thèses des opposants.

Ceci ne saurait validement entacher les personnes en jeu, dans la mesure où, chacun croyant authentiquement à son bon droit, nul jugement ne peut atteindre son instance intime, y compris pour celui qui se serait éventuellement fourvoyé. En outre, tout cela ne peut se dérouler que sous la conduite des règles énoncées par la section précédente. Dans ces conditions, ne sont recevables que les disputes clairement formulées. C'est dire qu'aucune des parties ne saurait se contenter de l'expression de son bon droit, mais que doit également figurer l'ensemble de la théorie où sont prélevés ses critères, ainsi que l'argumentaire justifiant son point de vue. C'est uniquement à partir de cet état clairement énoncé par chaque partie que les choses peuvent réellement commencer, éventuellement associées à un affichage public approprié.

Il va de soi que toute assistance pourra être apportée à quiconque qui, bien qu'étant convaincu de son bon droit et de la fausseté du point de vue adverse, ne se sentirait pas suffisamment armé pour élaborer les formulations nécessaires. Il en résulte un avantage de taille, qui ne fera que s'amplifier par la suite, et qui concerne celui qui mise sur l'intimidation d'autrui. En effet, se rencontrent bien souvent des personnages enclins à profiter de leur force, via entre autre des connaissances bien supérieures, qui multiplient menaces et assignations, et tentent ainsi de remporter des succès objectivement injustifiés. Ici, ce sera de leur part peine perdue, évidemment, puisqu'aucune résolution ne sera acceptable comme définitive sans l'acquiescement plein et entier de la partie adverse. C'est pourquoi il y a tout à parier que ces partisans de l'abus de la force seront amenés à tempérer leur virulence, puisqu'il ne s'agirait plus que de s'afficher tel, et ceci en pure perte.

En outre, il devient pratiquement impossible de profiter d'autrui, puisque chacun doit commencer par prouver qu'il a bien perçu le point de vue de l'autre, cette preuve ayant pour critère final l'acquiescement de la partie adverse. Et enfin, le tout doit se poursuivre en tentant de prouver la non-validité du point de vue antagoniste, toutefois non pas au nom de son propre bon vouloir, mais selon la théorie opposée elle-même, ou alors selon des universaux parfaitement admis par tous. Par ailleurs, chacune des étapes résultantes doit pouvoir profiter d'un affichage public, si besoin est.

Bien entendu, quiconque refuse de jouer le jeu ne peut en aucune façon voir son point de vue pris en compte. De ce fait, une décision à son encontre sera immédiatement prononcée, mais dont les effets ne perdureront que le temps qu'il persiste dans son attitude.

Bien entendu encore, jouer le jeu inclut l'acceptation du minimum d'universaux qui puisse permettre à une quelconque théorie de pouvoir prendre corps hors de toute contradiction. Or, tel n'est sûrement pas le cas de ce qui alimente le cours de nombre de petites misères de la vie. Car là, il sera bien souvent évident de faire valoir combien, pour chacun, la considération envers son propre petit intérêt surclasse celle attribuée à l'autre, ce qui n'est autre qu'une violation patente de toute possibilité d'universel. C'est bien pourquoi celui qui serait tenté d'insister dans cette voie encourrait l'exclusion de toute prise en compte de son point de vue, mais encore une fois, juste le temps pendant lequel il refuserait tout réexamen de son attitude. D'un autre côté, la confrontation de ses intérêts particuliers avec la nécessaire existence d'universaux, selon une perspective résolument objective, cela provoquera inéluctablement une prise de recul, qui dans bien des cas ouvrira les portes vers un espace de recherche de la compréhension mutuelle.

Il va de soi que la dispute s'arrête d'elle-même lorsque les parties sont tombées d'accord. Mais il aura bien souvent fallu que les choses se soient prolongées dans le temps bien au delà de l'intervalle au bout duquel une décision temporaire s'impose. D'où la nécessité d'une instance à qui reviendra la tâche de prendre une telle décision. Bien entendu, l'universel impose que si des cas similaires ont été traités ailleurs, ce choix ne pourra en aucun cas être contradictoire avec eux.

L'évidence d'une telle contradiction lancerait d'office un débat (bien entendu selon les mêmes règles) dans le seul but de l'applanir. Enfin, de telles décisions devront se garder d'oblitérer définitivement les chances de l'une des parties puisqu'il s'agirait là d'un choix gardant quelque caractère arbitraire, incompatible avec le niveau d'avancement démontrant que le bon droit n'a pas encore pu être définitivement établi dans le cours du débat mené ainsi en toute transparence selon les règles énoncées précédemment.

Le dynamisme pour l'avancée de la personne résultant de cette perspective ne donne-t-il pas quelque envie de s'y atteler, même si dans un premier temps un labeur assez considérable semble en être le prix ?

En outre, ce coût initial risque bien de perdre la plus grande part de son aspect dissuasif si l'on veut bien contempler le panorama qu'offre la résolution des disputes sous sa forme actuelle. D'une part, le perdant s'en sort pratiquement toujours frustré, et il va pendant longtemps ruminer et éventuellement déverser son amertume. D'autre part le tout s'étale dans le refus de compréhension mutuelle. Ceci est le meilleur garant pour faire germer toute perspective vindicative éventuelle, ouvrant ainsi les portes au passage à l'acte, dès que les circonstances paraîtront favorables.

Au bilan final, l'ambiance résultante qui baigne l'institution prenant les décisions n'a rien de bien attirant. Et en définitive elle n'est pas loin du constat d'un mal nécessaire qu'il faut bien admettre faute de mieux. Or, ce mieux n'émergerait-il pas déjà avec évidence de ce qui précède ?

Quoi qu'il en soit, qu'il se rassure celui qui craindrait le chamboulement inextricable qui, à ses yeux, est promis à toute organisation qui voudrait s'instaurer en conformité avec ces principes : la plus élémentaire cohérence avec ce modèle exclut que la moindre coercition puisse être tolérée en vue d'imposer un nouvel ordre. En revanche, une voie évidente serait d'établir des structures compatibles avec ce qui vient d'être décrit, dans des secteurs jugés a priori peu critiques.

Mais alors, si l'on donne suffisamment de temps à ce type d'expérimentations pour résoudre les problèmes relevant de leur domaine, on peut prendre le pari que les ordres établis sous la coupe du processus de pouvoir auront bien du mal à garder longtemps bonne figure face aux aspirations de chacun à vouloir étendre ailleurs le nouvel espace d'expression de la grandeur de l'homme, à l'égard de laquelle ils auront ainsi pu participer à leur mise en pratique.

Chapitre 9

La conscience de soi

La conscience de soi est peut-être l'expérience qui imprègne le plus la vie de chacun, à moins que la palme ne revienne à la conscience d'un monde extérieur qui échappe au moi quoi qu'il fasse. Il est cependant manifeste que ces deux moments ne sont pas indépendants. Ils ne sont pas davantage contradictoires. D'ailleurs, pour beaucoup, ils se révèlent plutôt l'un par rapport à l'autre. Toutefois, certains estiment la conscience de soi comme expérience première, d'autres mettent plutôt en avant la conscience du monde extérieur. D'autres enfin y voient les deux faces parfaitement symétriques d'un seul et même phénomène.

Toujours est-il que chacun expérimente en permanence une distinction intime flagrante : le moi et le monde extérieur. D'ailleurs celui-ci ne se réduit pas à la nature physique des choses, mais comprend également l'univers signifiant, même si la perception entraîne une certaine forme d'incorporation de la signification au moi, ce dont ne saurait se targuer ce qui relève de la stricte physique. Mais comme l'a montré le chapitre 6, il ne saurait y avoir équivalence. Et quoi que l'on veuille, signification et instance intime restent irréductibles l'une à l'autre.

De cette irréductibilité réciproque, tout n'a pas encore été dit, et le modèle va maintenant détailler ceci plus avant, car c'est manifestement là que se cristallisent les effets de conscience.

9.1 La détermination intime

Le début de la seconde partie a révélé la nécessaire existence de l'instance intime, de par l'obligation qui découle de ce que doive exister une structure présidant à toute perception. Si elle s'est immédiatement avérée inaccessible à toute description signifiante, il convient toutefois d'y ajouter un corollaire en quelque sorte définitif :

E9.1 Il n'existe aucun contexte signifiant dont on puisse extraire une information prédictive concernant le déclenchement de la perception par l'instance intime.

Pour le prouver, il suffit de montrer qu'une information prédictive, quelle qu'elle soit, contredirait E6.1. Soit donc un contexte signifiant C jouissant des propriétés suivantes :

1) Il ne peut impliquer logiquement l'impossibilité d'une perception d'une signification S.

2) On peut lui associer une probabilité non-nulle p d'occurrence de l'événement E : la signification S est perçue.

Dès lors, considérant l'ensemble de toutes les réalisations de C, il contient nécessairement des occurrences de E (le contraire ne pourrait provenir que, soit d'une probabilité nulle, soit d'un cas d'impossibilité logique, tous deux exclus par hypothèse). Mais cet ensemble constitue un autre contexte signifiant, et par construction, il implique logiquement une réalisation de E. Ceci contredit E6.1.

Il existe manifestement des cas d'impossibilité en ce qui concerne la perception. Ils peuvent être d'origine physique ; un aveugle ne saurait voir, un sourd entendre. Ils peuvent tout aussi bien être d'origine signifiante. La perception d'une signification n'est pas possible si elle en utilise d'autres qui ne sont pas déjà préalablement perçues.

E9.1 assure que, bien qu'ayant mis à part ces cas d'impossibilité, néanmoins rien ne peut assurer qu'une perception puisse être effectuée. Tout ayant été mis de son côté, rien ne garantit que l'on va réussir à provoquer la perception chez autrui. Du moins rien qui figure dans l'univers signifiant. C'est là l'élément clé éludé par les expériences prônant la toute puissance du conditionnement. Finalement aucune expérimentation ne saurait réunir un contexte signifiant qui, à lui seul, puisse maîtriser le déclenchement de l'instance intime. Il n'en dérive même pas la plus petite probabilité minimale pour que cela se produise. Il manque un paramètre décisif. Ce paramètre est évidemment le bon vouloir du sujet. Une fois celui-ci mis de son côté, tout devient possible. Autrement dit, ce bon vouloir du sujet apparaît, à l'instar de l'instance intime, inaccessible à toute description signifiante. On peut ainsi énoncer :

E9.2 Il existe un processus qui assure le déclenchement de l'instance intime dans la perspective de la perception. Ce processus est non représentable en significations. Il est dénoté DÉTERMINATION INTIME.

En effet, pour qu'une perception se produise, il est nécessaire qu'un processus assure le déclenchement de l'instance intime. En outre, par E9.1, ce processus n'est pas représentable en significations.

Ainsi donc apparaît la nécessaire existence de ce processus, alors qu'en définitive, on ne peut rien en dire. Si ce constat est bien peu mentionné dans nombre d'approches traditionnelles, on ne peut pourtant pas le taxer de non-conformité avec la réalité. En effet, d'une part, maintes notions ont été mises en avant, qui manifestement ont quelque chose à voir avec la détermination intime, qui vient, ici, de s'imposer à ce modèle. Par exemple existe le concept de volonté, qui en outre, évoque une idée de force, voire domination. Dans une toute autre perspective, la disponibilité a également une connexion indiscutable avec la rencontre au devant de la perception, mais ici, avec une connotation toute en accueil. Le terme de ténacité renvoie également au même processus, mais avec une coloration d'endurance. Or d'autre part, chercher à extraire de tous ces points de vue un dénominateur commun apparaît bel et bien irréaliste, du moins si l'on cherche un attribut additionnel à la propriété qui a imposé l'existence de la détermination intime : présider au déclenchement de la perception. Les traits relevés à leur propos se montrent définitivement incomparables, pour ne pas dire disparates. Ceci n'est autre que le constat selon lequel le processus assurant le déclenchement de la perception reste assez inexprimable. Et c'est là un premier résultat de ce chapitre.

Il apparaît, en outre, que les descriptions sus-évoquées sont en réalité des représentations signifiantes de contextes concrets dans lesquels s'inscrit chaque perception, et ne sauraient en définitive décrire quoi que ce soit de l'acte de déclenchement de l'instance intime.

Or, que la détermination intime soit non représentable en termes de signification, cela n'empêche évidemment pas qu'elle soit détectable par le sujet. On a en effet :

E9.3 La détermination intime est détectable associée à la perception de la signification propre à laquelle elle s'applique.

> *En effet, a contrario, soit C une classe de significations telle qu'il ne soit pas possible de détecter, lors de leur perception, leur association avec la détermination intime. Si C est finie, elle peut être entièrement décrite par l'ensemble des supports correspondants. Par conséquent on ne pourrait pas lui associer une signification propre, contrairement à l'hypothèse. Donc C est infinie.*
>
> *Dès lors quelle que soit la signification de C, s'il ne peut y avoir de détection de son association à la détermination intime, il en résultera que la personne en cours de perception n'a plus aucun moyen de savoir quelle est la signification à percevoir.*
>
> *Or ceci est incompatible avec l'axiome posant l'existence de la personne, selon lequel elle se doit de disposer de toutes conditions suffisantes pour percevoir de façon certaine toute signification donnée. Ainsi donc la classe C est vide, et l'association de la détermination intime avec la signification à percevoir est toujours détectable par la personne.*

Il est à noter que l'hypothèse utilisée ici peut, à bon droit, être considérée comme très faible. Elle consiste, en effet, à requérir le simple fait selon lequel la personne s'attachant à une perception a tous les moyens de savoir de laquelle il s'agit. C'est vraiment le minimum pour que l'on sache s'y retrouver. La conséquence immédiate consiste en ce que cet opérateur totalement indescriptible qu'est la détermination intime est pourtant parfaitement détectable durant sa mise en action sur la signification à percevoir, ce qui tout de même n'est pas banal.

Ainsi donc, pour tout un chacun, alors que son être intime échappe définitivement à ses possibilités de connaissances directes (par voie de significations), celui-ci reste parfaitement détectable, et ceci avec précision, lors de son application sur une perception précise.

9.2 Le retentissement intime

On a le symétrique de E9.2 et E9.3.

E9.4 Il existe un processus propre à l'instance intime permettant de détecter la réalisation d'une perception de signification. Il est dénoté RETENTISSEMENT INTIME.

> *Par le même argument que celui de E9.3, il faut bien que la personne puisse détecter la réalisation d'une perception de signification donnée. Par E6.3, ce processus n'est pas descriptible en termes signifiants, et appartient à l'instance intime.*

Ainsi toute perception réussie se manifeste via une sensation intime qui sanctionne cette réalisation. Sensation qui est le seul garant pour la personne ellemême assurant que la perception a bien eu lieu.

Que cet effet ne puisse être atteint par une quelconque description signifiante, il n'empêche que la logique conduit à lui attribuer une réalité parfaitement incontournable. Il est le seul qui puisse effectivement sanctionner la réalisation d'une perception, et il est bel et bien vécu comme tel. Pourtant, ce qu'il est en propre reste inaccessible à toute description signifiante. Et d'ailleurs ceci le met à l'abri de toute possibilité de confusion avec quoi que ce soit. Toute identification à quelque trait particulier en est ipso facto une tentative de représentation invalide. Bref, il constitue ce qui, dans la sensation intime que déclenche la perception réussie, reste intrinsèquement indicible.

Pourtant, force est de constater que cette propriété reste assez peu perçue à ce jour. Et on le doit pour une grande part à la majeure partie des organisations socio-culturelles qui n'ont de cesse de se précipiter à élaborer des représentations signifiantes des émotions qu'elles prétendent célébrer. Or, quels que soient leurs efforts, elles ne pourront déroger à ce dilemme : ou bien elles visent une description précise de l'événement, et alors elles ne feront que paraphraser le contenu signifiant en jeu dans la perception en question ; ou bien elles cherchent à atteindre la spécificité qui en constitue la réalité intime, et alors elles devront se rabattre vers des circonlocutions aussi générales que vagues. Ceci tient à ce que, d'une certaine façon, le caractère de non représentable en significations, propre au retentissement intime, peut être considéré comme le dénominateur commun de toute expérience signifiante réussie.

Ainsi, malgré tous les efforts qui seront dispensés, les diverses colorations qui pourront être attribuées aux émois provoqués par toute perception intense ne sauraient approcher d'une quelconque façon la spécificité de la sensation intime qui engendre tout cela. En outre, les sentiments ainsi exprimés s'accordent très mal avec une généralisation vers les mondes mathématique et scientifique, ceci en parfaite dénégation de ce qui s'y observe dans la réalité. En effet, l'émotion, suite à la perception réussie d'une vérité scientifique, n'a rien à envier à celle de l'artiste. Et il n'est pas besoin d'appeler à la rescousse les grandes idées à la pointe du progrès. Un des tout premiers faits expérimentés est certainement l'apprentissage du dénombrement illimité. Et il se trouve que le fait n'est pas si rare où des personnes se souviennent du choc émotionnel dont ils se sont laissé envahir, à un certain moment de l'enfance, lorsqu'ils ont pris conscience de l'expérience du dénombrement indéfini, vécu selon une véritable révélation de ce qu'ils s'avéraient capables de compter indéfiniment.

Que cette perception grave ainsi un souvenir qui va traverser toute la vie suggère qu'il s'agit là d'une expérience proprement fondamentale, vécue de façon intense. Et c'est bien ainsi que se révèle le retentissement intime se manifestant comme le nécessaire révélateur de la perception réussie.

9.3 Spécificité du retentissement intime

Que ce retentissement intime, dans son aspect extrême tel qu'il apparaît ici, soit un thème assez inexistant dans la culture, cela est dû au trop grand empressement que celle-ci montre à vouloir rendre compte de ce qui en réalité ne peut l'être. En effet, cette précipitation ne laisse que bien peu de chances au retentissement intime de se manifester, dans la mesure où cela concrétise bien trop vite les perceptions réussies en descriptions d'expériences vécues, c'est-à-dire s'enferre dans ce qui en aucune façon ne pourra en constituer une représentation valide. En outre, la tendance est grande, semble-t-il, d'assortir tout ceci d'un système comparatif entre les personnes qui va aboutir à des classifications autour du thème de l'homme cultivé, système finalement pas sans rapport avec les systèmes hiérarchisés, directement issus du comportement éthologique du primate.

Bien entendu, tout ceci n'a plus rien à voir avec le retentissement intime. Et pour chercher à y revenir, le silence intérieur est de rigueur : puisque l'on ne peut rien en dire, il faut se taire ! Tout autre comportement n'est que du bruit qui aura tôt fait d'en avoir raison.

Ceci dit, cette détection intime de la perception achevée induit une conséquence évidente qui consiste en ce que chacun peut parfaitement localiser le siège de cette manifestation de sa propre personne. Il est manifestement corrélé avec son système cérébral ; et par extension bien naturelle on identifie sa personne à son corps, unité vivante minimale dans laquelle figure le système cérébral. Pour éviter toute confusion, il y a lieu de nommer les choses avec précision.

Notation. Est dénotée PERSONNE CONCRÈTE l'unité vivante minimale à laquelle est rattaché le siège de l'instance intime.

Il y a donc identité entre l'individu de l'espèce *Homo sapiens sapiens* et la personne concrète. C'est pourquoi c'est via la personne concrète que peuvent perdurer les comportements éthologiques directement hérités du primate. Par ailleurs, toute considération signifiante sur soi-même ou sur autrui est nécessairement connectée à cette personne concrète, ce qui permet de poser :

Notation. Est dénotée IMPLICATION PERSONNELLE, toute représentation signifiante qui utilise une signification utilisant la personne concrète.

Ces notions permettent de relire E9.4 et E9.3 en leur donnant une connotation plus existentielle. En effet, si tant est que quelqu'un cherche à faire vibrer en lui détermination intime et retentissement intime, il se met dans un mode n'offrant plus de prise aux particularismes signifiants. Ceci concerne évidemment, entre autres, les implications personnelles. D'où il vient :

E9.5 Le retentissement intime et la détermination intime excluent toute implication personnelle.

À cet égard, il est d'une grande banalité de rappeler les déclarations de créateurs reconnus pour qui se réfugier dans leur métier est la meilleure façon de se délivrer de leurs angoisses. En outre, il s'agit là d'un refrain que tout un chacun peut reprendre à son compte dès qu'il s'adonne à une activité susceptible d'accaparer efficacement ses facultés perceptives. Et il ne s'agit pas là d'une simple diversion, car l'apparition résultante d'une certaine paix non seulement reste efficace, mais dure le temps que persiste l'écho des perceptions réussies, hors de tout comparatif.

Enfin, curieusement vis-à-vis des canons de la culture, la manifestation de cette sensation de sérénité ne semble absolument pas liée à la qualité conférée à l'activité en jeu par les classifications usuelles. Un travail que l'on serait enclin à ravaler au rang de labeur fastidieux peut tout aussi bien déclencher de grands effets dans cet ordre de choses. Seuls semblent compter le degré de la détermination intime à s'adonner à la tâche le plus à fond possible, et l'authenticité de la disponibilité à bien juger de l'effet produit.

Ainsi, chacun pourra, s'il le veut bien, se remémorer des instants où il s'est trouvé envahi d'une intense plénitude, et où tous ses particularismes, c'est-à-dire ses implications personnelles que sont toutes les représentations signifiantes que l'on peut faire de soi-même, sont renvoyés dans le clan du dérisoire. Et pourtant, rien dans le passé immédiat ne semblait en être la source, du moins rien figurant dans le domaine des grands ordres culturels solennisés. Ce modèle en donne l'interprétation suivante. Il s'agit là de la manifestation intense du retentissement intime. Et celle-ci a nécessairement dû se déclencher suite à un investissement encastré dans une extrême exigeance d'authenticité pour une tâche ou sur un thème culturellement fort peu reconnu, et ceci tout en se démarquant résolument de toute implication personnelle. Autrement dit, la vérité de la détermination intime et du retentissement intime reste sans rapport avec les catégorisations dont est l'objet l'univers signifiant. Ainsi, lorsque Aristote décrète "la mathématique est la science du nombre", ceci ne peut le moins du monde atteindre d'une quelconque façon quoi que ce soit de la vérité du retentissement intime sanctionnant la perception du nombre. Et dans cet esprit, quiconque s'acharne à utiliser cette sentence à des fins réductrices en sorte d'interdire à la mathématique toute intrusion vers le discours sur la personne, refuse ipso facto de jeter un regard sur la brèche manifeste vers la transcendance de la pensée que laisse percer la rigueur mathématique, et ceci pour un bénéfice absolument nul par ailleurs.

En outre, il est à noter que tout ceci n'oblitère pas pour autant les caractéristiques de toute signification, et, en particulier, leur propriété d'universalité. Ainsi donc cette paix intérieure apparaît non seulement hors de toute atteinte des préoccupations personnelles, mais s'inscrit dans une mouvance d'universel.

Ce point mérite quelque détail. Tout d'abord, rien n'empêche évidemment quiconque de cultiver toute sorte de particularisme à l'instant où se manifeste le retentissement intime. Bien entendu, c'est s'enferrer dans la représentation signifiante, et en particulier dans les implications personnelles, et cela met un terme à ce retentissement. Autrement dit, tout épisode laissant s'exprimer les implications personnelles fait barrage à l'effet propre de l'instance intime.

En revanche, celui qui laisse perdurer cet effet ne peut le ressentir que comme un état où ne peuvent avoir prise les implications personnelles, d'où par contraste la sensation de paix intime résultante. Mais ceci exige d'éviter toute considération particulariste, alors que l'effet en question est le plus authentiquement propre à la personne. Cet état de non-particularisme correspond manifestement à un aspect de non-appropriation, qui est parfaitement identifiable à l'universel. Autrement dit, durant ces instants, la qualité spécifique de toute signification, qu'est l'universalité, se prolonge dans la sensation selon laquelle l'acte de perception, jusqu'au retentissement intime compris, est bien lui aussi universel.

Ce trait n'est évidemment pas sans rapport avec ce que l'on sous-entend usuellement par des expressions telles que la communion entre les personnes. Ici, le modèle, d'une part, le décrit comme le retentissement intime vécu comme universel, et d'autre part l'attribue universellement à toute signification, sans qu'il soit besoin de souscrire à une référence culturelle.

Cela dit, il va de soi que ces moments ne constituent pas le tissu le plus commun de la vie quotidienne. Comme déjà observé, il est certain que les habitudes sociales et culturelles n'y prédisposent pas aisément ; car celles-ci suscitent bien davantage l'investissement dans les particularismes, fortement entachés de comparatifs. Mais cela n'est pas tout. Préparer la place pour l'authenticité de cet instant n'aura pu se faire sans avoir investi ce qui était requis en matière de détermination intime, puisqu'il s'agit là du processus qui seul peut assurer le déclenchement d'une vraie perception pleine et entière. Voilà qui ne fait pas l'affaire du ronronnement quotidien essentiellement tissé d'habitudes où les perceptions n'ont plus guère que la couleur de vagues rengaines.

Ces rengaines ne sont pas devenues telles de façon définitive. Et il suffira de quelque événement fort, voire quelque épreuve, pour en voir certaines émerger de leur gangue et redevenir des perceptions fortes. Autrement dit, le retentissement intime apparaît comme une propriété indissoluble d'une perception authentique, engendrée suite à un temps de détermination intime forcément exigeant. Mais il ne saurait en aucune façon procéder d'un phénomène quel qu'il soit, lorsque celui-ci ne dépasse pas le niveau d'une actualisation d'un simple savoir mémorisé, phénomène manifestement non spécifique de la signification, puisque l'on sait fort bien le reproduire avec l'ordinateur.

Pour conclure cette section, il convient de relever le rôle épistémologique qui revient à l'instance intime, en ce qui concerne ce modèle même. Celui-ci n'est manifestement pas un discours qui peut se ranger strictement dans le mode mathématique. Les objets introduits au tout début, à savoir les significations, sont définis en opposition avec un certain savoir concernant le monde physique. Tout cela se situe donc sur le versant de la science ; et dès lors, il faut bien qu'existe un principe de réalité, susceptible de délivrer la même efficacité discriminatoire que la désignation juste-exclusive.

Or il apparaît désormais que le retentissement intime joue exactement ce rôle. Il est parfaitement spécifique de la perception de signification dont il sanctionne précisément l'occurrence. Dans un premier temps toutefois, une certaine différence peut, en quelque sorte, être objectée en regard des principes de réalité de la physique usuelle, basés sur les sens ordinaires : vue, ouïe... La même expérience peut dans ce cas-ci être observée simultanément par plusieurs sujets et ceci indépendamment les uns des autres. Mais ce n'est pas le cas en ce qui concerne l'observation d'une perception réussie. Pour qu'un autre observateur soit convaincu de la présence de signification, il se doit de la percevoir également pour son propre compte, et supposer que l'effet résultant est similaire à ce qu'a pu détecter l'observateur initial.

Toutefois, la différence demeure assez ténue dès que l'on veut bien remarquer qu'un processus tout à fait équivalent est à l'œuvre pour les principes de réalité usuels. Car lorsque plusieurs expérimentateurs observent simultanément les mêmes faits, personne ne peut détecter réellement ce qui se passe dans le for intérieur de ses confrères, mais chacun présuppose cette évidence : tout se passe de façon tout à fait similaire chez autrui. Évidence tellement habituelle qu'elle reste complètement occultée dans le cours des choses.

Finalement la différence se réduit à ce simple aspect. La similarité supposée de ce que détectent les sens usuels est complètement entérinée dans tous les modes culturels ; mais c'est loin d'être le cas pour la perception de signification, surtout dans un univers qui a tant cherché à nourrir le thème de la variabilité de la perception.

9.4 Les composantes de la conscience

Bien que le vocable de conscience ait plusieurs acceptions fort distinctes, et donc sujettes à confusion, il sera reconduit ici dans le sens de conscience de soi, mais bien entendu assorti de la précision inhérente à la démarche en cours.

D9.1 Est dénotée CONSCIENCE tout processus par lequel quiconque détecte sa propre spécificité de personne.

De là découle qu'est exclu du domaine de la conscience tout comportement mécanisé, c'est-à-dire se déroulant de façon pratiquement automatique, tel un marcheur qui déambule de façon machinale alors que sa pensée est ailleurs. Or de tels ronronnements n'exigent manifestement aucune intervention signifiante, et pourtant remplissent une bonne part des journées de tout un chacun. De même ne peuvent y figurer les obstinations parfaitement obnubilées vers l'obtention d'un résultat prédéfini ; par exemple, l'acharnement mis à s'attribuer un pouvoir précis, ou quelque autre appropriation.

Le fait de conscience exige un minimum de recul, qui correspondra à une détection de la spécificité de la personne. De façon évidente on a tout d'abord :

E9.6 La détermination intime et le retentissement intime sont des processus de conscience.

En effet leur détection constitue une détection de la spécificité de la personne.

Toutefois, ceci n'épuise pas toute détection de la spécificité de la personne. Car puisqu'elle est définie comme le siège de toute perception, tout constat selon lequel une perception a bien eu lieu remplit également cet office, même si cela se trouve lesté de tout un cortège de comparatifs. Par exemple, les systèmes éducatifs sont pour la plupart imbibés de ce type d'effet de conscience : "je suis une personne puisque je viens de percevoir ce que le professeur cherchait à inculquer".

Ainsi, d'une façon générale, toute évaluation impliquant sa propre personne doit être rangée dans les faits de conscience. Et ceci s'applique indifféremment à tout comportement, qu'il soit jugé positif ou négatif par les classifications usuelles. Par exemple, même celui qui vient de parvenir à un succès indu après l'avoir ardemment recherché, manifeste lui aussi des faits de conscience lorsqu'il se livre à toutes sortes de comparatifs concernant le déploiement des astuces auxquelles il a dû procéder à cet effet. La distance qui sépare tout ceci des manifestations propres à l'instance intime invite à formuler explicitement la distinction correspondante.

Notations. Tout processus de conscience contenant une évaluation signifiante est dénoté COMPOSANTE RELATIVE DE LA CONSCIENCE. Tout autre processus de conscience est dénoté COMPOSANTE FONDAMENTALE DE LA CONSCIENCE.

Cette distinction va de pair avec une différence de taille. Les composantes fondamentales représentent une sensation absolument intrinsèque, sans apport externe d'aucune sorte. Les composantes relatives sont nécessairement liées à un système d'évaluation. Toutefois, toutes deux impliquent la spécificité de la signification concernant le processus en jeu. D'ailleurs on a :

E9.7 Les composantes de la conscience impliquent une propriété représentant la valeur universelle de la signification.

En effet, les deux types de composantes de la conscience impliquent l'exercice de la perception de signification. Or la spécificité de toute signification implique sa propriété caractéristique qu'est son caractère universel.

Ceci n'empêche évidemment pas que les composantes relatives ne pourront éviter de se concrétiser selon des termes comparatifs : "je suis une personne comme les autres". Comparatifs, bien entendu, guettés par toutes sortes d'intrusions de relents éthologiques : "je suis une personne meilleure que bien d'autres car j'ai perçu plus vite" ; ceci avec tous les dangers que représente son complémentaire, la crainte de se voir jugé inférieur pour avoir perçu plus lentement, véritable ferment de l'exclusion.

L'aspect universel est tellement partie intégrante de ces processus que son contraire sonne comme parfaitement incongru. On voit mal quelqu'un se complaire dans ce type de réquisition : "je suis seul à le percevoir, et cela échappera à tout autre". Bien au contraire, quelle que soit la perception atteinte avec force labeur, chacun nourrira l'aspiration à la voir confirmée par tous. Et même, si par malheur elle provient d'un potentat, celui-ci exigera qu'elle soit célébrée, au besoin en utilisant les coercitions qu'il jugera utiles. Et d'ailleurs, chacun le sait bien, contredire un supérieur hiérarchique (c'est-à-dire mettre en doute la validité de ses perceptions) est habituellement qualifié d'entreprise hasardeuse ; et pour qui veut insister dans cette voie, il y a lieu de s'armer d'un argumentaire particulièrement bien étayé.

Si l'aspect universel est un trait qui accompagne tout fait de conscience, il existe également une autre caractéristique, bien connue par ailleurs :

E9.8 Tout processus de conscience implique une instance unique.

En effet, qu'il soit retentissement ou détermination intime, ou qu'il soit évaluation signifiante, le processus de conscience effectue une détection impliquant l'action de l'instance intime. Or celle-ci est nécessairement détectée comme unique, car toute distinction effectuée à son endroit impliquerait une description signifiante, contrairement à E6.2.

Cette instance unique correspond évidemment à la sensation du moi. Bien entendu, il ne s'agit pas d'expériences comparables lorsqu'il s'agit du moi vu selon les composantes fondamentales ou les composantes relatives. Il y aura lieu de revenir sur les premières ultérieurement, et, en particulier, de s'étendre sur leur aspect en quelque sorte intrinsèque, échappant à toute contingence de quelque nature qu'elle soit.

En ce qui concerne les secondes, on pourra parler du moi relatif, car, comme déjà indiqué, il est naturellement bardé de processus comparatifs. Ainsi, toutes sortes de classifications vont pouvoir l'entretenir, allant du moi "comme tous les autres" jusqu'au "moi au dessus de tous les autres", en passant par toutes les variantes possibles. En particulier, est bien porté le moi "comme ceux de mon groupe", en opposition avec les groupes antagonistes.

Que l'opposition aux autres groupes puisse prendre corps au cœur même des effets de conscience, eux-mêmes directement hérités de la perception signifiante, cela peut, à première vue, être pris pour un contre-exemple de la nécessaire propriété d'universalité. En réalité, il n'en est rien. C'est au contraire l'espace de validité de l'universel qui peut se voir restreint. En effet, en toute rigueur, l'universel dûment constaté n'existe pas dans la réalité. En particulier, il est évident que celui qui n'a pas compris ne peut en aucune façon figurer parmi ceux qui valident l'universel. Encore une fois, le critère énoncé par E7.5 est d'une exigence draconienne : la perception d'une signification par autrui ne saurait se voir attribuer la moindre authenticité tant que celui-ci n'en a pas fourni une utilisation (au sens de ce modèle) non mécaniquement déductible. Ainsi, à défaut de cette justification, son avis ne saurait constituer une quelconque caution aussi bien pour la validation que pour la non-validation de la susdite signification. Par conséquent la détermination concrète de ceux qui représentent l'universel ne coule pas de source. Et il s'agit d'ailleurs là de la difficulté centrale qu'avait dû affronter le chapitre 7. Ceci est donc parfaitement incontournable. Mais cette nécessaire restriction imposée à l'universel dûment constaté peut facilement être dévoyée contre nature. Ainsi, les relents de processus éthologiques auront beau jeu de s'empresser d'étendre ceci au delà de toute justification ; et ce seront les groupes ou les races inférieurs etc... De même, les clans qui cultivent leur opposition dans les joutes pour l'accès au pouvoir sont assez lestes pour décréter des restrictions de l'universel à leur avantage et au détriment de l'adversaire.

C'est également via des processus similaires que la plupart des jeunes franchissent les étapes qui conduisent à affirmer leur personnalité. En effet, la petite enfance est tissée d'expériences en forme du "moi comme les grands", comme les parents en particulier. Mais bien entendu, les cas de conflits vont entacher ces moments. Or, vont se multiplier les événements au cours desquels le moi va goûter des temps d'émergences en parfaite autonomie. L'adolescence en est manifestement truffée. Mais bien souvent, l'entourage adulte percevra cet envol avec bien du mal, et donc aura très peu de signaux pour remettre en cause les habitudes de comportement trop directif. Ceci sera propice à la multiplication des moments de conflits. Et ceux-ci vont finalement remplacer le "moi comme" par le "moi en toute différence".

Il va de soi que ces comparatifs ont tendance à fragiliser le critère d'universalité. Or ceci est loin d'être anodin. En effet, si le "moi en toute différence" ne demande qu'à être reconnu, lui opposer une trop forte dénégation conduit inéluctablement à sécréter la sensation d'être intrinsèquement autre, puis à rabaisser les autres comme inférieurs puisque incapables de comprendre. C'est une interprétation similaire qui permet de comprendre pourquoi, dans l'hémisphère occidental, l'expérience des anciens a pris un "coup de vieux". Le rythme effréné des changements, toujours baptisés innovations bien que souvent ne dépassant l'effet de mode, ne s'embarrasse plus des réserves manifestées par ceux qui ont déjà bien vécu. Et finalement, cet emballement débridé ne laisse plus de temps à la manifestation de l'instance intime, et, par là, devient propice à décréter l'exclusive envers ceux qui se montrent réticents devant ce déferlement, ce qui conduit finalement à la disgrâce de l'expérience de l'âge.

9.5 Les composantes fondamentales de la conscience

Dans tous les cas de figure, le moi relatif est ipso facto accompagné du critère d'universalité, directement hérité des perceptions qui l'ont fait émerger, puisqu'il s'agit là d'une propriété indélébile de toute signification. Mais cette universalité reste attachée aux perceptions en question, et, par conséquent, garde une connotation particulière bien marquée.

En ce qui concerne les composantes fondamentales, si un aspect universel s'y retrouve, ce sera d'un tout autre ordre. Car plus aucune connotation n'en est le ferment. Au contraire, il y a là un processus d'une immédiateté complète, qui ne laisse pas la moindre place à l'évaluation signifiante. Or, s'il n'y a plus ces colorations multiples, un fait nouveau tout à fait original s'impose de plain-pied que l'on peut baptiser par contraste paix et sérénité. Ceci n'est autre que la mise hors jeu des implications personnelles, y compris les facettes du moi relatif.

Pour laisser ce moment s'exprimer, toute évaluation signifiante doit être tue, fût-ce même le "cogito ergo sum", qui pourrait se paraphraser ainsi : "je perçois les significations donc je suis". Tout au contraire, il laisse poindre une sensation du type "j'existe absolument", qui n'est pas sans lien avec le nom que la Bible donne à Dieu : "je suis".

Cette sensation d'exister absolument est bien une expérience détectée par tout un chacun au moment des fortes perceptions, et comme déjà indiqué, cela constitue le fondement du principe de réalité adéquat pour les perceptions. Ce modèle a dû constater son existence comme le nécessaire signal de la perception réussie, et il a montré qu'il se rapportait nécessairement au moi, et enfin qu'aucune représentation signifiante ne peut approcher sa spécificité.

Ces traits impliquent un effet parfaitement intime, et délivrent un aspect d'inaccessibilité aux multiples conséquences. Rien ne peut l'atteindre, pas même les contingences des implications personnelles. Celles-ci deviennent comme sans objet vis-à-vis de ce signal. Tout constat contraire en constituerait une utilisation signifiante au sens de ce modèle ; mais ceci s'est révélé impossible, puisque, par construction, nulle évaluation signifiante ne saurait en rendre compte.

Ce caractère totalement inaccessible peut donc se relire sous la forme : "j'existe absolument". Mais en tout état de cause, la rupture que cela induit vis-à-vis des implications personnelles ne peut être vécue que comme un temps de sérénité complète que rien ne peut venir altérer. Les tribulations et avatars de la vie sont ravalés à l'état de détails dont les effets apparaissent désormais hors de portée de ce qui retentit en ces instants.

Enfin, que tout cela puisse s'appliquer à toute perception n'est pas davantage un trait si banal. S'il est vrai qu'une entreprise signifiante n'a pas besoin d'être célébrée par un quelconque cercle culturel ou social pour être en mesure de provoquer de tels effets, cela déroge à tous les canons de toutes les structures organisées. Or ce modèle oblige pourtant à conclure que si quelqu'un arrive à s'adonner à une tâche, jugée banale par ailleurs, mais avec toute l'intensité perceptive dont il est capable, alors rien ne pourra empêcher ces sensations intenses de déferler.

Ces retentissements si inaccessibles autrement, et si universellement attachés à toute entreprise de perception réussie, changent radicalement la perspective de l'aventure signifiante. En effet, les chapitres 7 et 8 avaient exhibé des règles impératives pour qui voulait se conformer aux spécificités de la signification ; mais ceci pouvait garder les traits de vœux pieux et de règles de bonne conduite, restés à un niveau quelque peu intellectuel.

Ici la perspective est proprement métamorphosée. Tout engagement authentique vers la perception de signification recèle le moment le plus intrinsèque du sentiment d'existence, lequel se trouve nécessairement dégagé de toutes emprises des implications personnelles. Or ce sont ces moments clés qui vont de pair avec les susdites règles de la création-communication ! Par conséquent, il n'y a plus simple jeu intellectuel à les cultiver, puisqu'elles fermentent la réalité la plus essentielle du "j'existe absolument", lequel se complaît nécessairement dans un espace de sérénité inaccessible autrement.

Tant que cette composante reste pratiquement absente des canons des structures sociales et culturelles, on voit mal comment toutes ces organisations peuvent éviter les pratiques où tout est évalué en termes de comparaisons, puis de hiérarchie, puis finalement en rapports de pouvoir qui finiront par primer sur les règles spécifiques de la personne.

9.6 L'aspect relationnel et la conscience de soi

Ceci est d'autant plus incongru que la manifestation des composantes fondamentales ne peut perdurer hors d'un contexte relationnel associé, qui n'a rien à envier à ce qui peut se passer par ailleurs. Deux aspects vont être plus particulièrement évoqués ici : la connivence entre personnes et la perspective éducative. Comme déjà indiqué, un investissement dans la dynamique de perception de signification ne saurait avoir le moindre trait d'authenticité, si parallèlement il ne se montrait pas compatible avec ses spécificités. Et la toute première est l'universel. Ainsi donc, ni détermination intime ni retentissement intime n'ont la moindre chance de se manifester hors d'une ambiance d'universel. Ceci signe par conséquent la non-appropriation égocentrique de tout ce qui peut prendre corps en ces instants. C'est pourquoi tout y est goûté comme s'il s'agissait d'un bien appartenant à tous. C'est pourquoi encore, ceci entraîne deux sortes de conséquences : le goût pour la connivence avec ceux qui perçoivent la même chose, et l'incitation à la divulguer aux autres, dénominateur commun à toute démarche éducative.

L'aspect de connivence, accompagné d'une claire vision de ce que sont les composantes fondamentales, devient la source d'un respect absolu pour la personne. En effet, chacun y est vu comme le siège de moments de sur-existence aussi essentiels que ce que l'on éprouve soi-même, et ceci à propos de la même perception. C'est dire que tout ceci baigne dans une ambiance de partage, alors même que retentit la manifestation d'existence la plus intrinsèque. À laisser vibrer ces instants, nul doute que l'on n'ait guère le goût à les voir se dissoudre via l'égarement vers les comparaisons. Chacun a pu vivre de tels moments dans le cours de fêtes particulièrement réussies, ou bien encore au terme d'une participation assidue à une expérience pour laquelle l'engagement exigeant de tous était requis.

Or ce modèle attribue un caractère absolument universel à cette réalité. Autrement dit, toute entreprise de communication a le droit d'aboutir à cet état de chose. Et l'on imagine bien à quel point cela changerait la face du monde si émergeait un corps social qui faisait sien la requête conséquente. Cela impliquerait, entre autre, que toute rencontre se trouverait assortie d'incitations plus ou moins explicites à ce que chacun recherche son propre retentissement intime et le fasse coïncider avec celui des autres, en sorte d'aboutir à ce que l'on pourrait d'une certaine façon baptiser ainsi : "nous existons absolument ensemble".

De la même façon, quiconque a su apprécier les choses à ce point ne peut ignorer la stimulation qui devient sienne à ce que cela soit partagé par tous. C'est dire que la perspective éducative coule de source. Autrement dit, l'authenticité de ces expériences implique que l'on n'imagine pas que cela puisse ne pas être partagé universellement. Et lorsque ceci peut se voir formulé en un savoir bien répertorié, l'instigation à le transmettre prend la couleur d'un engagement impératif. Et l'on imagine aisément que celui qui va faire office d'enseigner, s'il se laisse habiter par cette flamme du "j'existe absolument" qui ne peut que s'embraser au terme de l'apprentissage, va captiver son auditoire à un niveau qui surclasse les ronronnements quelque peu pontifiants que l'on observe trop souvent. En outre, il va de soi que nombre d'habitudes chères aux systèmes d'enseignements usuels ne peuvent que voler en éclats. En particulier, deviennent hors de propos toutes récriminations, ou au contraire félicitations adressées aux élèves et étudiants, ceci pour la simple raison qui découle de ce que l'objectif à atteindre supplante toutes formes de sollicitations basées sur les systèmes de comparaisons. Il ne s'agit en effet de rien moins que de provoquer chez autrui le même moment d'existence absolue que l'on a pu éprouver pour son propre compte.

Dans cet esprit, il ne sera pas anodin de chercher à faire perdurer le partage de l'effet obtenu lorsque sera atteinte la perception pleine et entière ; puisque le retentissement intime a tôt fait d'être supplanté par tout système comparatif, en conséquence, provoquer la vigilance sur sa manifestation devient une préoccupation spécifique de l'enseignant. On imagine bien comme tout ceci se prêtera à engendrer un espace de respect illimité envers toute personne, et, par voie de conséquence, à quel point cela pourra stimuler une source de dynamisme d'un tout autre ordre que ce que la plupart des contextes concrets donnent à observer par les temps qui courrent

Pour conclure ce chapitre, ce modèle aura beau jeu de parader avec le parallèle qui ne demande qu'à fuser entre les déductions du chapitre précédent et celles qui viennent de se révéler ici. Si, pour celui-là, les rapports de pouvoir se voyaient supplantés par un système de règles qui pouvaient garder une connotation de vœu pieux assez utopique, ici, cette perspective vole en éclat. En effet, ces susdites règles apparaissent désormais comme la face visible du suprême moment d'existence de la personne : "j'existe absolument". Et les toutes dernières considérations ont bien montré la nécessité, pour celui qui s'en nourrit, de chercher par tous les moyens à assister autrui à ce que cela émerge chez lui, et finisse par nourrir son être intime.

Finalement, ce parallèle peut s'encapsuler dans cette formule quelque peu lapidaire. Plus un corps social réduit les individus à quantité négligeable, plus les rapports de pouvoir vont régner en maître ; plus un corps social respectera les personnes au point de les considérer comme des êtres se devant de résonner au son du "j'existe absolument", moins les rapports de pouvoir auront leur mot à dire.

Troisième partie

Mécanisme et conscience

Chapitre 10

Quelques thèmes psychologiques

Ainsi, le présent modèle circonscrit le phénomène de conscience à des processus relevant strictement de la perception de signification. Il peut s'agir de représentations elles-mêmes signifiantes, et dans ce cas assez vraisemblablement entachées de termes comparatifs, qui sont dénotées composantes relatives de la conscience. Cela peut tout aussi bien être le fait de ce qui engendre spécifiquement la perception elle-même, détermination intime présidant au déclenchement, et retentissement intime sanctionnant sa réalisation ; ils sont dénotés composantes fondamentales de la conscience.

Délimiter ainsi la manifestation de la conscience n'est pas un jeu gratuit au nom du bon vouloir de ce modèle. Cela correspond en réalité aux conditions minimales pour qu'il y ait conscience, dans la mesure où l'on veut bien attribuer à ce terme la connotation usuelle : se détecter comme "autre" en regard de tout ce qui entoure le sujet. En effet, tout geste ou comportement effectué "sans y penser" ne saurait en aucune façon contribuer à ce que la personne puisse se détecter elle-même ; et par voie de conséquence, conduire à un instant de conscience est impossible sans se hisser à un certain niveau minimal, qui est celui de la perception signifiante. Mais déjà tout est acquis, puisque, qu'on le veuille ou non, ce niveau ne saurait lui-même exister sans détermination intime ni retentissement intime.

De là découle que, sans aucune possibilité d'échappatoire, le comportement de l'homme peut emprunter deux cheminements parfaitement exclusifs l'un de l'autre. Ou bien il navigue dans le geste mécanique, et il ne saurait alors être question de conscience. Ou bien, il se situe dans le signifiant, auquel cas, qu'il le veuille ou non, le sujet a fait exister un fait de conscience. Bien entendu, l'ampleur que cela peut prendre dépend entièrement du temps et de l'attention qui lui sont consentis. Néanmoins, il ne peut y avoir eu d'exception, son absence totale ne pouvant être que du ressort du mécanisme.

Tenter de scruter la réalité à travers ce double jeu du mécanisme et de la conscience permet une relecture de nombre de phénomènes sous un jour quelque peu renouvelé. Quelques cas de figure vont être évoqués ici, qui vont illustrer tout ceci.

10.1 L'opposition entre mécanisme et perception

La perception ne doit rien au déterminisme. Cela apparaît définitif depuis le premier chapitre de la seconde partie. C'est là où se trame tout projet de perception que réside le véritable espace de liberté. Rien ne peut venir l'atténuer, hormis le fait d'abandonner soi-même la place au mécanisme lui-même. L'opposition résultante peut s'illustrer à travers trois manifestations psychologiques : l'aspect exigeant de toute démarche authentique, l'érosion de la perception sous le poids de l'habitude, et enfin son contraire, le réveil de toute la potentialité signifiante par le truchement d'émotions intenses.

Qu'un aspect laborieux soit le propre de toute démarche authentique, jusqu'à un passé récent cela avait recueilli tous les suffrages. Et le "vingt fois sur le métier remettez votre ouvrage" avait ainsi vaillamment traversé les siècles sous la houlette d'un consensus quasi unanime. Assez récemment, des voix se sont élevées pour tenter d'écorner cet unisson. L'argument des plus résolues assure qu'il n'y aurait là qu'inventions créées de toutes pièces par les profiteurs, dans le seul but d'ériger en axiomes tous les aspects pénibles de la vie de travail réservée aux masses laborieuses, dont ils tirent de si énormes avantages.

Le cas du sportif concentre tout spécialement les critiques acerbes. Les compétiteurs n'auraient d'autre but que de glorifier, via le spectacle des souffrances absurdes auxquelles ils se soumettent, le goût de l'effort, qui en réalité ne serait qu'un leurre à usage du bas peuple, destiné à consacrer comme inéluctables les multiples aspects éprouvants de la vie, et que se chargent de cultiver les privilégiés jamais rassasiés dans leur appétit de profit.

Que ces critiques suintent la rancœur face à un état de choses subi comme insupportable, elles ne cherchent même pas à le cacher. Mais elles vont avoir tout le mal du monde à éviter l'éradication intempestive de tout un pan des espaces de l'expression de l'homme. En effet, de deux choses l'une : ou bien la signification peut se forger à travers l'expression du corps et les gestes du corps, ou bien elle ne le peut pas. Dans le dernier cas, le débat serait clos, mais sur un décret d'absurdité à l'égard de tant de manifestations apparemment très en vogue : danse, promenades et randonnées, etc..., toutes autant de pratiques où à peu près tout un chacun trouve son compte. De même, serait à ranger hors des comportements sensées à peu près tous les exercices d'amateurs. À titre caricatural, le cas de celui qui, à sa mesure, s'applique à l'apprentissage, voire l'initiation à un instrument de musique, friserait un ridicule parfaitement saugrenu. Car, quelle que soit la pièce musicale sur laquelle il va s'arc-bouter, jamais cela n'approchera la qualité que peut produire le meilleur professionnel, et qui, par ailleurs, est, avec évidence, accessible à tous : il suffit pour cela de se procurer l'enregistrement de son interprétation.

Ainsi, celui qui ne veut pas bafouer gratuitement tant d'expériences si largement cultivées ne peut que consentir à ce qu'il n'y ait nulle équivalence entre la production d'un effet artistique via son propre corps et la perception de l'effet homologue s'exprimant à travers la prestation d'autrui. C'est dire que l'expression par son propre corps engendre une classe de significations qui n'est pas réductible à ce que l'on peut en observer de l'extérieur. C'est bien pourquoi ce modèle se refusera à jeter le moindre discrédit à leur endroit. Et le constat selon lequel la rigueur ne saurait en démontrer l'existence rejoint simplement la remarque, déjà maintes fois avancée, constatant qu'il s'agit là du propre de toute signification liée figurant dans les domaines qui ne sont même pas représentables en termes conceptuels.

Toutefois, si ce modèle entérine la capacité du geste du corps à pouvoir devenir support de significations spécifiques et originales, néanmoins, il ne saurait permettre de telles significations pour qui se range docilement sous la coupe du mécanisme, ceci en conformité avec l'assertion campée dès le tout premier axiome. De là découle ipso facto une condition sine qua non pour que la signification puisse prendre son essor par le biais de la personne concrète : le geste se doit de déborder du comportement physique ordinaire, propre aux lois du corps. Une façon de le faire consiste à se focaliser sur un aspect possédant quelque caractère extrême, et ceci conduit tout naturellement à la compétition sportive.

L'argument se généralise avec évidence à toute entreprise. Aucune chance d'atteindre le niveau signifiant pour ce qui ne se démarque pas en sorte de s'ériger d'une certaine façon comme indocile vis-à-vis du mécanisme. C'est le moins que l'on puisse demander à ce qui prétend être non représentable en mécanismes. Pour être bassement matérialiste, pas de possibilité de réellement accéder au règne des significations pour qui se contente de se laisser paisiblement bercer par les torpeurs de sa digestion.

Et finalement quoi que l'on fasse, la perception s'est toujours fait précéder du refus de céder aux tentations de facilité de l'animal humain. Cela ne doit évidemment pas être confondu avec le mythe de la glorification de l'effort à tout prix prôné par certains cercles culturels et autres associations religieuses. De même, il ne s'agit nullement de donner sa caution à certaines formes de quêtes de l'extrême, comme en montrent certaines modes d'aujourd'hui. Tout ceci se rapproche bien davantage d'une sorte de tapage ou de tintamarre intime que de la spécificité du phénomène de conscience, en particulier via ses aspects autrement plus intrinsèques, que sont détermination intime et retentissement intime.

Ceci étant acquis, il va de soi que, quoi que l'on fasse, tout ce comportement qui s'initialise par l'indocilité face à la facilité mécanique reste inhérent à toute possibilité de concrétisation de la perception. En particulier, cela reste absolument requis pour toute perception ultérieure, fût-ce d'une signification identique. À défaut, ce qui reste de l'entreprise de perception aura tôt fait de sombrer dans le ronronnement mécanique. Pour cela, le plus efficace est de laisser s'infiltrer l'usure de l'habitude. Par exemple, une œuvre musicale, aussi géniale soit-elle, ne pourra que sombrer dans la rengaine si elle est jouée et rejouée sans se soucier de ce que les facultés sous-tendant la vigilance perceptive ne se soient activées. Ceci s'interprète aisément ainsi : puisque l'acuité de la perception est ramenée à un niveau trop faible, les effets correspondants restent bien ténus ; or parallèlement, sans que l'on y prenne garde, le support de l'œuvre, c'est-à-dire l'égrènement temporel des notes et accords, va se mémoriser mécaniquement ; ainsi aboutit-on à une connaissance quasi automatique, à laquelle ne reste attaché que bien peu d'effet.

A contrario, il suffira de très fortes émotions pour retrouver toute une épaisseur signifiante à des œuvres ainsi tombées en rengaine. Par exemple, qui n'a pas redécouvert, à sa grande surprise, toute la fraîcheur de musiques de qualité, alors qu'il tentait de surmonter quelque situation particulièrement douloureuse ?

À défaut de contextes aussi extrêmes, il existe tout de même bien des moyens de casser le lien mécanique de la rengaine. Une bonne façon sera de visiter d'autres œuvres nouvelles pour soi, et plus particulièrement d'autres œuvres du même compositeur, voire la même œuvre, mais dans une interprétation fort différente. Dans la mesure où cela va déclencher une nouvelle perception toute en fraîcheur, cela va inciter à se prêter avec une attention toute rénovée aux œuvres mécaniquement enregistrées. L'efficacité de la méthode réside dans tout le bénéfice que constitue cette vibration du moi qu'est le retentissement intime, et qui est le meilleur ferment pour susciter l'action de la détermination intime.

En outre, ceci est extrêmement général, et déborde largement ce cas particulier puisque cela s'applique tout aussi bien lorsque les deux temps n'appartiennent pas au même mode. Cela est d'ailleurs en tout point conforme à ce modèle puisque l'éveil du moi ainsi provoqué n'est dans aucun des cas accessible à la signification, et, de ce fait, il ne peut en aucune façon se voir lesté d'une quelconque connotation liée à la perception qui vient de se déclencher. Et par conséquent, cet éveil n'est assujetti à aucun particularisme qui entraverait une éventuelle invitation à aller investir un tout autre domaine.

C'est ainsi que nombre d'artistes de renom assurent avoir vu leur élan créateur mis en branle par l'émotion qu'ils ont éprouvé à propos d'autres œuvres d'un tout autre domaine. Or si le couple littérature et musique est souvent cité, et ceci dans les deux sens, le couple musique et sciences (ou mathématiques) fonctionne tout autant. S'il est beaucoup plus rarement cité, c'est avant tout parce que la compétence à s'expliquer simultanément dans les deux modes est beaucoup plus rare.

10.2 Relecture de quelques problèmes psychologiques

Le couple mécanisme et signification posé d'emblée antinomique par le modèle se voit désormais flanqué de son pendant, le couple conscience et non-conscience. Si cet agencement vient d'être illustré via des domaines célébrés par la culture, il n'y a évidemment aucune raison que cela n'imprègne pas tous les pans de la vie, jusque dans ses interstices les plus secrets.

C'est ainsi que peuvent s'interpréter très simplement nombre de faits psychologiques, pour lesquels les théories en vogue ont éprouvé le besoin d'introduire des outils, qui, en regard de la simplicité que va proposer ce modèle, pourraient bien les amener à se voir taxées de "chercher midi à quatorze heures". Cela vise tout particulièrement le concept de l'inconscient, qui désignerait une réalité attribuée à toute personne. En effet son invention s'accompagne d'une exclusive sans appel lancée à l'encontre de la logique usuelle. Ceci se formule en assurant que l'inconscient procéderait d'une autre logique d'un tout autre genre ; mais cela dit, il y a loin à ce que ses rouages soient clairement identifiés. En tout état de cause, à supposer que rien ne soit obscur dans le for intérieur des partisans de ce concept, l'explicitation des mécanismes correspondants en règles indépendantes du bon vouloir du sujet reste encore, à ce jour, entièrement à effectuer.

Toutefois, si l'on en croit le logicien, un tel objectif n'est pas gagné d'avance, comme le rappellent ces quelques lignes. La logique usuelle se caractérise essentiellement par deux propriétés de base ultra simples. D'une part elle gere deux valeurs ; elles peuvent s'interpréter comme le vrai et le faux, bien que le logicien préfère leur ôter toute connotation. D'autre part, c'est la logique la plus complète possible bâtie autour de ces deux valeurs. Tenter de l'étendre un tant soit peu conduit inéluctablement à la contradiction. Ainsi donc toute autre logique à deux valeurs est nécessairement plus faible. En ce qui concerne les logiques à plus de deux valeurs, elles aussi étudiées par les mathématiques, elles peuvent toujours être considérées comme des logiques à deux valeurs, correspondant aux deux valeurs extrêmes, nanties d'un espace de connaissances incertaines. D'où l'on voit que le sous-ensemble des connaissances certaines qu'elles permettent d'atteindre sera nécessairement inclus dans ce qu'aurait pu fournir un modèle à deux valeurs. Pour qui s'appréterait à brandir quelque objection, il suffit d'appeler à la rescousse le théorème dit d'adéquation (cf chapitre 1), et de l'appliquer sur la théorie concernée dont on ne retient que les seules propositions vraies ou fausses, c'est-à-dire celles qui correspondent aux deux valeurs extrêmes. Dès lors, si le système de départ ne contient pas de contradiction, alors il existe une infinité de façon de l'étendre à un système où toutes les autres propositions (donc les propositions incertaines) sont ou bien vraies ou bien fausses. Ceci conduit ainsi à un système logique conforme à la logique usuelle, mais évidemment bien plus complet que la théorie initiale. Voici pourquoi un système à plus de deux valeurs engendre nécessairement un système plus faible que ce que sait produire la logique usuelle !

Ainsi donc, aux yeux du logicien, il y a quelque témérité à tenter de produire une logique distincte de la logique usuelle pouvant éviter de se réduire à un arsenal de déductions plus faibles, à l'égard des connaissances certaines. Du moins en est-il ainsi de toute logique acceptant de se dérouler dans un système de règles précises, bien répertoriées, et non révisables à tout bout de champ. À défaut, on sombre dans la logique du bon vouloir, chère aux potentats de tous poils.

C'est bien pourquoi ce modèle, qui a choisi la logique mathématique usuelle, n'a pas à rougir de tenter l'expérience sous sa houlette. Or, il se trouve effectivement en mesure de proposer des interprétations réalistes, là où les purs et durs de la psychanalyse se déclarent contraints d'appeler la notion d'inconscient à la rescousse.

Bien évidemment, ceci se fonde sur le pan de non-conscience lié au mécanisme, apparu naturellement dans la démarche, et qui va se substituer à la notion d'inconscient. En conséquence, les manifestations mises sur son dos sont très simplement remplacées par des comportements purement mécaniques, puisque, encore une fois, selon ce modèle, tout ce qui se déroule mécaniquement, par le fait que cela ne peut produire d'effet signifiant, n'enclenche a fortiori aucun effet de conscience.

Ces quelques éléments suffisent à recomposer quelques interprétations logiques de faits que le psychanalyste prend à témoin comme manifestation évidente de l'inconscient. Le premier exemple, célèbre entre tous, est le lapsus de cet homme d'état allemand qui, astreint à ouvrir une séance du parlement s'annonçant orageuse à son endroit, a solennellement déclaré : " Messieurs, la séance est fermée"[1]. Vu au crible de ce modèle, le niveau conscient est celui de sa préoccupation concernant l'issue de la séance. Il s'agit typiquement de composantes relatives de la conscience ; certes, mais conscience tout de même. L'intensité de cette préoccupation laissant peu d'espace pour toute autre expression, tout est en place pour que la déclaration d'ouverture de séance ne s'effectue qu'à un niveau très proche du mécanisme. Or durant le déroulement de ce court moment, un point de compatibilité mécanique s'est présenté avec le support dans lequel cherchait à s'exprimer le niveau non conscient, qui n'est autre que le mot "ouvert", très proche en langue allemande du mot "fermé". Ceci a permis au niveau conscient de faire son irruption incongrue ; au passage sur le point de compatibilité, il ne restait plus guère de ressources au niveau quasi mécanisé pour être en mesure de faire barrage au niveau conscient, c'est-à-dire celui de la préoccupation signifiante, à l'affût pour venir s'y substituer.

Ici donc, le modèle interprète le lapsus par l'irruption d'un fait de conscience dans un déroulement quasi mécanisé. Par conséquent, il prend explicitement le contre-pied du psychanalyste, pour lequel le lapsus procéderait au contraire de l'irruption de l'inconscient. Ainsi donc, là où la psychanalyse postule l'existence d'une entité qui a sa réalité propre et qui est baptisée "inconscient", ce modèle rétorque que l'on peut très bien s'en passer en y substituant le simple déroulement d'un comportement mécanique, que ce soit un mécanisme éthologique, donc inscrit dans les gènes, ou un mécanisme enregistré tel quel dans le bagage du sujet. L'avantage de ce type d'interprétation réside en ce que les termes en jeu sont suffisamment précis pour éviter toute déduction intempestive, donc hasardeuse. Elle requiert en effet deux éléments clés. D'une part, doivent coexister un niveau conscient avec forte préoccupation ainsi qu'un niveau quasi mécanisé, assortis d'un point de compatibilité mécanique entre les supports respectifs. Ici, c'est le niveau quasi mécanisé qui constitue le cadre physique visible dans lequel se déroule l'action en cours, et c'est le niveau conscient qui vient s'y substituer de façon incongrue. Mais l'intermixtion des deux niveaux peut fort bien prendre d'autres aspects.

[1]Cité par Freud dans "Psychopathologie de la vie quotidienne"

Un exemple illustrera l'affaire. Une femme mariée à un homme beaucoup plus âgé qu'elle, et en outre, professeur reconnu dans son domaine, est interpellée sur un point délicat concernant une recherche qu'elle mène dans ce domaine même. Après hésitation, elle déclare : "Il faut que j'en parle à mon père, ... je veux dire à mon mari".

Ici le niveau conscient est manifestement l'irritante préoccupation que déclenche la difficulté à trouver une réponse appropriée, préoccupation découlant du fort degré d'implication de cette personne dans sa recherche. Là se situe le niveau de conscience, bien entendu là aussi en termes de composantes relatives. Il devient donc nécessaire d'appeler à la rescousse l'autorité en la matière. En revanche, peu de place reste pour l'expression de cet appel, et ainsi apparaît le risque d'aller pêcher un matériau enregistré mécaniquement (tel une rengaine), ayant quelque compatibilité avec la formulation requise. C'est ainsi qu'a fait irruption la référence au père.

De là à conclure que leur relation est usuellement marquée de cette connotation, le modèle ne le permet pas et ne peut que qualifier cette généralisation de quelque peu intempestive. Et même, rien ne peut assurer que cette généralisation soit autorisée dans le simple cadre de leur relation de travail. En effet, il y a tout lieu de penser que l'identification du père au savoir et à l'autorité soit un schéma primitif fortement mécanisé, présent chez pratiquement tout un chacun. C'est pourquoi des analyses bien plus poussées du degré de préoccupation sont nécessaires pour pouvoir inférer s'il s'agit de l'intrusion d'un matériau très primitif, ou bien de l'intervention d'un autre niveau plus proche de la vie présente. Voici qui rappelle quelque peu la pratique du scientifique ou de l'ingénieur, pour qui l'appel en renfort du bagage mathématique induit une obligation de description bien plus précise, et donc finalement bien plus fine.

Enfin, ce type d'intrusion d'un niveau de préoccupation au beau milieu d'un comportement assez mécanisé peut fort bien se manifester dans de tout autres cadres que le mode verbal. Ainsi peut certainement se ranger dans cette catégorie le cas d'une personne qui, au départ d'un voyage à destination d'une maison de campagne, oublie d'emporter les clés, et ceci parce qu'elle est accaparée par la préoccupation qu'engendre pour elle la perspective d'y retrouver la compagnie d'autres personnes dont la présence est entrevue comme indésirable, voire angoissante.

Tout autre est l'acte manqué proprement dit, où, sur des sollicitations bien précises le sujet produit des actes mécaniques (donc inconscients), sans raison apparente. Ici il s'agit au contraire de l'irruption d'un mécanisme dans un niveau signifiant donné. Or ce modèle en déduit très simplement une propriété bien connue : ce type de réaction ne peut survenir que par le biais de faits marquants de la petite enfance. En effet, d'une part le mécanisme ne peut supplanter le niveau signifiant si celui-ci en a pris toute la mesure. Dans ces conditions, il ne peut s'agir que de comportements n'ayant pas encore pu faire l'objet d'une prise en compte signifiante. Mais d'autre part, le facteur répétition, c'est-à-dire l'aspect récurrent de la manifestation du mécanisme, implique qu'il s'agit de faits solidement enregistrés. La conjonction de ces deux points restreint nécessairement l'événement originel à s'être produit avant qu'une potentialité signifiante suffisante soit disponible, ce qui le fait reculer dans la petite enfance.

La même rigueur logique permet de repérer la caractéristique de la guérison définitive. Elle est liée au fait d'avoir pu amener au niveau signifiant, donc d'avoir pu rendre conscient, l'événement en question. En effet, un mécanisme ne peut impliquer quoi que ce soit sur un contexte signifiant quel qu'il soit, ceci par définition même de la signification.

Cela ne veut pas dire que débusquer le problème sera simple. En effet, n'ayant pas d'ancrage dans l'évaluation signifiante, il va falloir fouiller le passé du sujet avec force persévérance. Une assistance précieuse sera certainement la détection du point de compatibilité qui doit nécessairement exister pour permettre au mécanisme de faire irruption. En outre, il se pourrait fort bien que le processus du mécanisme actualisateur, décrit dans la section suivante, puisse avoir son mot à dire pour, d'une part expliquer le caractère répétitif, et d'autre part fournir un appoint pour débusquer le problème originel.

Quoi qu'il en soit, dans les interprétations qu'il vient de proposer, le modèle n'a eu nul besoin de recourir au concept d'inconscient ; on peut pourtant difficilement le trouver emprunté dans l'explication de phénomènes qui étaient censés en relever.

10.3 Mécanisme traumatisant et mécanisme actualisateur

Ces explications peuvent s'étendre par ailleurs à d'autres problèmes mettant en jeu deux mécanismes distincts, l'un engendrant sa manifestation visible, l'autre jouant plutôt le rôle de déclencheur, qui pour cette raison sera baptisé mécanisme actualisateur. Il va de soi, en effet, que le comportement de chacun est tissé de multiples mécanismes. Les uns sont d'origine purement éthologique et ont été mis au point par l'évolution, mais restent bel et bien actifs dans les gènes d'*Homo sapiens sapiens*. La discussion sur le pouvoir en a montré des exemples caractérisés ; et le chapitre suivant se fera un plaisir de remettre ceci sur le tapis. Les autres ont été inculqués par les habitudes de la vie, beaucoup d'ailleurs dans le cours de la petite enfance. Et ceux-ci ont toutes chances de se montrer extrêmement divers selon les individus. Or lorsqu'un processus se déroule sous la houlette d'un mécanisme, rien n'empêche que d'autres mécanismes qui s'y enclenchent (également mécaniquement, bien entendu), s'activent à leur tour. Mais l'affaire devient difficile à débusquer si d'aventure le premier est anodin, voire apparemment agréable, et l'autre traumatisant.

Un exemple illustre l'affaire. Il concerne une personne de sexe féminin, tout à fait équilibrée, c'est-à-dire au moins autant que la moyenne de ses concitoyens. Toutefois elle est sujette à un problème récurrent se traduisant par l'invasion d'une forte angoisse quant à son sentiment d'existence même à propos duquel a déjà été identifié un lien systématique avec un certain dégoût de la gent masculine, que sa mère n'avait eu de cesse de lui inculquer depuis sa plus tendre enfance. A priori, il n'y aurait pas là de quoi fouetter un chat, tant il est manifeste à sa conscience d'adulte que ce dégoût ne correspond pas tant à la réalité qu'à l'évidente rancœur que sa mère nourrissait vis-à-vis de ses propres déboires. Or par ailleurs, d'une façon générale, elle n'est pas moins qu'une autre sensible à l'attrait de l'autre sexe, qui comme chez chacun peut prendre la forme de ce qui peut s'appeler le mythe du prince charmant. Il consiste à transcender l'attirance sexuelle en une aspiration à y reconnaître un être absolument autre, détenteur d'un pouvoir de validation ultime pour soi-même.

Pour le moment, toujours rien de notable. Le problème surgit de ce que toute déception, voire insatisfaction, de la part d'un homme sur lequel elle avait projeté une attirance de ce type, ramène avec elle le traumatisme de dégoût inculqué par sa mère. Elle ressent dès lors l'impression selon laquelle sa propre validation a été remise entre les mains d'un représentant d'une catégorie enregistrée comme l'essence même du mauvais. D'où l'angoisse pour son sentiment d'existence même.

L'interprétation apportée par ce modèle permet de comprendre à quel point tout traitement psychologique risque de se révéler plus que laborieux, du moins tant que la logique ci-dessus n'est pas clairement mise à plat. En effet, s'il est manifeste que l'identification du mécanisme traumatisant ne posera guère de problème, ce sera une toute autre paire de manches de décrypter les raisons pour lesquelles celui-ci peut encore trouver à resurgir de façon si prégnante, alors qu'en temps normal il est clairement perçu comme mécanisme éculé et sans emprise. Ici l'actualisation est provoquée par la conjonction du mythe du prince charmant d'une part et du lien mécanique qui a été incrusté chez le sujet entre toute frustration d'origine masculine et le mécanisme traumatisant. Autrement dit, c'est l'activation volontaire de ce mythe, qui va en quelque sorte entraîner le moi à accepter une certaine forme de soumission à l'autre ; et c'est cette soumission même qui, parce qu'elle est explicitement acceptée et même décidée par le sujet, actualise d'emblée les conditions pour qu'une menace de la part du mécanisme traumatisant puisse faire irruption. Autrement dit, l'acceptation de la soumission au premier mécanisme, puisque amenant la personne à subir docilement les lois mécaniques, la rend, de ce fait, de nouveau vulnérable aux relents du mécanisme traumatisant, puisque celui-ci a été mécaniquement lié au premier, ceci depuis la plus tendre enfance.

Ainsi, tant qu'une lecture de ce lien mécanique n'a pas été perçue, la personne reste soumise à une réactualisation de tout l'ensemble. En revanche, dès que ceci est détecté, cette soumission se voit substituer une prise de recul qui la rend totalement inoffensive. C'est pourquoi ce lien mécanique est dénoté mécanisme actualisateur.

Faute de cette claire détection, on pourra assister de temps à autres à des éventuelles améliorations de courte durée, qui resteront sans justification, et ne garantiront nullement contre les rechutes. Par exemple, ici, le mécanisme actualisateur peut se voir désactivé accidentellement, notamment durant les moments qui auront été marqués par des instants de prise de recul plus vive. Mais comme le processus n'est pas encore clairement identifié, cela n'aura qu'un temps. En outre, cela ne présume en aucune façon des multiples aspects qu'il pourra emprunter, ici la multiplicité des formes de soumission qui pourront se présenter, et qui sont virtuellement d'une variabilité indéfinie, et même sauront prendre les aspects les plus ténus. Enfin, à tout ceci s'ajoute la propriété qu'a bien souvent le mécanisme actualisateur de se montrer agréable (c'est bien le cas du mythe du prince charmant cité ci-dessus) ; et cela n'aidera pas à éveiller quelque suspicion à son endroit, ce qui, pourtant, constituerait un préalable nécessaire à pouvoir le débusquer efficacement.

Ce double jeu du mécanisme traumatisant et du mécanisme actualisateur peut, semble-t-il, servir de cadre de compréhension pour ce qui se dénote quelquefois la compulsion de répétition. Il s'agit d'une propension qu'ont certaines personnes à se remettre régulièrement dans des situations conflictuelles similaires. Ainsi, ces sujets, quels que soient les contextes où ils se retrouvent, auront tendance à relire la réalité sous un angle qui va remettre actif le mécanisme traumatisant. Ceci est rendu assez inéluctable grâce aux deux aspects du mécanisme actualisateur. En tout premier, en tant que mécanisme, il reste non conscient, et en second lieu, il n'est nullement traumatisant en propre, et peut même avoir la propriété de produire des sensations agréables ; tout cela lui donne un maximum de chances de rester très efficacement camouflé.

Dans le même esprit, le cadre de ce double mécanisme pourrait bien se révéler fécond pour l'analyse des cas de paranoïa ; et probablement bien d'autres faits y trouveraient des explications et solutions efficaces.

10.4 De l'angoisse

En outre, les phénomènes d'angoisse peuvent se relire sous la houlette de ce double mécanisme, dans une perspective quelque peu renouvelée. En tout premier, un trait assez universel s'explique fort bien grâce au mécanisme actualisateur, qui est la sensation diffuse de culpabilité.

Tout un chacun expérimente très régulièrement l'intrusion d'une sourde anxiété, voire angoisse, liée à une sorte de menace de se voir coupable, ou, à tout le moins, se voir jugé coupable. Sous cette forme de malaise injustifié et diffus, vécu comme imposé de l'extérieur, cela ne peut être classé que comme mécanisme par ce modèle (le chapitre suivant va d'ailleurs s'étendre quelque peu sur l'universalité de cet aspect). Mais alors, comment ceci se déclenche-t-il ? Tout simplement par un mécanisme actualisateur très général qui est la soumission à un processus normatif. Il est clair en effet que, puisque cela peut être totalement décrit par un processus fini, cela relève bel et bien du mécanisme. Or cette soumission sensibilise toute menace contre soi-même en cas de transgression, ou même simplement apparence de transgression, dans n'importe quel autre domaine ; le degré de soumission influe directement sur le degré d'actualité de la menace, et ceci indépendamment de tout lien logique entre ce domaine-ci et celui où s'est actualisée la soumission ; mais en revanche, le processus reste très corrélé avec les liens mécaniques tissés entre transgression et menaces. Et d'ailleurs, c'est bien parce que ce lien logique est occulté que la détection de cette soumission récente est restée inaperçue. En outre, sa détection n'est certes pas si évidente que cela, tant cette soumission normative peut prendre de multiples visages. Par exemple, se complaire en des jugements intempestifs en recèle incontestablement une forme caractérisée, puisque cela implique nécessairement une référence à des normes correspondantes. Par conséquent, pour ce modèle, se complaire à juger autrui ouvre grandes les portes de l'angoisse et de la culpabilité.

A contrario, l'expérience mérite d'être tentée par chacun. Lorsque ce type d'angoisse fait irruption, il suffit dans un premier temps de rechercher dans le passé immédiat toute attitude compatible avec la soumission docile à des normes, puis dans un second temps, de chercher à rendre conscient le caractère parfaitement inapproprié de cette soumission vis-à-vis de la spécificité de la personne, puisqu'elle implique nécessairement l'occultation de cette structure véritablement transcendante qu'est l'instance intime. Dès lors, il y a de fortes chances que l'angoisse en question s'estompe dans la foulée, sans autre formalité. À titre d'exemple extrême, qualifier son propre comportement par une appréciation du type "c'est bien", est autrement plus fragilisant que de constater "c'est satisfaisant". Le premier peut difficilement éviter de glisser sournoisement vers le normatif. Le second va au contraire se ranger bien plus aisément du côté du retentissement intime.

D'une façon plus générale, la nécessité de survie a mis en place, chez toutes les espèces évoluées, toute une batterie de malaises, déclenchés automatiquement par une multiplicité de contextes enregistrés comme susceptibles d'enclencher une menace. En outre, l'apprentissage de la vie se charge de multiplier ce type de connexions mécaniques. Se mettent manifestement dans cette catégorie les diverses sensations de malaises ressenties systématiquement à l'approche de certaines personnes, ou certains types de personnes.

Il s'agit là de tout un système d'avertisseurs sonnant l'alerte, dès que se profile une situation dont on n'aura pas la totale maîtrise, et qui peut se montrer désagréable, voire même dangereuse. Or, il n'est pas bien difficile de déceler des formes de mécanisme actualisateur mettant clairement en branle l'activation de tout ce jeu. C'est le cas chaque fois que le sujet tente de forcer les choses, ou d'imposer sa vision, dans un contexte où il est loin d'être le seul en cause. Il coule de source, en effet, que, par la décision de s'engager lui-même dans une entreprise de contrainte, il ouvre les brèches des éventualités amenant des résultats non favorables, avec leur cortège de sensations inquiétantes. Ainsi, là encore, le modèle constate une forme de soumission au mécanisme (ici l'entreprise de contrainte elle-même), jouant le jeu de mécanisme actualisateur pour le déclenchement d'une certaine forme d'angoisse.

De façon diamétralement opposée, ce modèle a déjà relevé la nécessaire existence d'un comportement génétique de soumission au dominant, mis en place par l'évolution, en vue d'assurer la cohésion des tribus organisées. Dès lors, en conséquence, cultiver ceci sous une quelconque forme d'acceptation aveugle d'une autorité, voici qui contribue nécessairement à ouvrir les brèches de l'angoisse. En effet, cela coule de source : subir cette acceptation joue très exactement le jeu du mécanisme actualisateur, auquel la personne se soumet docilement, et, par là-même, se prête à toute menace diffuse de se voir jugée à la moindre apparence de faux pas. Pour s'en délivrer, la logique ne laisse pas le choix ; il est nécessaire de se déconnecter de toute forme d'acceptation aveugle ; et pour ce faire, il est nécessaire de remettre actuel en son for intérieur le caractère de transcendance de l'instance intime, caractère auquel est tenue de se soumettre toute autorité si elle veut garder le moindre trait de validité vis-à-vis de la spécificité de la personne. Et, dans cette perspective, a toutes chances de se montrer particulièrement féconde et efficace la réactualisation en son for intérieur de l'artillerie des argumentaires soutenant la transcendance de ce qui touche à l'instance intime, comme si l'on se devait d'en convaincre tous partisans des systèmes bâtis sur les comportements éthologiques.

Cette analyse montre que nombre d'épisodes d'angoisse peuvent se comprendre selon ce double mécanisme. Bien entendu, la panoplie des mécanismes incrustés comme porteurs de menaces est d'une variabilité indéfinie. Une partie reste très anecdotique et ne relève que de cas particuliers. En revanche, d'autres appartiennent à une classe très générale, et procèdent pour la plupart du donné génétique. C'est en particulier le cas d'un mécanisme particulièrement efficace à promouvoir un haut niveau de malaise qui n'est autre que ce qui sera dénoté mécanisme du "bouc émissaire", et que la suite mettra quelque peu sur la sellette. Et ils sont légion les divers processus susceptibles de le mettre en branle.

10.5 Conclusion

Les considérations qui précèdent ont montré une fécondité manifeste à tenter d'analyser nombre de problèmes sous le jour de l'opposition entre mécanisme et perception signifiante, ou autrement dit, entre le pan de non-conscience lié à tout comportement mécanique, et l'effet de conscience nécessairement attaché à toute entreprise signifiante. Il est évidemment hors de question de tenter un quelconque examen qui se prétendrait exhaustif de tout ce qui peut répondre à ce processus. Il n'empêche que multiples seraient les cas de figure qui trouveraient bénéfice à être explorés de cette façon. Ainsi, un dernier exemple va clore ce chapitre, qui n'est autre que le cas de la schizophrénie et des autres troubles profonds, lesquels mériteraient d'être réanalysés selon ce modèle. En particulier, apparaît avec évidence une anomalie fondamentale pour qui n'a pas pu vivre une cohérence suffisante entre son propre retentissement intime et la validation par autrui (notamment le proche entourage) pendant la période où les explorations signifiantes sont balbutiantes, c'est-à-dire dans la petite enfance. Et l'on peut prévoir que l'anomalie en question ne pourra que devenir davantage préoccupante à mesure que le sujet approchera davantage l'âge où il doit poser des actes en toute autonomie. En outre, avec non moins d'évidence, le recul de l'anomalie ne pourra se produire en dehors d'une réévaluation sans relâche par le sujet de son propre retentissement intime aux dépens des attentes de validation externe. Enfin, il n'est pas du tout exclu qu'un réexamen, utilisant une lecture via le mécanisme actualisateur, puisse aider à dégager quelques résultats féconds.

Chapitre 11

Traits discriminant le mécanisme et la conscience

Le chapitre 8 s'était appliqué à retracer le parallèle entre le pouvoir chez les hommes et les rapports de domination dans toutes les espèces animales évoluées. Le résultat ne faisait aucun doute : le pouvoir est d'origine éthologique, et ne peut provenir que des gènes présents chez le primate *Homo sapiens sapiens*. De toute façon, la logique y avait mis un point final en constatant que, selon elle, les faits et gestes qui en découlent sont contradictoires avec la spécificité de l'univers signifiant.

Le chapitre précédent révèle à son tour combien peut se montrer prégnante la présence de toutes sortes de mécanismes, s'entremêlant avec les effets de conscience. Ainsi a-t-il pu démontrer son aptitude à débusquer leur immixtion là où on ne le supposait guère. Or une ingérence prodigue et multiple du mécanisme peut difficilement être considérée comme une surprise. Et ne faut-il pas, au contraire, s'attendre à ce que les irruptions mécanistes déferlent à foison ? L'étonnant serait, en effet, que la nature de primate servant de support à la personne concrète ne soit pas le lieu d'une multiplicité de mécanismes hérités de l'évolution, lesquels s'étaient montrés sous un jour avantageux pour la pérennité de l'espèce.

Dans la même lignée, a déjà été évoqué un autre cas de figure de mécanisme manifestement d'origine éthologique, que l'on peut être tenté de qualifier d'omniprésent dans la vie sociale et qui par ailleurs servira d'appoint à nombre de considérations que délivreront les deux derniers chapitres ; il s'agit de ce comportement auquel avait fait allusion le chapitre précédent, et qui présente une similitude difficile à éluder avec une pratique bien enracinée en de multiples agissements, qui n'est autre que le processus du bouc émissaire ; il est très central chez les herbivores, mais également figure chez de multiples espèces vivant en tribus organisées. Les individus indociles, souvent des mâles vaincus par le dominant, sont rejetés aux alentours de la tribu ; et de ce fait, ils vont constituer les proies préférentielles pour les prédateurs. L'utilité de ce processus est d'engendrer une bien plus grande tranquillité pour la tribu : tant qu'elle est entourée de ses boucs émissaires, le danger demeure assez éloigné, et de ce fait, elle peut profiter d'une ambiance bien plus paisible.

Devant une telle constatation, il va être bien difficile d'éluder la similarité évidente avec nombre de pratiques dont, chez l'humain, l'exercice semble relever d'un processus de même acabit. Ceci concerne notamment la floraison de la presse à scandales, et la prospérité des rubriques dites de "chiens écrasés". Comment ne pas voir là la résurgence du mécanisme du bouc émissaire qui provoque une certaine forme d'apaisement des angoisses, à ainsi constater qu'existent des individus autrement plus propices à devenir les rejets de la société, et finalement les proies toutes désignées des systèmes répressifs ? De façon parfaitement similaire, il s'agit bel et bien d'un rôle de bouc émissaire qui échoit à quantité de populations au comportement différent, lequel a tôt fait de se voir qualifié d'inférieur. Et que dire de la pratique assidue de l'emprisonnement ? Ne serait-ce pas la forme solennisée par nos sociétés de la désignation du bouc émissaire ? D'ailleurs, il est bien connu à ce propos que la marque symbolique attachée à celui qui a connu la prison reste liée de façon quasi indélébile à sa personne, ceci en parfaite contradiction avec les prétextes qui ont présidé à l'enfermement.

À ceci, il faut ajouter, de conserve avec le chapitre précédent, que la menace suspendue au dessus de chacun de risquer de figurer d'une quelconque façon du côté du bouc émissaire constitue un tremplin de choix pour attiser les angoisses, ceci par le truchement du mécanisme actualisateur.

Finalement, il faut bien y souscrire : la surprise serait que les comportements d'origine mécanique ne se trouvent pas entremêlés intimement avec les processus relevant de la signification, et ceci dans tous les secteurs de la vie. Par conséquent, s'il arrive qu'une analyse fine puisse être conduite avec précision, déterminant ce qui se range de chaque bord, les résultats féconds ne se feront pas attendre ; le chapitre précédent a déjà quelque peu inauguré la voie dans cette direction.

Or le matériel permettant d'effectuer cette répartition a été échafaudé dans le cours de la seconde partie. Le réutiliser ici à bon escient va permettre de mettre en place une panoplie de critères simples permettant de décider ce qui se situe de chaque côté, dans le cœur des événements vécus, en commençant bien entendu par ce qui alimente le déclenchement du phénomène. En effet, plus tôt interviendra une détection de ce qui se déroule sous le mécanisme en lieu et place de se conformer au règne de la signification, par conséquent plus tôt sera prise la mesure de ce qui préside à l'enchaînement des événements, et plus il sera facile d'influer sur le cours des choses dans le sens le plus efficace. D'où l'intérêt de dresser une liste de traits qui chacun à lui seul constitue un critère implacable pour répartir ce qui s'engendre sous l'emprise du mécanisme ou sous la houlette de la conscience.

Six de ces traits vont ainsi être dégagés, correspondant à différents stades du développement temporel d'un comportement, et encore une fois, chacun constituera à lui seul un critère décisif pour ranger ce qui sous-tend le processus en cours du côté de la personne, ou dans le clan de l'animalité. Les quatre premiers interviennent systématiquement dans la succession des phases à travers lesquelles s'entretiennent les diverses situations ; deux autres sont propres aux seuls cas de figure où se profile une certaine forme de solution.

11.1 Les traits discriminants omniprésents

Le premier est l'aspect d'immédiateté de tout déclenchement mécanique, qui s'oppose à la prise de recul marquant nécessairement toute emprise signifiante. Cette prise de recul n'est rien d'autre que l'effet de conscience qui préside nécessairement à toute activation de la détermination intime. En revanche c'est l'absence de sa mise en action qui, dans le clan mécanique, donne une sensation d'immédiateté, en continuité avec les déroulements biologiques en cours.

Le bon sens populaire parle de réaction instinctive dans le premier cas, et les proverbes abondent pour inciter à ne pas s'y fourvoyer. Toutefois, parler de réaction instinctive est quelque peu restrictif, surtout dans les contextes où les acquis culturels divers sont d'importance. En revanche, l'aspect d'immédiateté est bien le critère imparable. En effet, nombre de réactions se déroulent apparemment dans le creuset de l'univers signifiant, qui pourtant sont bel et bien déclenchées par le mécanisme. Ainsi, si pour l'acte violent les choses sont manifestes, bien des comportements solennisés comme très évolués relèvent également d'une origine purement mécanique. À titre d'exemple, chacun a pu assister à moult débats au cours desquels un des intervenants, détectant une proposition critiquable selon son point de vue, se précipite à étaler son savoir pour mieux écraser l'adversaire, voire même à couper la parole pour tenter de détruire ce qui s'énonce, avant même que l'intégralité ne soit exposée. L'immédiateté de la réaction peut difficilement renier l'origine éthologique revenant au processus de la lutte pour la place de dominant, qui sert de déclencheur à la chose. La prise de recul se serait au contraire appliquée à chercher l'origine de la discordance, et même si réellement discordance il y a, ce qui ne relève d'aucune évidence a priori. Là seulement il y a tentative de prise en compte signifiante du déroulement en cours.

Donc immédiateté, plutôt que réaction instinctive, voici un premier critère qui, si l'on en a conscience, va aider à débusquer nombre de comportements dont rien ne présageait qu'ils pouvaient être enracinés dans des réactions d'origine animale, ou bien qu'ils procédaient de mécanismes enregistrés dans les habitudes.

Ainsi, l'immédiateté est le tout premier trait discriminant le mécanisme et la conscience dans le déroulement spatio-temporel. Bien entendu, si aucune prise de recul n'y met un terme, le mécanisme va poursuivre son emprise ; et il va conduire la personne à s'enferrer dans une sensation de loi inéluctable, dans une suite d'enchaînements vécus comme imposés à l'être pensant qu'est le moi. Il s'agit là d'un second trait qui, comme le premier, est parfaitement discriminant à lui seul. Cet aspect n'est en réalité que le revers de la médaille de la non-prise en compte de façon signifiante du déroulement des événements. La personne qui dans un contexte donné ne met pas en branle sa détermination intime, ne peut que subir les choses comme imposées de l'extérieur. En effet, faute de s'appliquer à prendre la mesure des choses selon la potentialité signifiante, plus rien ne s'oppose à ce que viennent s'enclencher les mécanismes les uns après les autres, selon leurs lois propres, inscrites dans le patrimoine génétique ou bien gravées mécaniquement.

En revanche, de l'autre bord, la prise de recul conduit, via l'action de la détermination intime, à la dynamique de prise en compte signifiante du phénomène. Dès lors, cette prise en compte, au lieu de laisser le sujet dominé par les rouages mécaniques, le situe de façon irrémédiable en dehors des engrenages résultants, par le fait même que rien, absolument rien, ne peut dicter sa loi à l'instance intime lorsqu'elle agit selon sa spécificité propre. Ce comportement va nécessairement de pair avec la conviction selon laquelle, même si la compréhension du phénomène résiste un temps, sa résolution ne saurait faire aucun doute en fin de compte.

Illustrer ceci via l'exemple du débat ci-dessus coule de source. Celui qui fait son choix de tenter d'écraser l'adversaire, par le fait même qu'il se soumet ainsi aux lois régissant les rapports entre dominants et dominés, s'enfonce dans la sensation selon laquelle il serait dangereux que l'adversaire puisse relever la tête. La seule solution édictée ainsi par les gènes d'*Homo sapiens sapiens* est la défaite complète du concurrent. Donc ce personnage, tant qu'il reste soumis à l'immédiateté de cette loi, n'a d'autre alternative que de se laisser entraîner dans la spirale qui s'ensuit avec toute la pesanteur d'un mouvement imposé de l'extérieur. Au contraire, celui qui cherche à vraiment comprendre la raison du différend ne retient que le seul objectif consistant à prendre la mesure de ce qui caractérise la distance entre les points de vue. Par cette attitude, il replace le contexte environnant dans une irréductible expression de liberté, puisque désormais c'est lui qui prend en compte l'ensemble du problème en cours, par le fait même qu'il va chercher à en déceler la raison intrinsèque. Il n'est plus dominé par une loi externe ; la détermination intime à l'œuvre ne peut se détecter que comme le moi s'appliquant à prendre la mesure des choses, et ceci dans une sensation "d'être absolument" qui échappe à toute emprise quelle qu'elle soit.

Soumission à un déroulement imposé, contre prise en compte dans une sensation de liberté, tel est le second trait. Or il se trouve nécessairement accompagné d'un contenu émotionnel, qui représente le troisième trait discriminant. Dans le clan du mécanisme, si quelque succès a pu être glané, même s'il est apprécié avec toute l'excitation physique qu'il se doit, il demeure intrinsèquement hanté par diverses menaces ; en particulier, il ne sera jamais possible de désamorcer la menace liée au cinquième trait discuté plus loin : rien n'est définitif, et donc rien ne pourra écarter les éventualités remettant en cause ce succès. Et si au contraire le succès n'est pas là, cela prêtera le flanc à la menace qu'inspirerait l'impossibilité à pouvoir inverser la tendance, voire l'impuissance à enrayer une aggravation supplémentaire. Par conséquent, qu'il s'agisse d'excitation ou de frustration, le déroulement du processus a ouvert les brèches vers l'anxiété et l'angoisse.

Chacun l'aura bien compris. Le critère spécifique propre à ce troisième trait est bien une angoisse diffuse, ou alors une anxiété appliquée à une éventualité parfaitement hypothétique, voire fictive, et qui en tout cas ne correspond à rien qui ne se profile effectivement dans le concret de la réalité. Car dans le cas contraire, c'est-à-dire pour les formes d'anxiétés s'appliquant à une situation précise, et dont le trac est un bon exemple, leur émergence peut tout à fait provenir d'évaluations signifiantes, propres à cette situation précise justement. Et en outre, ces sensations ont leurs correspondants du côté de la personne, sous de multiples aspects d'enthousiasme et autres effervescences, dont en particulier les ambiances de fêtes peuvent être tissées. Par conséquent, ce dont il est fait état par ce trait est bien une sorte de malaise diffus, sans justification réellement fondée, tel qu'il a déjà été discuté en fin du chapitre précédent. Et l'on peut facilement vérifier que la décision de se soumettre au mécanisme constitue bel et bien un asservissement à un contexte dont on est loin de maîtriser les tenants et aboutissants. Voilà qui se conforme parfaitement au processus du mécanisme actualisateur lequel aura beau jeu, dans le cas présent, de déclencher son cortège de menaces faites d'inquiétudes diffuses.

De l'autre bord, c'est la spécificité de la détermination intime, avec sa connotation de paix et sérénité inaccessible par ailleurs, et en tous cas hors de portée de toute anxiété sécrétée autour du phénomène en cours. Ainsi, dans l'exemple du débat évoqué depuis le début, espérer authentiquement déceler les raisons séparant les points de vue, tout en éprouvant une certaine anxiété face aux attaques concurrentes, c'est là un signal imparable ; la détermination intime ne s'est pas encore vraiment appliquée à la source même du processus en cours, et par conséquent, c'est continuer à subir, au moins par certains aspects, quelques rouages mécaniques. Ce trait, encore une fois aussi discriminant que les autres, a, en outre, l'avantage de caractériser une sensation existentielle accompagnant le cours des événements. Ainsi, qui perçoit que son comportement laisse prise à l'anxiété doit en conclure que, au moins pour partie, il a laissé s'infiltrer le mécanisme. Ce signal étant décodé, il ne reste plus qu'à chercher à débusquer l'origine de son immixtion ; et pour ce faire, un examen scrupuleux du seul passé très immédiat suffira amplement à l'affaire.

Encore un fois, chacun peut le constater pour son propre compte. Il arrive souvent qu'une angoisse diffuse s'infiltre alors même que la situation présente n'en paraît pas clairement responsable. La laisser prendre corps telle quelle, c'est vivre comme implacable son déroulement apparemment inconscient ; et c'est là le second trait discuté plus haut. En revanche, la prendre en considération de front, en réexaminant scrupuleusement de la façon la plus universellement valide les faits du passé immédiat, c'est imparablement s'en délivrer. Cela tient à ce que cette sensation d'anxiété ne fera pas le poids face à la détermination intime en marche. Et cela va se produire dès la mise en route du processus, sans qu'il soit besoin d'attendre l'émergence de quelque résultat notable. En outre, l'efficacité de cette volte-face sera d'autant plus décisive que cette réévaluation du passé immédiat se passera davantage hors de toute appropriation du moi mais en conformité avec un authentique universel.

Un autre trait purement existentiel marque le comportement de chaque bord, et ce sera le quatrième trait omniprésent. Du côté du mécanisme, il y a toujours une dissymétrie caractéristique dans la perspective sous laquelle sont vues les parties en présence. En outre, dans les mécanismes d'origine éthologique, il semble que cela soit systématiquement accompagné d'un émoi spécifique. C'est la jouissance de se croire au dessus des autres, ou l'incitation à tenter de se montrer le meilleur, ou encore dans d'autres cas, la colère face aux tentatives d'insoumission, ou bien à l'inverse, une certaine forme de complaisance dans la soumission servile, etc... Que dans les contextes d'origine biologique cette dissymétrie soit supportée par un émoi caractéristique, cela ne peut certes pas être considéré comme une étrange curiosité. Il va de soi, en effet, que pour que des mécanismes régentent efficacement les processus qui sont de leur ressort, un signal bien spécifique n'est pas de trop pour assurer leur déclenchement (mécanique, évidemment), et entretenir le maintien de leur emprise.

Le cas du débat, qui illustre ce propos depuis le premier trait, se prête à merveille, une fois encore, à exemplifier ce fait. Il s'agit tout simplement de la sensation qui habite chaque interlocuteur à se croire, puis chercher à le prouver, qu'il est bien meilleur que l'adversaire.

Bien entendu, tout ceci est parfaitement incompatible avec la spécificité de l'instance intime, qui encore une fois, demeure hors d'atteinte de tout élément comparatif. Finalement, trait assez pratique que celui-ci, puisque quiconque se surprend à jouir, ou bien être sous le joug de quelque sensation issue d'une certaine comparaison dissymétrique avec autrui, se doit de conclure qu'il est sous la mainmise d'un déroulement mécanique.

11.2 Les traits liés aux solutions

Deux autres traits apparaissent très naturellement à l'approche d'une solution. Tout d'abord, dans le clan du mécanisme, il se trouve que celle-ci ne peut être réellement atteinte et gardera nécessairement l'aspect de palliatifs de circonstance. Cela corrobore et même amplifie le troisième trait. Rien n'empêche que tout succès apparent soit remis en cause à tout moment ; et cela constitue une prise de choix pour tout relent d'anxiété. Ainsi, le tout s'installe dans le précaire, et ceci de façon implacable, c'est-à-dire sans échappatoire visible à l'horizon.

En revanche dans l'autre bord, si la solution est trouvée, elle apparait manifestement définitive. Si l'emprise signifiante a eu raison du problème, l'ensemble devient parfaitement compris. Toute remise en cause est bien plus qu'absurde ; elle est sans objet et nulle et non avenue, car bien incapable de faire reculer l'acquis qui vient de transfigurer la perspective. Car la solution possède le même caractère définitif qu'une démonstration proprement mathématique. Bien entendu, les choses sont clairement vécues comme telles. Dans le camp du mécanisme, tout y est subi comme précaire ; c'est en revanche achèvement accompli du côté de la signification. L'exemple du débat peut, derechef, se prêter à l'illustration de ce cinquième trait. Toute petite "victoire" acquise via des subterfuges relevant de la prestance ou de la vivacité de l'esprit ne saurait dépasser le niveau de succès ponctuel, qui aura tôt fait d'être remis en cause dès que le contradicteur aura su reprendre les escarmouches de même acabit. Toute autre, et de toute façon sans commune mesure, serait la sensation d'acquis qui accompagnerait toute solution, authentique selon le domaine de la signification. Tel serait le cas, par exemple, si l'un des interlocuteurs mettait le doigt sur un aspect qui caractérise le fondement séparant les points de vue. Or, pour comble, cet aspect verrait l'acquiescement de tous, adversaire compris, ceci dérivant de l'aspect universel de toute signification.

Toutefois, ici, la solution a pu être difficile à élaborer ; elle peut même se faire attendre durant un laps de temps prolongé. C'est pourquoi, bien que tout aussi discriminant que les quatre premiers traits, ce dernier n'a pas leur caractère exhaustif, car il demeure inapplicable tant qu'une ébauche de solution n'est pas en vue.

La même remarque s'applique au sixième trait, qui fait pendant au précédent. Toute apparence de solution du côté mécaniste reste particulariste alors que cela relève nécessairement de l'universel de façon définitive dans le clan de la signification. Le caractère particulariste peut s'appliquer à une seule personne, ou bien à un groupe bien précis, comme il peut tout aussi bien concerner une catégorie imprécise. L'accent universel, quant à lui, ne souffre aucune exception ; il s'adresse à toute personne, puisque c'est là le propre de la signification. D'autre part, il ne se réduit pas à une vision purement intellectuelle, mais se vit nécessairement dans une aspiration à faire partager l'événement. L'exemple du débat se conforme une fois encore à ce critère. Tout bénéfice provenant de la joute du pouvoir proprement dite ne sera doté d'aucun caractère de validité définitive ; et sa justification aura tôt fait d'être remise en cause à la première occasion. En revanche, une solution de l'ordre de la signification, par exemple l'explicitation précise d'une raison de fond expliquant la différence des points de vue, si elle ne se ramène pas à un subterfuge (auquel cas elle se reporte dans l'autre bord, celui du mécanisme), elle ne peut voir sa validité que liée à un aspect universel, c'est-à-dire, entre autres, indépendante des avatars dont le débat a pu être le siège.

Ces six traits, encore une fois tout aussi discriminants les uns que les autres, constituent une panoplie à usage de chacun permettant de débusquer au plus tôt le déroulement de faits et gestes imbriqués dans un engrenage mécanique, chaque fois que celui-ci a réussi à s'infiltrer. Ainsi, pour qui chercherait à s'assurer par ce biais de l'origine mécaniste concernant le processus du bouc émissaire, il suffirait de décliner ces six traits pour constater avec évidence qu'ils se situent tous du même bord, celui précisément du mécanisme. Immédiateté et soumission à un aspect inéluctable dans un arrière-fond d'angoisse y sont manifestes. La dissymétrie est vécue dans une certaine jouissance à se rassurer de pouvoir contempler l'aspect affligeant des individus mis ainsi sur la sellette. En outre, les deux derniers points fournissent la manne dont la presse spécialisée va pouvoir se nourrir : aspect particulariste, donc concernant les futures victimes, et nécessité de toujours remettre de nouveaux sujets sur la sellette, puisque cela ne peut en aucune façon être assorti du moindre trait de validité universelle.

De la même façon, le fait du pouvoir se laisse clairement ranger du côté du mécanisme selon ces six traits. En ce qui concerne l'immédiateté, elle est si décisive que le fait de se voir approché par un représentant de l'autorité occulte immédiatement sa propriété d'appartenance à la classe des personnes, pour laisser libre cours à l'incitation à la docilité, ou au contraire à la rébellion. La chape de plomb qui en résulte dans tout le déroulement qui s'ensuit est orchestrée dans un leitmotiv quasi unanime selon lequel telle est la loi de l'homme. L'anxiété est manifestement la sensation la plus évidente. La dissymétrie, lorsqu'il s'agit du dominé, est clairement vécue dans l'acceptation du rapport hiérarchique ou au contraire dans son refus via la condamnation implicite, voire même la rébellion; en revanche, en ce qui concerne le dominant, la même dissymétrie se trouve assortie de la sensation bien connue de la jouissance du pouvoir, qui constitue un des appâts les plus recherchés de la part de ceux qui ont fait leur choix dans cette quête; il est à mettre à l'actif de ce modèle de se montrer si facilement apte à rendre compte de ce que cette jouissance n'a aucun point de compatibilité avec le retentissement intime emprunt de profonde sérénité tout en baignant dans l'universel, qui correspond à tout aboutissement du côté de l'ordre de la signification. En ce qui concerne le cinquième trait, que le tout ne conduise à aucune solution définitive, cela constitue un élément supplémentaire pour alimenter le troisième trait. Et de la même façon, conformément au sixième trait, aucun épisode réglé par une quelconque action autoritaire n'a de chance d'atteindre quelque caractère universel que ce soit et reste rivé aux circonstances dans lesquelles tout cela reste ancré.

L'utilité de ces critères peut évidemment s'illustrer à travers nombre de faits, qu'il est bien entendu hors de question de décliner ici tant il est clair qu'aucune énumération, quelle qu'elle soit, ne saurait en constituer une liste exhaustive. Cependant, un aspect sur lequel il y a tout bénéfice à s'appesantir un brin, est la faculté qui en découle de pouvoir séparer très aisément les émotions directement issues du donné génétique, et celles qui procèdent de l'instance intime. Le cas de la jouissance de pouvoir, qui vient d'être évoqué, en constitue une illustration exemplaire. En effet, tenter de discuter sur ce thème, sans référence à d'autres considérations imbriquées dans le domaine de l'intelligible, a toutes chances de conduire à d'interminables démêlés. Par contre, replongé dans la panoplie de ces six traits, le constat devient flagrant. Il s'agit bel et bien de sensations d'origine strictement physique, qui se trouvent nécessairement assorties des cinq autres traits, et par conséquent ne sauraient figurer du côté de la spécificité de la personne. Constat qui ne saurait se réduire à un simple jeu intellectuel puisque celui qui fait sien ce type de jouissance, par voie de conséquence érige un infranchissable barrage à toute manifestation du retentissement intime, dans tout contexte où il laisse libre cours à cette jouissance.

C'est pourquoi, ce modèle ne va pas se priver de profiter de l'efficacité résultante, et donc se fera un plaisir de réutiliser ces critères dans toutes les considérations qui vont suivre.

11.3 Retour sur l'angoisse

Le chapitre précédent avait quelque peu anticipé sur l'énoncé de cette panoplie en invoquant l'application du processus du double jeu des mécanismes actualisateur et traumatisant à l'apparition et l'entretien des phénomènes d'angoisse. Ici, si l'on en croit les déductions de ce modèle, selon lesquelles les six traits qui viennent d'être évoqués sont systématiquement partie prenante de tout processus où s'engage une personne, tout comportement ayant choisi la pente du mécanisme se voit d'office sujet à l'angoisse, puisqu'il s'agit là du troisième trait.

Or, les lignes qui précèdent apportent un élément nouveau, dans la mesure où la détection d'une seule de ces caractéristiques entraîne la nécessaire présence des autres (à tout le moins parmi les quatre premières, si l'on est loin de toute ébauche de solution). Ceci va permettre de débusquer bien plus efficacement la soumission ayant joué le jeu de mécanisme actualisateur. Et dans cette perspective, un trait particulièrement critique va être le quatrième. Ceci aboutit à l'énoncé suivant. "À tout phénomène d'angoisse, il doit être possible d'associer un épisode au cours duquel la personne a accepté de se soumettre à un rapport dissymétrique avec autrui."

Un exemple particulièrement notoire est le spectacle de violences perpétrées par des spectateurs de certains sports, sur le stade ou même en dehors, où figure en tête le football. L'interprétation de ce modèle en est très simple. À se laisser porter tout le long d'un match par l'aspiration à voir son équipe favorite terrasser l'adversaire, le spectateur a explicitement choisi la voie de la soumission pleinement décidée à un rapport de dissymétrie ; et, conformément à ce qui vient d'être décrit, il a laissé s'instaurer les conditions qui vont rendre particulièrement actifs les relents d'angoisse, que les plus virulents n'arriveront plus à contrôler ; et ceci va tenter de se résorber dans la conséquence mécanique naturelle qui n'est autre que le déferlement physique.

Quoi qu'il en soit, voici un constat bien sympathique. En effet, devant tout relent d'angoisse, la détection de son déclenchement se ramène à simplement rechercher dans le passé immédiat les moments où l'on s'est laissé submerger par des rapports dissymétriques. Toutefois, il va de soi que cette détection ne suffira pas à elle seule. Il n'y a, en effet, aucune raison que tout se résorbe tant que le choix de l'autre bord n'aura pas été explicitement endossé. Par conséquent, l'éradication de l'angoisse ne pourra que passer par la réhabilitation, en son for intérieur, de la transcendance de l'instance intime propre aux parties en présence, en lieu et place du rapport dissymétrique en question.

Cela ne sera pas forcément si facile en ce qui concerne la partie adverse, surtout lorsque cette dissymétrie s'est vécue dans une mouvance de condamnation intime définitive. Nécessité il va donc y avoir de revenir à une toute autre ouverture d'esprit, qui se devra de substituer les décrets implicites péremptoires par une disponibilité toute en accueil. Et dans l'ambiance sociale de ce temps, ce ne sera pas une mince affaire. Mais c'est là le prix à payer, selon les déductions qui se sont imposées ici, pour éradiquer l'indésirable intrusion d'angoisse, et, ce qui n'est pas une maigre gratification additionnelle, lui substituer la sérénité spécifique du retentissement intime.

11.4 Un exemple : le racisme

Quoi qu'il en soit, et pour clore ce chapitre, il est de bon aloi d'illustrer cette panoplie sur un exemple particulièrement sensible, autour du thème du racisme. Déceler une origine mécanique aux comportements de racisme se fait sans coup férir. En effet, feront largement l'affaire les processus éthologiques de protection de la tribu, qui ont pour première conséquence le rejet a priori de tout étranger. Il serait particulièrement téméraire d'oser prétendre que le primate *Homo sapiens sapiens* ne posséderait pas dans ses gènes les mécanismes déclencheurs de ces processus, et par conséquent ne posséderait pas tous les ingrédients pour inciter à poser des actes de rejet de l'étranger.

Or il se trouve que l'origine mécaniste de ce rejet, via sa manifestation la plus dure, à savoir le racisme, est confirmée très simplement au crible des six traits énoncés ci-dessus. Tout d'abord, l'incitation à ce comportement y est vécue avec un double aspect d'immédiateté instinctive, et comme imposé de l'extérieur. Ce dernier trait a d'ailleurs été érigé en système d'inégalité des races par certaines théories de sinistre mémoire. L'absurdité de ces dérives a été mise en lumière par les biologistes eux-mêmes. Le concept de race y est en effet soigneusement défini, soit par des considérations sur des caractères en communs, soit par des propriétés génétiques (en particulier "la distance génétique"). Or, selon chacune de ces définitions, l'espèce *Homo sapiens sapiens* ne peut en aucune façon se voir subdivisée en races. Il s'agit d'une espèce exceptionnellement unifiée et qui ne comporte vraiment qu'une seule race![1]

En ce qui concerne le troisième trait, le tout baigne nécessairement dans l'anxiété. Quels que soient les succès qu'auront pu en certaines circonstances obtenir les partisans du rejet, rien ne pourra les mettre à l'abri d'une nouvelle menace d'intrusion. Quant à l'aspect dissymétrique, il est clairement mis en exergue par la classification en races inférieures.

Par ailleurs, il n'existe évidemment pas de solution définitive permettant d'échapper à cette menace. Ceci gêne les plus ardents partisans au point qu'ils n'hésitent pas à échafauder des délires d'éradication des indésirables, délires dont l'histoire a montré qu'ils pouvaient très bien devenir réalité!

Enfin le particularisme lié à ce comportement est manifeste puisqu'il consiste précisément à édicter le rejet de multiples groupes, autrement dit, à nier massivement l'universel.

Les six traits se retrouvent nécessairement ici, car telle est la sanction de ce

[1] À l'adresse de ceux qui seraient tentés de voir là une violation de "l'évidence" selon laquelle existe bel et bien la race noire, il faut rappeler qu'aucune classification n'accepte de faire reposer le concept de race sur la présence d'un seul et unique critère ; elle exigera qu'existent au moins deux caractéristiques qui appartiennent au même groupe, et à aucun autre. Et il se trouve qu'aucun observateur n'a jamais pu déceler un second trait à la fois commun à toutes les populations noires, et absent de toutes les autres! Et pour comble, la "couleur" noire ne provient même pas d'une propriété exclusive propre aux populations correspondantes, puisqu'elle n'est due qu'à la bien plus grande abondance de mélanine dans la peau de ces sujets que chez les "blancs", où elle figure bel et bien également, mais en bien moindre proportion. C'est d'ailleurs l'amplification de cette dernière qui est responsable du phénomène de bronzage.

qui se déroule hors de la signification, et par conséquent sous la primauté du mécanisme, qu'il ne soit pas ou qu'il soit, comme ici, d'origine éthologique. Ici, l'individu qui se montre différent engendre le rejet. Pour qui est tellement enferré dans un attachement animal à sa tribu au point qu'il a du mal à percevoir la perversion résultante, il suffit, pour l'aider à entrouvrir les yeux, de lui rappeler quelque fait où son propre clan s'est trouvé figurer du côté de la victime. Par exemple, pour un francophone, fera parfaitement l'affaire ce que les québécois ont baptisé "le grand dérangement". Il ne s'agit ni plus ni moins de ce que l'on désigne aujourd'hui par épuration ethnique : vers le milieu du dix-huitième siècle, les Acadiens ont été massivement déportés par les Anglais, pour, paraît-il, faciliter leur prise de possession du Canada. Quel que soit son degré de racisme, le francophone partisan de la pratique du rejet parviendra-t-il à trouver ceci acceptable dans le domaine de l'intelligence, c'est-à-dire en fin de compte de la signification ?

En ce qui concerne l'alternative, donc le point de vue issu de l'instance intime, elle ne rejoint nullement le thème en vogue du type "reconnaissance des différences". En tout premier, il est trop clair que c'est un aspect de différence qui sert de déclencheur à toute attitude raciste ; et d'ailleurs, même en ne retenant que ce qui s'y trouve de plus respectable, cela restera du ressort de la signification, et restera donc inadéquat pour qualifier quoi que ce soit relevant de l'instance intime. En outre, cette attitude n'a rien de vraiment efficace pour résorber toute anxiété liée au problème. C'est qu'en vérité ce thème reste par trop ambigu. S'agit-il d'une différence intrinsèque et non résoluble, ou bien d'une différence déstinée à servir d'instigatrice à un enrichissement du patrimoine commun ? Or il est facile de constater, dans le concret des choses, combien le point de vue de la différence intrinsèque est proche du racisme. D'ailleurs, ceci revient à cultiver l'aspect dissymétrique qui constitue le quatrième trait propre au clan mécanique. Ainsi voit-on quelquefois énoncé le principe selon lequel les "noirs" seraient plus doués pour le sport que les "blancs". Voici une assertion qui se montre clairement sous le jour d'un déclencheur de racisme. En effet, en contrepartie, rien n'est plus facile que de proférer dans la foulée l'hypothèse selon laquelle les "blancs" seraient plus doués intellectuellement. Répartie qui n'est pas si extravagante que cela, puisque un certain Adolphe Hitler avait fait de cette double assertion un de ses chevaux de bataille. C'est bien pourquoi ce thème respire la rechute en plein racisme.

Encore une fois, que l'on se retrouve en fin de compte aussi près des manifestations issues du mécanisme, cela se détecte d'emblée par le caractère de ce culte de la différence, qui, par son aspect ambigu ne pouvant exclure d'emblée la différence intrinsèque, n'enclenche pas vraiment un quelconque dynamisme qui permettrait d'atténuer une éventuelle anxiété sur le sujet. La raison de fond en est tout simplement que cela représente une simple étiquette plaquée sur le problème ; et cela ne délivre aucune esquisse s'attachant à une réelle compréhension de fond de l'intimité des faits.

Car pour ce faire, il n'est pas très sérieux d'éluder le préalable à toute prise en compte du phénomène en termes de significations. De façon définitive, il se trouve, en effet, que les mécanismes du rejet de l'étranger figurent dans le patrimoine génétique de chacun, qu'il le veuille ou non. Tenter de le nier n'est pas très différent d'une soumission docile à ce processus ; cela exclut toute vigilance sur le sujet, et permet ainsi d'en rester au niveau de la réaction immédiate ; il n'y a vraiment aucun bénéfice à esquiver la réelle compréhension des choses. Le premier trait, consistant au contraire à briser radicalement cette immédiateté, commence par la prise en compte de cette réalité génétique partagée par tous, condition nécessaire pour prendre un recul adéquat. Et cela conduira nécessairement à s'interroger sur les stimuli à la base de la réaction de rejet : quels sont les particularités les plus manifestes qui ont tendance, dans les cas réellement vécus, à déclencher ce mécanisme ? Ceci implique donc que le sujet prenne ce recul au point de se surveiller lui-même en tant qu'accessible à la réaction raciste.

Il est à noter combien se poser authentiquement la question ainsi c'est, du coup, se situer dans un irrésistible espace de liberté, et par là, se délivrer de toute réaction immédiate. Mais également cela permet d'emblée, dans le même temps, d'échapper à la soumission au mécanisme, puisque précisément il vient d'être mis sous haute surveillance. Autrement dit, l'instance intime en pleine action ne peut se détecter dans ces circonstances que comme le moi en train de surveiller la personne concrète qui l'héberge, à propos de ses comportements éthologiques, en vue de prendre connaissance de ce qui suscite les réactions qui l'animent.

Par ailleurs, il va de soi que cette vigilance doit s'appliquer à toutes les parties en place. Par exemple, il est bien connu que la réaction instinctive de rejet est attisée par un comportement symétrique en provenance de l'éventuel étranger, comportement qui procède évidemment de la même origine mécanique, et se doit par conséquent d'être, au même titre, l'objet d'une prise de conscience explicite. Ainsi cette prise de recul, propre à toute approche signifiante, va s'exercer en une investigation aussi précise que nécessaire de tous les stimuli attisant la sensation d'intrusion de l'étranger. Le but est de pouvoir les décrypter selon l'univers signifiant. Soit ils n'en font pas partie, et doivent par conséquent être débusqués en tant que tels, ce qui revient à mettre à plat leur caractère dérisoire[2] ; soit ils y figurent bel et bien, et par là même perdent immédiatement leur apparence de menace étrangère, ceci en vertu de l'universalité de toute signification. D'où l'on observe que ce culte de la différence est avantageusement remplacé par un dynamisme vigilant qui se charge de ranger les caractères "d'étranger" dans le camp qui lui revient : soit il ressort du détail insignifiant, soit il est destiné à devenir partie intégrante du patrimoine commun.

Voici pour les deux premiers traits. Or cette haute surveillance n'existe que par les bons soins de la détermination intime. Et celle-ci a pour caractéristique notoire de délivrer de toute préoccupation : les relents d'anxiété ont perdu leur emprise. On peut même assurer que le degré avec lequel l'anxiété se résorbe est en directe relation avec l'intensité avec laquelle la détermination est mise en œuvre pour tenter de déjouer les éventuelles réactions de rejets. Au contraire, toute esquisse pour éluder la moindre tentation de ce type sera inéluctablement

[2]C'est bien ce qui se passe lorsque l'on restitue à la couleur de la peau sa vraie raison d'être, à savoir la proportion de mélanine qu'elle contient, et qui détermine la couleur.

vécue du côté de l'instance intime comme une tricherie qui va immédiatement remettre actifs les relents d'anxiété, par le fait même que cela laisse prise à une menace laissée incomprise. En effet, tant que la compréhension définitive n'est pas atteinte, il n'y a qu'une alternative. Ou bien on se contente d'un à peu près, et cela n'est rien d'autre que l'abandon pur et simple de la partie ; et par conséquent le déroulement mécanique a pris le dessus. Ou bien la détermination intime persévère, et ceci sans aucune intention de céder avant l'élucidation finale et définitive. Manifestement, à tout moment, on ne peut se situer que dans un camp ou dans l'autre. Et du côté de l'instance intime ce sera l'éradication de l'irruption d'anxiété.

Par ailleurs, encore une fois, point n'est besoin ici que les succès en termes de compréhension soient déjà substantiels. La raison en est que la détermination intime, par nature même, reste inaccessible à toute approche signifiante, et de ce fait, dans le cours de son exercice, ne saurait prêter le flanc à quelque forme d'anxiété que ce soit, qui elle, ne peut prendre corps sans implication signifiante. Elle ne peut se vivre que comme une sorte de grandeur inaccessible par ailleurs, qui est le propre de la personne.

On constate, en outre, combien ceci renvoie hors de l'épure tout relent de dissymétrie entre les groupes. Ainsi, cela se confirme simplement à considérer les deux comportements antinomiques que seraient, d'une part, celui d'un groupe se présentant comme le seul pouvant exceller dans son domaine, et d'autre part, celui qui proposerait la participation de tous à ses propres originalités. Le malaise qu'engendre le premier s'oppose manifestement à un attrait patent enrobé de paix intime que tend à susciter le second.

Bien entendu, les rouages qui pourront ainsi être élucidés ne pourront que confirmer la substitution de l'anxiété par la paix intérieure. Cela est tout simplement dû au retentissement intime déclenché par la prise de conscience résultante, qui prend le relai de la détermination intime. En outre, cette détection ne peut que se voir nantie d'un aspect de solution définitive, lorsque c'est bien la prise de recul maximale qui la sous-tend. En effet, dès qu'un contexte donné a été clairement perçu comme conditionnement génétique conduisant au rejet, ceci le rend immédiatement anodin, car devenu manifestement hors de propos vis-à-vis de tout ce qui peut relever de l'authenticité de la personne. Si, au contraire, il s'agit d'une différence s'avérant en définitive porteuse d'effet signifiant caractérisé, les relents de rejets qu'elle aurait pu faire miroiter vont évidemment apparaître parfaitement hors de propos, et ceci pour toujours, puisque cet effet devient la source d'une nouvelle potentialité d'expression signifiante.

Un exemple peut à nouveau être tiré de l'expérience sportive. À l'approche de la compétition, nombre de pratiquants s'affichent sûrs d'eux-mêmes, parmi les gens de couleur, alors que, plus souvent qu'à leur tour, les autres se laissent envahir par le doute. Voici donc une différence que la détermination intime ne peut laisser incomprise. Mais là les simplismes ne sont pas de mise. Et il va falloir disséquer ce comportement. Ceci ne pourra éviter d'y déceler au moins deux composantes. La première est plus ou moins synonyme d'arrogance simpliste, et finalement renvoie à une forme de confiance en soi bien naïve, qui d'ailleurs peut fort bien ne pas être dénuée de caractère de différence intrinsèque, donc très proche du racisme. Mais ceci a tôt fait d'être désamorcé, puis inscrit dans le camp des traits dérisoires, et ceci d'autant plus facilement que, à l'inverse, émerge la prise de conscience de la seconde composante. En effet, il n'est pas difficile de constater combien cette capacité à se sentir davantage sûr de soi à l'approche de la compétition prend ses racines dans un ensemble d'acquis culturels concernant la pratique du corps, véhiculés par les groupes correspondants.

A contrario, pour qui veut prendre le temps d'y regarder de plus près, il paraît indéniable que l'activité sportive reste à un niveau ludique, et finalement peu sérieux, dans nos univers culturels traditionnels. Il suffit d'ailleurs d'observer le peu de cas qui est fait des professeurs d'éducation physique dans nos lycées et collèges, pour en déduire le crédit bien mince qui est concédé à l'investissement sportif. Or dans nombre de milieux d'origine antillaise ou africaine, la culture du corps, traduite en termes d'engagement sportif, peut prendre une forme d'intensité, pour ne pas dire d'absolu, qui va nécessairement donner une toute autre allure à toute pratique, que ce soit la compétition, ou que ce soit l'entraînement. Qui peut nier que cette forme d'engagement total ne devienne inéluctablement l'objet d'une authentique attirance pour qui prend la peine d'observer attentivement l'intimité des faits ?

Dans le même esprit, vis-à-vis du présupposé diffus qui semble bien avoir la vie dure selon lequel les "noirs" seraient plus doués pour le sport (alors même que les contre-exemples notoires pullulent), n'est-il pas plus satisfaisant de promouvoir l'évidence selon laquelle leur culture du corps a quelque chose à apprendre aux "blancs" dans la façon de s'engager le plus à fond possible dans la pratique sportive ?

Et voici cette composante de la différence devenue pôle d'attraction qui ne demande qu'à devenir le lieu d'une participation universelle. Ainsi donc solution définitive il y a, dès que les choses ont été décortiquées au crible de la compréhension signifiante.[3]

Ainsi, cette impression de libération indéfectible hors de l'emprise du mécanisme baigne nécessairement dans une ambiance d'universel, puisque c'est le propre de tout ce qui a trait à la personne. Voici qui illustre, une fois de plus, comment une nouvelle expérience, clairement perçue comme spécifique de l'univers de la signification, induit une attirance, qui, elle-même, devient le lieu d'une nouvelle promesse de célébration d'universel. Il s'agit là de moments dont tout un chacun peut se remémorer maints exemples, où figurent des expériences au cours desquelles il a accepté d'affronter des rencontres vers ce qui semblait a priori fort étranger.

---

[3] Il existe une tentative d'explication purement sociologique qui consiste à ramener une certaine prééminence des "noirs" dans certaines disciplines à la simple conséquence d'une sorte de recherche désespérée en vue d'échapper à un sort misérable qui, pour la plupart, les attend. Qu'il y ait quelque bien-fondé à consentir à cette hypothèse, cela ne saurait suffire pour récuser toute authenticité à la position ici adoptée. Il est manifeste qu'il y a quelque bénéfice au crédit de la reconnaissance des personnes, qui procède de la thèse assurant l'existence d'une authentique culture du corps chez certains groupes ethniques, qui ne demande qu'à se laisser diffuser dans tous les univers culturels dignes de ce nom.

Chapitre 12

La violence : un exemple concernant chacun

S'il est un double caractère manifeste propre à tout passage à l'acte en matière d'action raciste, c'est bien l'exclusive prononcée dans un premier temps, suivie dans un second temps de l'acte violent exercé sur la personne ou le groupe ainsi exclu. Or il s'agit là d'un double mouvement que l'on retrouve dans toute entreprise de violence pratiquée par l'homme. En effet, tant que le respect de la personne reste réellement vécu dans le concret, l'atteinte à autrui demeure hors de propos. Car il se trouve que pratiquement toutes les ambiances culturelles véhiculent cette sorte d'évidence : les attributs accordés à la personne restent attachés à une sorte de légitimité que chacun se plaît à reconnaître comme dépassant son propre bon vouloir.

Mais là où le bât blesse, c'est que, d'une part, les processus concrets rappelant cette évidence sont bien loin de constituer le tissu ordinaire de la vie, et que d'autre part, les fondements qui assurent cette légitimité sont bien mal ancrés sur leur base. Bref, les acquis de ce modèle sont complètement hors de l'épure pour les organisations sociales de ce temps. De là résulte un ensemble de comportements aux conséquences affligeantes, dont un pan représentant un véritable désastre humanitaire, sur lequel va se concentrer ce chapitre, est constitué par les méfaits de la conduite automobile.

12.1 Du respect de la personne

D'un côté, depuis longtemps déjà, la culture porte en elle une considération toute spéciale pour le fait d'être une personne. Dans la foulée, l'ordre social en place ne saurait demeurer en reste. Ainsi, toute expérience mettant en jeu autrui peut puiser dans un matériel a priori abondant véhiculant l'incitation à poser des actes servant à effectuer une reconnaissance explicite de la personne. D'un autre, de multiples mécanismes éthologiques ont été réutilisés pour manifester la décision de reconnaissance en ce sens. Telle semble être la poignée de main, déjà citée, représentant chez le chimpanzé une demande symbolique. Tel est probablement pour une part le sourire, qui semble issu d'une menace symbolisée, consistant à découvrir ses canines.

Dans la même veine, il est probable que les acquis culturels véhiculant le respect de la personne s'appuient eux aussi, au moins pour partie, sur des mécanismes éthologiques. Y figure, en particulier, un réflexe de cohésion dont toute tribu a besoin pour pouvoir subsister, et dont une des formes spectaculaires est le vol organisé de nombreuses espèces d'oiseaux migrateurs.

Ainsi tant que des stimuli, ou mieux des incitations signifiantes, manifestent leur présence en faveur du respect d'autrui, l'action violente ne saurait faire irruption. Tout cela doit nécessairement être occulté, voire rejeté, pour qu'elle devienne possible. C'est bien ce qui se passe dans les actes d'origine raciste : les marques trop évidentes de l'étranger ont rapidement raison de l'acquis supportant le respect de la personne.

Or cette éviction est le préalable sine qua non à toute coercition quelle qu'elle soit. Tout d'abord, de façon parfaitement évidente, les représentants de l'ordre établi rechigneront à exercer une action de simple police à l'encontre de l'un de leurs homologues ; ce détail, à lui seul, suggère déjà que cette pratique n'a vraiment rien à voir avec le respect de la personne ; sinon pourquoi s'y prêteraient-ils avec si peu d'empressement envers leurs confrères ? En outre, les exemples pullulent de cas de figure où une action de simple police sera également épargnée à toutes personnes se trouvant être soit l'objet d'une quelconque admiration, soit appartenant à une caste considérée comme très respectable. Autrement dit, les préposés aux actions coercitives ont le plus grand mal à passer à l'acte à l'encontre de personnes qui, à leurs yeux, méritent un respect tel qu'il n'arrive pas à se faire évincer par l'autorité des lois qu'ils se devraient d'appliquer. Le comportement similaire se retrouve du côté de la délinquance. Qui est connu d'un cercle de délinquants comme personne respectable selon leurs canons, devient strictement préservé de toute action de leur part.

En somme, existe tout un espace d'acquis pouvant servir de support et justification pour le respect de la personne. Les uns sont purement éthologiques, d'autres d'origine culturelle, enfin d'autres religieux. Le fondement résultant reste plus ou moins solide, ou peut plus ou moins voler en éclats selon la difficulté des situations rencontrées. Ainsi, dans le feu des actions conflictuelles, il n'en reste pas grand chose. De même, la plupart du temps, tout fondement s'estompe devant les ukases des dominants. Par exemple, en France, cela demeure toujours vrai à l'orée du vingt-et-unième siècle : toute personne incarcérée, qu'elle soit innocente ou non, perd dans les faits concrets à peu près tout droit au respect de sa personne.

Respect de la personne auquel certains aspirent tellement d'un côté, et pourtant si facile à balayer d'un autre, telle est la rançon d'un fondement finalement bien trop flou, et par conséquent particulièrement fragile.

En ce qui concerne ce modèle, deux niveaux fondent de façon intrinsèque le respect de la personne. À un premier niveau, là où est expérimenté un tant soit peu le caractère universel propre au processus de création-communication, toute atteinte, portée à quiconque est reconnu participant authentique, sonne comme un couac vis-à-vis de cet universel. À un second niveau, il apparaît que tout être disposant de la potentialité signifiante, est, par voie de conséquence, doté d'une instance intime, véritablement transcendante à toute représentation. Ceci implique que toute atteinte à sa personne physique ne peut apparaître que comme une pure violation de cette transcendance.

Aucun de ces deux aspects n'est vraiment véhiculé de façon explicite dans le contexte social environnant, d'où découle une assise bien fragile propre au respect de la personne tel qu'il est perçu à ce jour. Qu'il soit l'objet d'une aspiration extrême d'une part, et pourtant si peu assuré sur ses bases d'autre part, cela se montre flagrant dans cette surprenante contradiction si massivement partagée sous tous horizons. Il s'agit tout simplement de la très exigeante marque de respect que tout un chacun requiert pour son propre compte et celui de ses proches, comparé à la bien piètre vision qu'il accorde au flou indifférencié de la moyenne de ses congénères, et ceci alors que ne vient pas le moins du monde à son esprit une quelconque conscience de ce que la majorité de ces susdits congénères s'enferre complaisamment dans la même contradiction !

12.2 Le non-respect de la personne sur les routes

Tout ceci s'avère particulièrement lourd de conséquences ; et cela s'illustre de façon dramatique à travers une plaie aux innombrables séquelles douloureuses, qui, en outre, concerne tout un chacun, qui est le propre de la circulation automobile, puisqu'elle est, et de loin, la source du plus grand nombre de morts violentes dans les sociétés occidentales. En se cantonnant au cas de la France, force est de constater que la plupart des automobilistes transgressent nombre de règles de conduite, et ceci de façon volontaire, considérant qu'elles sont ridicules, voire franchement du côté de la brimade ; et dans la foulée, les incivilités vont bon train, et même parfois côtoient carrément la mise en danger d'autrui. En face, les pouvoirs publics cultivent pour seule parade l'exercice de la sanction. Au total, on se situe entièrement dans le déroulement des mécanismes éthologiques.

Le panorama n'a rien de reluisant. Or cela découle d'une logique implacable s'appuyant sur deux constats. D'un côté, le citoyen qui s'enferme dans son véhicule gomme du même coup nombre de repères supportant le respect de sa personne, puisque ceux-ci s'appuient pour une bonne part sur des manifestations d'origine éthologique ou conventionnelle. De l'autre, les ukases des pouvoirs publics sombrent bien souvent dans de véritables défis permanents des règles de la création-communication, telles qu'elles sont explicitées par le chapitre 7, et par là s'enferrent dans une spirale de la négation de la spécificité de la personne.

Qu'il s'agisse de pratiques franchement assises sur des comportements éthologiques, ou qu'il s'agisse d'habitudes tissées par les liens socio-culturels, la plupart des usages impliquant un respect d'autrui sont liés aux divers stimuli par lesquels un individu de l'espèce *Homo sapiens sapiens* reconnaît visuellement un congénère. En outre, ce lien est en grande partie mécanisé, et n'est que de façon rarissime rapporté à une claire prise de recul sur le contexte courant. Dès lors, la teneur de ce lien s'estompe très efficacement dès que l'aspect de congénère disparaît. C'est bien ce qui se produit lorsqu'une personne s'engouffre dans son véhicule. À la même vitesse où se dissolvent les marques sur lesquelles s'appuie la reconnaissance du congénère, le véhicule et son conducteur montent dans l'échelle des gêneurs s'opposant aux frasques que les autres voudraient se permettre. Chacun peut le vérifier pour son propre compte. D'ailleurs, a contrario, qui donc, se surprenant mener une conduite quelque peu agressive, n'éprouvera pas instantanément le besoin de s'amender si, d'aventure, il se met à imaginer que, parmi les véhicules où il cherche à se faufiler, se trouvent des personnes vis-à-vis desquelles il souhaiterait apparaître respectable ?

Ainsi, telle est la rançon d'un respect de la personne qui reste bien trop lié à un système sur lequel la prise de recul est rare, et même qui a tendance à s'appuyer sur des signes fort mécanisés. En ce qui concerne les injonctions des pouvoirs publics, qu'elles ne conduisent vraiment pas à ce qui pourrait rappeler le processus de création-communication, cela se lit dans moult de leurs incohérences érigées le long des routes. En effet, la litanie des multiples limitations ne peut que laisser éclater de façon criante de multiples hétérogénéités, pour ne pas dire contradictions. Par exemple, qui peut retrouver une quelconque trace de logique universelle dans la valeur des limitations explicites de vitesse ? Qui donc n'a pas croisé sur sa route des limitations intempestives, par exemple 30 km/h, à la traversée d'un village, alors que pour le village suivant, au parcours pourtant davantage sinueux, la limitation est plus conciliante ? De même que dire de la longueur de la séquence de chevrons indiquant les virages dangereux ? Comment le citoyen moyen peut-il prendre au sérieux une limitation générique de quatre-vingt-dix kilomètres à l'heure, quand cette vitesse est franchement inaccessible sur les petites routes de campagne, mais aisément dépassable en toute sécurité (au moins en apparence) sur les grands axes ? Comment accepter que le franchissement d'un stop au ralenti (par exemple à une vitesse inférieure à celle d'un piéton) fasse l'objet d'une sérieuse sanction, alors que cela n'est très probablement pas plus dangereux que le passage par l'immobilité totale ?[1] Dans la foulée, chacun est en droit de suspecter certaines pratiques de côtoyer carrément la brimade, voire le bizutage, telles les limitations imposées plusieurs centaines de mètres avant l'obstacle, ou bien, pire encore, levées plusieurs centaines de mètres après. Sans oublier les dangereuses omissions ; par exemple, maintes petites routes campagnardes gardent la priorité à droite sur des axes plus importants, de sorte que le conducteur respectant scrupuleusement le quatre-vingt-dix km/h sur ceux-ci ne disposera pas du temps nécessaire pour éviter le choc, si d'aventure quelqu'un se met en tête de profiter les yeux fermés de cette priorité !

Enfin, et c'est là un comble, il existe des catégories de comportements qui échappent à peu près totalement à la pratique de la sanction, et qui pourtant figurent dans les toutes premières causes des accidents graves. En tout premier, on trouve la distraction et la somnolence. Y figuraient également, jusqu'à un

[1] Par exemple, un véhicule roulant à 3,6 km/h (vitesse d'une promenade tranquille) et cherchant à s'immobiliser en appliquant un coup de frein simplement équivalent à l'accélération de la pesanteur, ne parcourrait que 5 cm.

passé récent, le non-respect des distances de sécurité. Mais l'obstination à tout régenter par la sanction a fait établir, au moins en France, un système de détection dont le niveau de simplisme n'a d'égal que l'arbitraire : chacun doit prévoir une distance représentant au moins deux secondes le séparant du véhicule qui le précède. Or de deux choses l'une : ou bien il s'agit de parvenir à s'immobiliser en cas de choc brutal du véhicule précédent, et alors les deux secondes sont bien trop insuffisantes ; ou bien il faut réagir à temps sur un coup de frein, auquel cas les mêmes deux secondes sont bien de trop, sauf en cas de grande distraction du conducteur. À ceci, il faut bien ajouter combien ceci côtoie l'absurdité, car le temps pour immobiliser un véhicule est proportionnel à la vitesse[2]. Ainsi voit-on la pratique forcenée de la sanction, cherchant à investir les espaces d'erreurs difficiles à authentifier, se fourvoyer dans des processus de détection qui demeureront bien malaisés, sauf dans les cas flagrants, et par conséquent généreront force discussions acerbes et déclencheront de multiples frustrations, et ceci pour un bénéfice qui risque fort de rester assez illusoire. Et finalement, il faut bien en convenir, ce serait peine perdue de chercher la moindre trace de prise en compte des personnes dans cette régulation s'appuyant sur ces deux secondes. Car dans le cas contraire, la plus élémentaire précaution aurait été la prise en considération de l'habitude qu'adopte systématiquement tout conducteur ayant quelque pratique, et qui consiste à évaluer de façon très différente ces mêmes distances de sécurité, selon qu'il se trouve derrière un véhicule complètement opaque, ou au contraire permettant d'apercevoir ce qui roule devant lui, grâce à une relative transparence de son vitrage, ce qui est le cas de la majorité d'entre eux.

Enfin, à ce tableau il faut adjoindre les contradictions internes qui en découlent. À titre d'exemple, si une file de voitures décide d'emprunter un rythme de promeneur (chacun a bien le droit de pratiquer le tourisme tranquille), le doublement de cette file devient strictement impossible, à moins que ne se présente une interminable ligne droite, permettant le doublement de la file d'un seul trait. Dans tous les autres cas, tout doublement d'un véhicule fera violer la règle sur les distances de sécurité, à l'instant où il faut se rabattre entre deux véhicules de la file continue. Plus ridicule encore, le dépassement d'un véhicule, dont la vitesse n'est pas très inférieure, devient pratiquement impossible.[3] Dans la même veine, lorsqu'un véhicule entreprend de doubler, le code de la route enjoint au conducteur se faisant dépasser de ne surtout pas ralentir. Mais si

[2] Ainsi, deux secondes représentent le temps pour immobiliser un véhicule roulant à 72 km/h, si l'on applique un freinage égal à l'accélération de la pesanteur ; dans les mêmes conditions, à 130km/h, il faudrait 3,61 secondes.

[3] À titre d'exemple, si, roulant à 90 km/h (soit 25 mètres par seconde), une voiture arrive sur un véhicule roulant à 82,8 km/h, (soit 23m/s), le différentiel de vitesse, qui est de 2 m/s, est suffisamment significatif pour envisager le dépassement. Mais pour cela, il faudra déboîter, et rester sur la file de gauche, tant que la règle des deux secondes ne sera plus satisfaite, aussi bien avant qu'après dépassement. Or ces deux secondes représentent, à 90 km/h, une distance parcourue de 50 m, ce qui implique une distance totale de 100m (avant et après) à couvrir selon le différentiel des vitesses de 2m/s, ce qui prendra la bagatelle de 50 secondes ! Mais pendant tout ce temps, il aura fallu parcourir 1250 m ! Finalement, dans un tel cas, le respect scrupuleux de la règle des 2 secondes interdirait tout doublement là où il n'y a pas visibilité sur plus de 1,25 km ! Autrement dit, pratiquement jamais !

au même moment vient d'apparaître un panneau annonçant une limitation de vitesse, qui normalement devrait entraîner une décélération, que faut-il faire ?

Finalement, joli spectacle que celui de l'univers coercitif, qui non seulement ne se sent nullement concerné par un minimum de cohérence, mais même s'avère incapable de couvrir de façon pertinente tout l'espace des risques encourus sur la route !

Bref, les limitations et autres règles de la circulation sont bien loin de montrer un visage de rationalité forçant quelque peu le respect. Ainsi, à faire discourir un concitoyen sur les risques de la route, dans un premier temps, on aura droit aux griefs adressés aux autres ; mais on aura tôt fait de constater que pour sa part, il y a nombre de règles qu'il se refuse à observer lui-même, les jugeant ridicules. Et là, il est manifestement difficile de lui donner systématiquement tort.

Au total, on assiste au spectacle suivant : d'un côté, les pouvoirs publics dispensent grande énergie à édicter des règles et à tenter de sanctionner leur non respect, de l'autre, l'investissement pour engendrer la conviction sur leur bien-fondé est dérisoire, ce qui a pour première conséquence qu'aucune réflexion n'est entreprise pour chercher à dégager une rationalité et une cohérence convaincante à leur sujet. Si ridicule il y a, ce serait de s'étonner de ce que le citoyen a bien du mal à trouver l'ensemble de cette régulation crédible. Finalement, c'est bien là le visage de processus parfaitement englués dans leur origine éthologique, se cantonnant à imposer la docilité plutôt que de faire appel à l'intelligence.

Ainsi, il n'est pas bien difficile de vérifier à quel point l'inhomogénéité des règles et sanctions rend difficilement crédible le bien-fondé de celles qui sont effectivement les plus sérieuses. Par exemple, la sanction risque, en France, d'être plus lourde pour le passage à grand ralenti sur un stop, que pour un excès de vitesse tel que 70 km/h dans un village. Or, si pour le premier cas le risque est probablement illusoire, c'est une tout autre affaire pour le second. En effet, une partie significative des victimes de la route sont des piétons, ce qui, bien entendu, est le fait de la circulation dans les agglomérations. Or un choc à 50 km/h correspond à une chute de près de 10 m (soit de l'ordre de 3 étages), dont les conséquences risquent certes d'être d'importance, mais ont cependant peu de chances d'être fatales. Ce n'est certainement plus le cas avec un choc à 70 km/h, qui correspond à une chute de près de 20 m[4], dont il n'y a vraiment peu de chance de réchapper. Ainsi, celui qui traverse une agglomération à 70 km/h endosse le passeport d'une mise à mort à l'encontre de tout piéton s'aventurant précipitamment et distraitement sur la route ! En fin de compte, mettre ainsi sur le même pied deux règles dont le bien-fondé de l'une est bien difficile à étayer, mais en revanche le risque couvert par l'autre est crucial, voilà un bien mauvais exemple pour engendrer et susciter la conviction chez le citoyen sur le caractère absolu que prétendent avoir les régulations décrétées par les gouvernants.

[4]La formule donnant la distance parcourue en fonction de la vitesse dans un mouvement uniformément accéléré (d'accélération g) est : $d = \frac{v^2}{2g}$, où l'on voit que la distance est proportionelle au carré de la vitesse

12.3 Auscultation selon les six traits discriminants

Le chapitre précédent s'est appliqué à dégager des caractéristiques permettant de débusquer imparablement ce qui se déroule sous l'emprise du mécanisme ou au contraire sous l'égide de la personne. Six d'entre elles sont ainsi mises en évidence, qui, du côté du mécanisme, se rangent respectivement selon les catégories suivantes : déclenchement en toute immédiateté, suite du déroulement subie comme imposée de l'extérieur, culture continue de l'anxiété, rapport dissymétrique entre les parties, impossibilité de solution définitive, et enfin aspect particulariste de toute apparence de solution.

Or, tout le système de la conduite automobile et de la régulation par les autorités, soumis au crible des traits discriminants, se retrouve systématiquement du côté du mécanisme, qu'il s'agisse de l'attitude du conducteur obstiné, ou des actions punitives organisées par les pouvoirs publics. Dans le premier cas, celui du conducteur, l'immédiateté est de rigueur, puisque toute prise de recul, aussi ténue soit-elle, impliquerait la claire conscience de ce que ce sont des personnes qui conduisent les autres véhicules. Le déroulement subi comme imposé se manifeste dans l'engrenage des décisions prises pour faire perdurer toute griserie attachée à la conduite, griserie qui fait partie intégrante du quatrième trait, dont le caractère émotionnel d'origine mécaniste est inhérent à la décision de tout faire pour se démontrer à soi-même meilleur qu'autrui, ce qui n'est autre que se complaire dans une dissymétrie obstinée vis-à-vis des autres conducteurs. Évidemment, le troisième trait a pour principal moteur la peur du gendarme. Mais il ne s'y réduit pas, et comprend notamment un malaise diffus relevant de nombre de petites frustrations, où figurent en bonne place les marques d'attitudes non conciliantes d'autres usagers. Ensuite, la remise sur le tapis, de façon incessante, des prises de risque démontrent à quel point toute forme d'aboutissement final reste hors de portée. Enfin, quant à l'aspect particulariste, il coule de source dans le cas présent.

De la même façon, pour les pouvoirs publics, l'immédiateté se manifeste concrètement à travers le refus non moins obstiné à envisager de quelque façon que ce soit la moindre critique concernant la validité de la règle qui a été transgressée. Il s'agit carrément du refus de toute prise de recul. Le déroulement des opérations de sanction va s'opérer de façon implacable, démontrant ainsi la soumission à un développement comme imposé. Ici le trait émotionnel est plutôt teinté de frustration au vu du non respect de la loi du dominant, assorti de la crainte qu'une sanction insuffisante ne favorise par trop la propension à récidiver, mais finalement, sanction qui, quelle qu'elle soit, ne suffira pas à calmer l'anxiété à voir les violations des règles se perpétuer. La dissymétrie est manifeste dans l'attitude du préposé aux actions coercitives, par laquelle il s'estime hériter des pouvoirs publics du droit à se situer au dessus du simple citoyen. Le cinquième trait, la non-résolution définitive, reste indélébile, malgré l'appel à la rescousse de leitmotiv tels que "la peur du gendarme", ce qui, finalement, n'est pas bien loin d'un système de chantage autour de la culture de l'anxiété ! Enfin la non-universalité est visible de façon flagrante à travers la disparité des règlements, qui devient encore plus aveuglante, si l'on se prend à comparer ce qui se passe en différents pays. À cela il faut ajouter la disparité dans la façon de les appliquer, qui relève bien davantage d'une sorte de loterie, et en tous cas ne rappelle en rien le visage de l'universel.

Face à l'action punitive, le citoyen va développer à nouveau toute une litanie de réactions qui derechef va se dérouler du côté du mécanisme, comme le prouve une fois de plus la lecture selon les six traits discriminants. Du moins tel sera le cas de celui qui refuse toute prise de recul sur l'éventualité de dangers engendrés par son comportement. C'est d'ailleurs là que réside l'immédiateté : refus de reconsidérer son comportement. Le déroulement est dès lors imposé de tenter de s'engouffrer dans toutes sortes de dénis concernant le constat effectué à son encontre, tout en tentant de mettre en cause le bien-fondé de la règle. Le trait émotionnel est évidemment le déferlement de la frustration qui pourra conduire le conducteur fautif, comme on l'observe fréquemment, à refaire une partie de la route en sens inverse, en multipliant les appels de phares, afin d'avertir les autres usagers de la présence de la maréchaussée. Ceci ne peut évidemment enclencher rien d'autre que de nouvelles anxiétés, bien orchestrées autour de la peur du gendarme. La dissymétrie se traduit ici par le rejet, restant la plupart du temps dans le for intérieur, nourri à l'encontre du gendarme. La non-résolution se manifestera dans l'investissement continu à bien mieux prévoir la présence de la maréchaussée pour la conduite à venir. Et il n'y a évidemment pas à épiloguer sur l'aspect particulariste dans lequel tout cela se déroule.

En résumé, bien que le respect de la personne figure déjà en bonne place dans les canons de la culture et de l'organisation sociale, la conduite automobile montre le visage d'un véritable désastre humanitaire : à l'orée du vingt-et-unième siècle, il y a toujours un nombre respectable de milliers de morts par an dans chacun des principaux pays occidentaux, y compris dans ceux où les règles policières sont les plus dures. Preuve que ce respect a un impact bien mince ici. C'est qu'en effet, du côté du conducteur d'une part, ce respect est bien loin d'être perçu dans tout l'extrémisme que lui découvre ce modèle, et en outre, il reste agrippé à trop de mécanismes et d'habitudes sociales qui vont se dissoudre dès que le citoyen s'enferme dans son véhicule. D'ailleurs, de façon parfaitement symétrique, le respect d'autrui est si faiblement rémanent dans les démonstrations de force de l'ordre social, que le conducteur qui vient de s'installer au volant ne dispose que de vraiment très peu de signaux qui auraient pu l'inciter à ne pas trop vite céder à ses propres petits comportements égocentiques. Et ceci va juisqu'au cas caricatural du conducteur peu à l'aise dans les virages ou tout autres contextes où le doublement est délicat, mais qui se remet à débouler délibérément dès la difficulté franchie. Tel est également le cas de celui qui se trouve fort gêné par les phares la nuit, ou encore celui du poids lourd qui peine dans les côtes, mais dévale les descentes très au delà des limites permises, tous autant de comportements dont le plus clair des conséquences est l'amplification significative de la dangerosité, ceci en raison des multiples frustrations que cela sécrète à chaque obstacle chez les usagers qui suivent mais qui doivent ainsi supporter une raréfaction abusive de leurs possibilités de dépassement.

Et l'on voit mal comment assister le citoyen à émerger de ces gangues d'égoïsme aveugle, dans la mesure où, du côté des instances de pouvoir, le visage de la régulation imposée sur les routes s'affiche en véritable déni de la création-communication, ce qui ne peut en définitive que côtoyer le mépris de la personne.

Ce bien piètre degré de reconnaissance attribué à la personne, ceci dans un contexte se situant aux antipodes de la prise de recul, peut s'illustrer de façon caricaturale avec la limitation de vitesse. Si en effet existait un argumentaire sérieux et convaincant sur la limitation maximale, il y aurait déjà belle lurette que les constructeurs eux-mêmes trouveraient complètement débile de mettre sur le marché des véhicules pouvant très largement dépasser ces limites. Or pour le moment, chacun se complaît dans ce système, qui ressemble aux agissements de celui qui mettrait à disposition des enfants une panoplie de jouets, mais assortis de l'interdiction de s'en servir !

Finalement, au crible de ce modèle, le corps social porte un respect envers la personne qui n'est vraiment pas à la hauteur du minimum qu'exigerait le risque encouru sur la route. Et le désastre résultant n'est que la conséquence inéluctable qui sanctionne la propension de chacun à pouvoir prendre entre ses mains, avec bien peu de circonspection, un objet pouvant s'avérer très dangereux pour autrui. Libre à quiconque de croire en une solution définitive, sans réviser de façon radicale cet état de choses. Toujours est-il qu'à ce jour personne ne s'imagine, dans les conditions actuelles, que celle-ci pointe à l'horizon.

12.4 Vers une solution crédible

Ce qui reste à montrer ici, c'est que ce modèle peut apporter la conviction qu'une solution définitive est possible. Et pour commencer, force est de constater que le respect de la personne, auquel il conduit, a complètement changé d'ordre de grandeur, et du coup devient insensible aux avatars mécaniques. En effet, puisque l'instance intime de chacun reste inaccessible à toute représentation quelle qu'elle soit, a fortiori toute tentative de réduire autrui aux faits et gestes qu'il vient de poser sonne comme la négation de l'authenticité de la personne, la sienne autant que celle de l'autre. Pour qui en est convaincu, l'inaccessible grandeur de l'instance intime qui en résulte devient complètement insensible aux détails du comportement, y compris les habitudes sociales dans lesquelles sont encapsulées les marques de respect d'autrui. Qu'elles soient visibles ou qu'elles ne le soient pas, cela n'a plus le moindre impact. En particulier qu'un conducteur s'engouffre dans son véhicule devient si anecdotique que cela ne peut plus avoir le moindre impact sur un respect de la personne rehaussé à ce niveau.

Ainsi les comportements moralisateurs n'ont plus place ici : les jugements rabaissants du type "faire ceci n'est pas digne d'une personne" sont remplacés par des constats invitant à un réveil de la prise de conscience (et donc de la prise de recul) : "Tu es en train d'oublier que tu es une personne". On fera difficilement croire que la réponse peut encore être du style "Cela m'est égal", à moins d'éprouver le plus grand mal à atteindre ce degré de conviction à l'égard de l'instance intime. Et, encore une fois, il ne s'agit pas là d'un jeu intellectuel, mais recèle la manifestation la plus concrètement spécifique de la personne.

Autrement dit, le respect inconditionnel dû à chacun va de pair avec le "j'existe absolument", et ceci dans un havre de paix intime inaccessible autrement. Ainsi un corps social qui serait habité par cette conviction, et dont un des objectifs majeurs serait de la faire partager aussi universellement que possible, aurait déjà parcouru une bonne partie du chemin. Pourtant, il ne s'agit pas là d'un état de choses résultant d'une construction lourde et laborieuse. Il ne s'agit que de rendre clairement consciente une vérité qui, selon ce modèle, existe et préexiste déjà de toute façon, qu'on le veuille ou non !

Mais un corps social qui reprendrait tout ceci à son compte ne pourrait manifestement plus se contenter, comme aujourd'hui, d'imposer ses régulations via le processus du pouvoir et de la contrainte. Comme on le sait déjà, il y a contradiction. Personne ne pourra éviter le détour par la création-communication. En clair, aucune règle n'est recevable, du côté de la personne, si elle n'est pas accompagnée d'un argumentaire vérifiable. Ce faisant, on constate manifestement que les traits discriminants entre mécanisme et conscience se retrouvent du bon côté. En effet, cet argumentaire reste dénué de tout aspect imposé de l'extérieur, puisque sa vérification pourra toujours être demandée par quiconque, et en cas d'échec être la source de rectifications ou de corrections qui ne pourront qu'améliorer les choses.

Désormais, l'anxiété n'a plus de point d'ancrage. Tout constat de transgression des règles peut toujours faire l'objet de telles vérifications si le sujet le demande, comme mentionnées ci-dessus, assorties de l'éventualité qu'il puisse avoir raison. Dans le cas contraire, et dans tous les cas où le sujet admettra spontanément son inattention, cela devient un élément nouveau pour chercher à améliorer l'efficacité des règles sur ce point. Par exemple, mériterait grande attention la voie qui consisterait à incorporer dans les véhicules des systèmes avertisseurs se déclenchant sur certaines signalisations, voire sur certains comportements du conducteur, car cela pourrait permettre à peu de frais de parer à quantités d'erreurs humaines, tant l'inattention représente un risque qui guette tout un chacun[5]. Bien évidemment, rien n'empêche quiconque de refuser le jeu. Dans ce cas, il pose un acte qui l'exclut lui-même de la spécificité de la personne ; et dans ce cas, le danger potentiel qu'il représente pourra permettre de lui restreindre ses droits en la matière, le temps qu'il persiste dans son attitude.

Il va de soi que cette pratique entraîne ipso facto l'éradication de toute trace de dissymétrie, puisque, précisément, elle consiste à rehausser le statut de citoyen à un niveau de prise en compte en quelque sorte absolu.

Dans ce processus, la solution est définitive, puisque ce qui est recherché est la conviction entière de tout un chacun, qui lorsqu'elle est acquise, par nature, n'a nul besoin d'être remise en cause. En outre, la plupart du temps, la solution serait atteinte avant que l'on ait eu besoin de constater des infractions, tant il paraît évident que les citoyens ainsi rehaussés dans leur propre responsabilité

[5]Par exemple, si la nécessité d'une limitation découlait d'un argumentaire imparable, alors il coulerait de source que la voie où elle s'impose se trouve équipée d'un dispositif lançant un signal approprié à tout véhicule ne la respectant pas, les véhicules disposant eux-mêmes de récepteurs qui, lorsqu'ils détectent le signal en question, enclenchent automatiquement le retour à la limite en question.

s'empresseraient eux-mêmes de participer à l'élaboration de l'argumentaire ou la vérification de son bien-fondé. Enfin, il va de soi que l'universel, qui, encore une fois, constitue un signe incontournable de toute validité signifiante, représente la lame de fond qui nourrit tout ceci, et de ce fait se présente comme un témoin indispensable de toute manifestation de la spécificité de la personne.

À titre d'illustration exemplaire, dans un tel contexte, la régulation concernant l'alcoolémie volerait en éclat. D'ailleurs à ce propos, elle étale aveuglément le non-universalisme si l'on se prend à considérer ses disparités selon les divers pays d'Europe occidentale ! De fait, pourquoi 0,5 mg/l comme en France, plutôt que 0 comme en Suède ? Et de toutes façons, aucune de ces limitations ne pourra trouver les moyens de faire figure honorable face au constat selon lequel, à jeun, le niveau de réflexe des citoyens est déjà extrêmement disparate. Et de ce fait, une personne aux faibles réflexes risque de devenir dangereuse dès les premières goutes d'alcool (à moins qu'elle ne le soit déjà à jeun !), au contraire de celui qui dispose d'un système nerveux des plus réactifs. C'est pourquoi, en réalité, le moindre débat sur ce thème convergerait automatiquement sur des considérations concernant la baisse du niveau d'attention et de réflexe induite nécessairement chez quiconque venant d'absorber de l'alcool. Et ceci conduirait inéluctablement à constituer un protocole de tests de réactions physiques qu'il serait facile de mesurer, et finalement de comparer à des normes numériques minimales pour avoir le droit de prendre un volant entre ses mains sans accroître significativement le risque sur la route. Dans ces conditions, ne gagnerait-on pas un considérable changement de conviction chez le citoyen s'il pouvait disposer d'un processus lui permettant d'évaluer lui-même de façon manifeste l'amplitude dont se sont vraiment dégradées ses capacités en matière de conduite sur la route ?

Évidemment, à l'encontre de tout ceci, nombre de critiques vont s'élever, quand ce ne sera pas le simple haussement des épaules. Et la prise en compte de ce point de vue va se voir taxée d'utopisme, de labeur inextricable, et de consensus impossible, tant seront nombreux les ergoteurs à refuser les points de vue adverses. À ceci il suffit de rétorquer que d'une part, les règles du débat énoncées au chapitre 8 s'appliquent rigoureusement ici, ce qui élimine d'emblée l'ergoteur ; d'autre part, le spectacle effarant que montre la conduite automobile aujourd'hui devrait suffire à faire accepter la mise en chantier d'expériences dans le sens esquissé par ce modèle. Enfin, dans cet esprit, une partie substantielle de l'énergie supplémentaire à requérir peut fort bien venir des auteurs d'infractions eux-mêmes. En effet, plutôt que la sanction actuelle, cela n'aurait-il pas une autre allure de leur demander, dès leur conviction atteinte, une petite participation à engendrer, a leur tour, la conviction chez autrui ?

Enfin, on ne fera certainement pas croire que l'état de choses actuel aux conséquences effroyables ne suscite pas une prise de conscience à vouloir prendre le problème à bras le corps, et ceci de façon efficace. En effet, malgré le résultat concret qui est un véritable désastre humain, l'écrasante majorité des citoyens refuse bon nombre de règles de circulations, et ceci en toute connaissance de cause. Par exemple, la limite de vitesse générale (quatre vingt dix, ou bien cent trente sur autoroute) est respectée, de façon durable et systématique sur les trajets sans contrôle radar, par moins d'un conducteur sur dix ; valeur encore plus faible pour l'immobilisation au stop. Et que dire du spectacle affligeant d'une file de voitures qui se met inopinément à ralentir : elle vient d'apercevoir une équipe de gendarmes sur le bord de la route. Bref, encore une fois, l'immense majorité des citoyens refuse nombre de règles de limitation les jugeant irrecevables, et, en face, les pouvoirs publics ont pour seule répartie la menace et la sanction, selon les lois simplistes des rapports de pouvoir. Qui peut nier que tout ceci se déroule hors de toute intelligence, selon un schéma qui doit tout aux plus simples relents éthologiques ? Qui peut ne pas souhaiter la mise en chantier d'une prise en compte d'un tout autre ordre, c'est-à-dire selon la spécificité de la personne ?

Bien entendu, se trouveront des voix pour oser prétendre que l'état actuel correspond à la loi de l'homme, et que l'on ne pourra y échapper. Bien entendu encore, ces prêcheurs de l'immobilisme, dans la plupart des cas, s'excluent eux-mêmes de toute responsabilité en la matière, et décrètent que ce sont "les autres", dans leur triste moyenne, qui forcent à ce constat. Ceci est évidemment irrecevable, car contradictoire dans les termes. Par exemple, si l'on se contente de l'avis de chacun en ce qui concerne uniquement sa propre attitude, on va miraculeusement constater une massive acceptation à s'engager dans un processus intelligent respectant les personnes. Et dans cet esprit, comment refuser de croire que la mise en œuvre d'un système de régulation, obtenu via la participation de chacun, devienne ipso facto la source d'un complet changement de l'ordre de grandeur de l'adhésion de tous, et que sa transgression volontaire ne pourrait que respirer la parfaite ineptie.

D'ailleurs chacun pourra vérifier que toute expérience affichant clairement cette condition, à savoir un processus intelligent respectant les personnes, provoque massivement l'adhésion. Par exemple, tout le monde peut reproduire pour son propre compte ce cas de figure, concernant les bouchons provoqués par deux files de voitures se rejoignant pour ne plus en former qu'une seule. Au moment où l'on devient concerné par l'opération de fusion des deux files, il suffit de se positionner à peu près au niveau du petit espace (souvent minuscule !) séparant deux véhicules de la file adverse, et laisser ostensiblement suffisamment de place devant soi pour le premier de ces deux véhicules, pour voir, à peu près systématiquement, le second effectuer très exactement la même manœuvre, laissant ainsi la place pour que l'on puisse également s'insérer dans la file unique. Et si l'on a l'occasion de jeter un coup d'œil dans le rétroviseur, on va pouvoir constater que le processus ainsi mis en place perdure fort longtemps. Enfin, dans les cas résiduels où un conducteur reste acharné à vouloir se faufiler coûte que coûte, il suffit de lui adresser un regard interrogateur assorti d'une touche d'étonnement, pour le voir s'extirper de son obstination et venir se rehausser au comportement civilisé qu'il se doit de montrer à ses propres yeux, lorsqu'un niveau de conscience approprié a pu refaire surface.

Par conséquent que les hommes soient dans l'ensemble incapables de se dégager de leur poids de mécanismes et d'animalité, cela relève de la bévue que personne n'acceptera de s'attribuer à lui-même. Et c'est bel et bien le contraire que chacun revendiquera à son endroit. Bien rares sont ceux qui refuseront de se montrer dignes d'un élan respectant les personnes, chaque fois que l'occasion leur sera mise en avant de façon manifeste.

Il existe toutefois un autre obstacle à franchir. Il concerne le tout petit nombre de personnes à qui est octroyé le droit de décider de tout. Il va de soi que leur enlever leur petit pouvoir ne sera pas une mince affaire. Et pour s'y cramponner ils auront beau jeu de brandir la menace de règles trop complexifiées. Pourtant cette riposte ne tient pas ; c'est au contraire les simplismes des règles d'aujourd'hui qui n'inspirent aucun respect, puisque, en définitive, presque personne ne les applique systématiquement ; à tout le moins, presque personne ne les applique de façon spontanée sans la menace coercitive ou la peur du gendarme. Et s'il existe une attitude ridicule, c'est bien celle qui consiste à s'arc-bouter sur un statu quo reposant sur un système de régulations que la presque totalité se refuse à observer, ou, à tout le moins, se refuse à considérer comme bien fondé dans ses grandes lignes.

De toutes manières, polémiquer ainsi n'ouvrira nulle perspective, car chacun sera tenté de camper sur ses positions. Il existe pourtant une piste évidente pour s'efforcer de déciller les plus obstinés. Elle consiste à jouer le jeu démocratique le plus à fond possible, là où il peut avoir prise. Cela concerne en particulier les régulations qui sont de la responsabilité des municipalités. Ici, personne ne peut empêcher un conseil municipal d'instaurer un système de règles concernant la voirie qui est de son ressort, dont toute décision serait assortie d'un argumentaire public, et sur lequel tout citoyen aurait les moyens d'intervenir, selon les principes de la création-communication évidemment. Dès lors, rien ne pourrait s'opposer efficacement à l'éclosion d'un jeu de régulations de plus en plus respectueuses de l'intelligence, donc des personnes ; et ainsi rien ne pourrait faire barrage à l'irrésistible cohésion qu'un consensus ainsi décidé par tous permettrait de cimenter entre chacun.

Chapitre 13

La violence : cas général

Les considérations relatives à la violence sur les routes ont ceci d'incontournable : tout un chacun est concerné. Nul ne peut prétendre être à l'abri d'un accident sérieux dont il serait responsable, et qui serait intervenu consécutivement à un instant de distraction ou bien suite au non-respect inopiné d'une règle de conduite. C'est probablement pour cette raison que l'immense majorité des citoyens refuse d'accorder à ce mal, pourtant le plus générateur de peines, la réprobation qu'ils affichent envers les autres violences, car pour celles-ci, il est beaucoup plus facile de désigner les responsables comme étant "les autres", c'est-à-dire ici les délinquants au sens usuel.

Un problème majeur à cet égard en dérive, car, du fait de cette quasi unanimité à l'encontre des coupables, la vindicte d'origine mécanique peut se donner libre cours ; dès lors, dans le même mouvement, les institutions répressives prennent le relai, et cultivent une violence organisée implacable à l'encontre du fauteur de troubles. Si l'on en croit les faits, ceci n'atténue en rien une violence parfaitement symétrique de la part de ce dernier ; et ceci entraîne, semble-t-il de façon assez inéluctable, que chacune s'amplifie en réponse à l'autre.

Quoi qu'il en soit, c'est un jeu d'enfant de retrouver dans chacun des deux cas les six traits caractéristiques de l'origine mécaniste.

13.1 Le premier trait discriminant

Qu'il s'agisse des actes de violence ou de l'engrenage de la répression, c'est bien l'immédiateté qui caractérise la décision par laquelle s'enclenche le processus. D'un côté, l'incitation à perpétrer un délit n'a aucun caractère de prise de recul, même si sa mise en œuvre se fera après moult calculs et précautions. Elle procède en effet d'une envie purement instinctive, relevant de toutes sortes d'incitations d'origine éthologique comme par exemple l'appropriation, la vengeance, l'appétit sexuel, voire même la bravade explicite de l'autorité, mais en aucun cas elle n'est conséquence d'une démarche ayant sa source dans le cadre de la prise de recul. D'ailleurs, chez le petit délinquant, bien souvent elle ne dépasse même pas la simple incitation infantile à s'approprier l'objet qui vient de susciter la convoitise, ce qui relève, ici encore, d'un déclenchement purement éthologique. En tout état de cause, dans ce cas-ci comme dans tous les autres, l'immédiateté est une constante imparable, généralement accompagnée d'un émoi physique caractéristique. D'ailleurs, ceci peut très bien survenir chez quiconque, sans que pour autant une suite ne lui soit donnée. Mais si la décision de s'y soumettre est entretenue, ce n'est pas parce que sa mise en œuvre fera l'objet de maintes réflexions que cela atténue en quoi que ce soit l'immédiateté originelle ; en effet, le déclenchement de telles pratiques ne peut que s'opérer sous la dépendance d'une soumission à cette incitation et ses émois propres, bel et bien subis docilement en continu. Là se situe toute la différence entre les deux cas puisque, dans l'autre, une rupture est effectuée vis-à-vis de cette sollicitation mécanique, ceci de par une prise de recul qui en délivre à coup sûr, au contraire de l'obédience mécanique qui se résume à entériner la soumission à cette immédiateté.

Il en est de même de toute démarche punitive, source de toute intervention d'une autorité sévissante. Elle ne procède que de la réaction instinctive vengeresse, laquelle s'appuie pour l'essentiel, d'une part, sur les gènes du dominant, car le délit constitue une tentative de viol de son autorité, d'autre part, sur les mécanismes génétiques de la défense de la tribu[1]. Par ailleurs, elle a tout le mal du monde à se déconnecter de cet émoi physique caractéristique, qui, lorsqu'il s'agit d'un simple citoyen, se nomme la colère. Et comme il se trouve que les contextes culturels d'aujourd'hui ne glorifient nullement ceux qui la laissent éclater, de gros efforts seront faits pour tenter de la camoufler, et éviter de la laisser poindre au grand jour.

Que par la suite la démarche punitive s'étende dans le temps, cela ne change rien à l'affaire et n'atténue en rien son émergence initiale proprement immédiate à laquelle elle reste parfaitement soumise dans toute la suite de son déroulement. D'ailleurs, à partir du moment où le délit est dûment constaté, il n'y aura pas la moindre trace de prise de recul à l'égard du dilemme : faut-il sévir, ou chercher une autre solution ? Là, l'engrenage est implacable ; il ne reste pas le plus petit interstice pour permettre une quelconque émergence d'alternative à la répression. Il s'agit d'ailleurs là d'un aspect bien souvent ignoré de nombre de citoyens. En effet, beaucoup s'imaginent que se confondre en excuses et autres promesses de ne plus recommencer va leur permettre d'échapper à la sanction. Et là, le réveil sera quelque peu brutal à constater qu'il n'en est rien, et que le processus pénal va suivre son cours, en prenant vraiment très peu en compte ces marques de repentir... Et encore, heureux lorsque cela ne sera pas assorti de reparties venimeuses du genre "il fallait y penser avant !"

Il va de soi que, devant une telle affirmation, le chevronné de la répression aura une irrésistible tendance à la taxer de contestation brutale et intempestive tant il est enferré dans la conviction d'avoir à défendre un ordre établi, accepté, voire subi en toute docilité, par l'immense majorité des citoyens. Mais cela aura

[1] Le chapitre suivant prendra à son compte quelques considérations additionnelles sur l'existence d'attributs d'origine éthologique assurant la propension à vivre en tribus.

toutes chances d'être peine perdue aux yeux de ce modèle, tant il va lui être facile de renvoyer dans l'inconsistance, voire la contradiction, les justifications mises en avant en faveur de la pratique de la punition. Et donc, il ne va pas se priver de l'illustrer par quelques considérations en ce sens. Et il va ainsi s'appesantir un tantinet sur quelques exemples s'appliquant à évaluer comment la réalité est tissée de cette immédiateté découlant du fondement génétique propre à toute démarche punitive. Ce tour d'horizon va s'effectuer selon trois axes. Le premier se contentera d'observer comme les termes mêmes de ceux qui prônent l'ordre pénal se conforment pratiquement à l'identique à la mise en branle des mécanismes éthologiques. Ensuite, il y a lieu de sonder la teneur d'un certain nombre d'arguments présentés en faveur d'une réelle intelligence servant de tremplin à la décision de sévir, et ceci de deux façons. L'une consiste à évaluer la crédibilité d'une certaine panoplie de justifications appelées à la rescousse, l'autre s'intéresse plus précisément à la cohérence interne des pratiques résultantes dans la réalité.

Le justificatif majeur invoqué par les tenants de l'ordre pénal se ramène à brandir la nécessité de défense de la société. Et pour ce faire il devient indispensable d'établir un système répressif doté d'un pouvoir absolu, dont les décisions se doivent d'être définitives. Il n'est tout de même pas banal de constater combien cette vision se colle presque à l'identique sur le couple éthologique : défense de la tribu, assortie du pouvoir des dominants se devant d'assurer ce rôle. Bien entendu, puisque chez la gent animale cette machinerie sert à se protéger soit de l'étranger soit de l'ennemi ou du prédateur, il faut bien qu'un équivalent soit à l'œuvre chez *Homo sapiens sapiens*. C'est chose faite grâce au mécanisme du bouc émissaire, préférentiellement mitonné selon la division du monde en "bons et méchants".

Il va de soi qu'une similarité si proche de l'identique ne plaide évidemment pas en faveur de la crédibilité de l'hypothèse d'une réelle démarche intelligente se mettant en branle en lieu et place de la réaction en toute immédiateté. Or, il se trouve que la teneur des diverses justifications n'améliore pas le bilan. Trois thèmes sont ici évoqués, qui ont pour titre l'autorité supérieure, le rempart de la démocratie, et enfin la référence religieuse.

Tout d'abord, d'une façon très générale, force est de constater que les partisans du sévice se complaisent à invoquer l'appel à la rescousse d'une autorité supérieure laquelle prétendra disposer du droit d'avoir recours à la démarche répressive : la nation, l'État, ou le peuple. Or cette revendication a le malheur, d'une part, une fois de plus, d'évoquer une grande similarité avec le principe d'un ordre de dominants, mis en place chez l'animal par l'évolution, et parallèlement d'autre part, de ne pouvoir faire montre de la moindre cohérence effective avec la réalité. En effet, il n'existe pas de cas de figure où cette "autorité supérieure" pourrait se voir consultée. Bien au contraire, le magistrat garde très jalousement tout le pouvoir entre ses mains ; et il ne se privera pas de provoquer un tollé si d'aventure quelque politique se mêle de tenter d'en atténuer les effets. Dans les temps jadis (et encore de nos jours dans certains cercles religieux), cette autorité supérieure était Dieu lui-même ; façon de ne pas avoir à demander l'avis de quiconque ! Dans le même esprit, nombreux sont ceux qui font reposer le droit à sévir en assurant que tout cela est au service du bien du peuple. Or ce concept de peuple correspond à un flou assez indifférencié regroupant tout un chacun. Mais malheur à celui qui s'extirpe de ce flou ! Il risque fort de se voir retirer la propriété d'appartenance au peuple dans la mesure où il risque de se retrouver dans le collimateur de la susdite autorité, dont la tendance va être grande de le faire basculer dans le domaine de pâte propice à l'exercice de son pouvoir. C'est ainsi que, dans la pratique la plus courante des vérifications policières, quiconque possède quelque trait de non-conformité avec ce magma indifférencié baptisé "peuple", encourt un bien plus grand risque de se voir interpeller.

C'est bien pourquoi tous les appels à la rescousse d'autorités supérieures, qui, dans les faits, ne sont jamais consultées, voire même sont explicitement non consultables, peuvent difficilement emporter une sérieuse adhésion ; elles tendent plutôt à évoquer, de par l'absence de tout argumentaire explicitement vérifiable, la nécessité de se rabattre sur quelque subterfuge a posteriori, ce qui est une façon de tenter de gommer cette sensation d'être imposée de l'extérieur résultant de la soumission au mécanisme qui semble bien constituer le fondement de toute pratique du sévice et de la punition. Quoi qu'il en soit, pour quiconque voudrait insister sur le bienr-fondé de l'autorité supérieure, il ne pourra en aucune façon compter sur la moindre adhésion ayant quelque caractère de rationalité sérieuse, tant qu'il n'aura pas pu déceler un quelconque système de vérification qui devrait impérativement y être attaché.

Un second thème appelant quelque considération est l'assertion selon laquelle le système judiciaire serait le rempart ultime de la démocratie. Là, on ne peut que rester perplexe devant le constat selon lequel toute dictature, aussi dure soit-elle, est assortie d'un appareil judiciaire plus que semblable à celui que l'on connaît dans nos républiques. Et à ce propos, il semble plutôt que ce soit le propre de toute instance de pouvoir de se doter de structures nanties du droit de décider sanctions et répressions. Et en guise d'illustration, si l'on se permet à nouveau un petit détour vers le sport, il va paraître assez flagrant que plus le sport se déroule sous le joug de rapports de pouvoir, plus ses instances punitives prennent la place et occupent le terrain. Ainsi donc, à scruter de près les organisations de l'homme, au contraire de l'assertion ci-dessus, le droit à la punition semble bien davantage relever d'un attribut dont se dote le pouvoir.

Chacun l'aura bien compris. Il ne s'agit pas, ici, de dénier tout bien-fondé à ce thème de rempart de la démocratie. En réalité, il s'agit d'une propriété additionnelle attribuée aux systèmes judiciaires de nos démocraties, via la règle de la séparation des pouvoirs, et qui permet de constituer une sorte de contre-pouvoir, face aux éventuels excès de l'exécutif ; et il n'est nullement question, ici, de dénier l'apport, en termes de liberté publique, que cette séparation contribue à sécréter dans les états où elle est mise en pratique. Ce qui est discuté ici, c'est qu'il s'agit là d'une particularité qui suppose d'emblée que soit entérinée au préalable l'existence d'un pouvoir disposant du droit au sévice, ce qui permet, au passage, d'éviter de se poser la question de son bien-fondé originel. C'est pour cette raison que ce principe ne peut en aucune façon servir d'appui pour déceler une origine de nature autre que celle qui s'est avérée revenir au donné éthologique d'*Homo sapiens sapiens*.

Un troisième thème qui fait sérieusement grincer les rouages est le rapprochement que l'on peut effectuer, dans quantité de démocraties occidentales, entre, d'une part, l'appartenance dont se réclament nombre de personnes à des variantes de religions dites chrétiennes, lesquelles se basent sur des écrits bimillénaires répertoriés sous le nom d'Évangiles, et d'autre part leur adhésion, voire leur participation assidue, à la pratique de la punition. Or cette même pratique est vigoureusement désavouée, voire condamnée, dans ces mêmes écrits, ainsi que tout droit au jugement sur autrui[2]. Cette contradiction est si flagrante que pour qui veut s'abstenir de pratiquer une quelconque forme d'exclusive à l'égard de ces praticiens de l'ordre pénal, on voit mal quelle alternative adopter autre que celle qui oblige à se rabattre sur le constat selon lequel aucune démarche de l'ordre de l'intelligence n'a réellement pris le temps de s'infiltrer dans les engrenages génétiques de l'incitation au sévice, ce qui est une façon de confirmer que celui-ci se déclenche en parfaite immédiateté selon les mécanismes éthologiques.

Ce bilan bien peu reluisant à l'égard d'une éventuelle prise de recul dont procéderait le droit au sévice ne va malheureusement pas s'améliorer au vu des incohérences qu'il est trop facile d'observer dans la réalité. Quatre exemples sont ici mis en avant.

Le premier montre combien faible est l'impact de la rationalité dans le déroulement du processus judiciaire. Par exemple, la loi française introduit dans le rôle du juge d'instruction l'obligation d'instruire à décharge aussi bien qu'à charge. Or nombreux sont les cas où l'instruction à décharge est à peu près inexistante. Et bien, malgré cela, rien n'entamera la validité de la démarche, et tout continuera à se développer conformément au bon vouloir du dit juge. Le parallèle avec les règles en usage dans tout l'univers scientifique démontre à quel point il s'agit de pratiques qui ne figurent pas dans la même galaxie. Ici, aucune expérimentation ne pourra être retenue si elle ne suit pas scrupuleusement le protocole qui aura au préalable été défini. Que cela ne s'applique nullement au déroulement du processus judiciaire, voilà qui ne milite pas, une fois de plus, en faveur d'une prise de recul en lieu et place de la loi génétique d'*Homo sapiens sapiens* !

En ce qui concerne la seconde classe de faits, force est de constater que nulle prise de recul ne permet de pondérer le poids des sanctions en les comparant les unes aux autres. De ce fait, il est très facile de rapprocher des décisions judiciaires dont la disproportion est telle que l'on voit mal comment elle pourrait faire bon ménage avec toute tentative de primauté que l'on souhaiterait attribuer à l'intelligence. À titre d'exemple caricatural, voici une comparaison qui pose quelque problème. Il y a quelques années, un visiteur de prison a écopé de plusieurs mois de prison ferme pour avoir transmis, depuis le quartier des hommes vers le quartier des femmes, une lettre d'amour entre deux détenus, car

---

[2]Exemples : "La paille et la poutre"(Matthieu 7 1-5 ; Marc 7 37-8 ; Luc (6 41-42) ; Jean 8 7) ; ou encore la parabole de l'ivraie (Matthieu 13 24-30) ; l'exigence de pardon en de multiples occasions, dont Matthieu 18 23-35, ainsi que le fameux couplet sur la gifle (Matthieu 5 39-40 ; Jean 6 29) ; l'amour des ennemis (Luc 6 27-35) ; l'interdiction de tout jugement (Luc 6 37-38) ; etc...

transmettre quoi que ce soit en provenance d'un détenu est interdit par la loi. Or, il se trouve que quiconque est la cause d'un accident mortel sur la route, suite à une simple distraction, n'encourt, dans la réalité, aucune peine de prison ferme. Dès lors, celui qui continuerait à prétendre que la prise de recul préside à une pondération explicite des sanctions, se devrait de conclure que transmettre une lettre d'amour entre détenus constituerait une action beaucoup plus grave que de tuer quelqu'un sur la route ! Évidemment, il n'est pas sorti d'affaire celui qui prétendrait pouvoir assortir ceci d'un argumentaire digne de la rationalité ; et il aura fort à faire pour éradiquer toute trace de l'impression la plus manifeste qui en dérive, selon laquelle le poids relatif de ces deux types de décision évoque à s'y méprendre le degré de gravité perçue en termes de violation du pouvoir du dominant. Et derechef, voilà qui plaide pour la parfaite immédiateté, en toute soumission aux mécanismes biologiques.

Poursuivant les rapprochements avec la rationalité, il y a lieu d'évoquer la dispararité flagrante qui avec évidence peut se constater avec le comportement en vigueur dans les sphères techniques. En effet, chacun peut observer que vis-à-vis d'un appareil au fonctionnement défectueux, si la tentation initiale peut être grande de le prendre à partie pour avoir osé tomber en panne, il y a tout intérêt à s'en abstenir (tiens, tiens, prise de recul !) si l'on veut éviter tout dégât supplémentaire, et bien au contraire s'adresser au spécialiste qui aura pour tâche de comprendre pour réparer. Pour les objets techniques, nécessité de la réparation il y a. Mais non pas pour les personnes ? Pour les mécanistes, l'argument semble définitif, mais pas pour le tenant d'une certaine spécificité de la personne. Nombreux sont ceux, en effet, qui sont tentés d'invoquer des arguments additionnels du genre : les lois de la conscience ont été violées par le délinquant, et ceci mérite sanction. Que nombre de tenants de la punition arrivent à se satisfaire ainsi d'un tel argument par lequel ils puissent s'autoriser à traiter le fonctionnement défectueux des personnes autrement moins bien que ce qui se pratique pour les objets techniques, cela mériterait au minimum d'être assorti d'une démonstration parfaitement irréfutable.

Or, le flou dans lequel tout cela mijote laisse plutôt suspecter le domaine du décor en carton-pâte. En effet, non seulement il n'est pas tiré d'affaire, celui qui chercherait à expliciter sérieusement un argument convaincant qui pourrait ainsi autoriser à traiter moins bien la personne, sous prétexte qu'elle dispose de l'attribut supplémentaire que constitue la conscience, mais d'autre part, cela ne fait pas bon ménage avec les faits ; en effet, en se reportant aux statistiques, l'écrasante majorité de la population carcérale vient des dix pour cent les plus défavorisés de la population totale. Par conséquent, si l'on en reste à l'argument du punisseur, on voit mal comment éviter de conclure que plus on naît pauvre, plus on a la conscience mal fabriquée !

Enfin, pour clore cet aperçu qui porte à croire que les processus répressifs et ce qui régente les sphères techniques ne cohabitent pas dans la même planète, voici un autre aspect qui enfonce le clou et qui n'est autre que le principe dit du "fait nouveau". Dans le système judiciaire, une fois une décision prise, rien ne peut venir amender son effet, hormis l'apparition d'un fait nouveau, c'est-à-dire un élément qui n'a pas été explicitement examiné au cours de l'audience ayant abouti au jugement. Par conséquent, tout élément ayant fait l'objet d'un tel examen ne peut être remis en avant, même lorsque l'on s'aperçoit que les conséquences qui en ont été tirées s'avèrent incomplètes, voire erronées. Autrement dit les instances judiciaires n'acceptent pas de s'être trompé sur les conclusions qu'elles ont apportées à l'égard des faits qui lui ont été soumis.

Et bien, heureusement que l'univers scientifico-technique a, depuis longtemps déjà, abandonné une telle pratique. Et même c'est le contraire qui est scrupuleusement mis en application. On y est tellement persuadé que l'erreur fait partie de tout processus, qu'une part très importante de l'énergie dispensée consiste précisément à tenter de la débusquer le plus tôt possible. Et bien entendu, lorsqu'elle apparaît après que toutes les conclusions aient été prises, la remise en cause de tout l'ensemble va être entreprise avec la plus vive détermination. C'est pourquoi le privilège que s'attribue le système répressif rappelle une fois de plus le processus du pouvoir qui refuse à voir ses dictats remis en cause, ce qui l'empêche de chercher à se rehausser au niveau des pratiques qu'a dû adopter le monde technique, pour réussir dans ses objectifs, et voir fonctionner des programmes informatiques, rouler des TGV, voler des avions et décoller des fusées. Encore une fois, voilà des pratiques judiciaires qui se démarquent on ne peut plus des sphères où l'intelligence est la seule référence acceptée, reconnue et cultivée.

Au terme de ce tour d'horizon, le bilan se montre résolument à sens unique. Quoi que l'on fasse, il paraît illusoire de chercher un justificatif appartenant au clan de la rationalité, en faveur de la prise de recul, en ce qui concerne tout ce qui a trait à la décision de se soumettre docilement à l'ordre de la punition. En revanche, la similarité semble être le mot clé s'appliquant systématiquement, en regard du couple éthologique constitué de la loi du dominant et du processus de défense de la tribu.

Cela dit, que des personnes se laissent ainsi prendre aux rouages d'une réaction mécanique, soit. Mais comment se fait-il que cet état de choses puisse perdurer, sans qu'une prise de recul adéquate ne finisse par y mettre un terme ? Tout d'abord, il est clair que cela ne se peut que parce que ces personnes appartiennent à des appareils qui se chargent de marteler leur droit au pouvoir absolu en la matière, droit dont héritent leurs membres. D'ailleurs, quiconque contemple un palais de justice, et, plus encore, y pénètre, ne peut que ressentir la revendication d'une autorité absolue se situant bien au dessus des personnes. Voilà un appoint quotidien non négligeable pour ce dit martèlement. En outre, l'immense majorité des citoyens accepte cet état de fait, ou à tout le moins ne manifeste nulle récrimination concrète à cet égard, et donc choisit la soumission complaisante de la personne aux organisations répressives, ceci notamment grâce à l'appoint des gènes de la docilité, qui doivent nécessairement être partagés par toute tribu du règne animal pour qu'elle ait quelque chance de pouvoir faire perdurer sa cohésion.

De ce fait tout est en place pour que ceux à qui sont remis les clés de ces pouvoirs se prêtent d'eux-mêmes à la mainmise sur leur être propre des mécanismes éthologiques des rapports des dominants sur les dominés.

Toutefois, il faut convenir que cette acceptation docile, dans les faits, n'est pas dénuée de friction. En effet, la presque totalité des citoyens, en leur for intérieur, cultivent une considération bien peu reluisante pour les instances répressives, y compris institution judiciaire. Leur acceptation se complaît davantage dans le constat d'un mal nécessaire. Leur conviction est assujettie à une chape de plomb leur laissant croire qu'il n'y a aucune autre solution. Mais c'est déjà là le second trait discriminant : la sensation de lois imposées de l'extérieur, qui dissuade l'intelligence de chercher une alternative.

13.2 Les autres traits discriminants

Le second trait : sous contrainte de l'extérieur. Comme les institutions martèlent le droit du dominant à la punition, l'incitation initiale va demeurer enracinée dans le for intérieur, et le punisseur va sans cesse s'y référer. Elle va donc, de ce fait, constituer le ferment pour que le déroulement des opérations se poursuive avec cette sensation de lois édictées de l'extérieur, puisque cette absence de recul correspond à un comportement subi sous une emprise initiale à laquelle chacun accepte de rester assujetti.

La sensation d'écrasement qui s'abat ainsi n'est pas prête d'être déniée par les justiciables, tant l'impression générale qui en découle est l'extrême difficulté qu'ils rencontrent à voir leur point de vue pris en considération. Et lorsque l'on entend parler de la "mise en branle de la machine judiciaire", ceci de la part même des professionnels de la chose, on peut difficilement éluder l'image d'un énorme mécanisme que l'intelligence n'a guère les moyens de contrôler.

En outre, tous les actes de pouvoir qui vont s'enchaîner vont entretenir cette soumission génétique aux lois du dominant, et va rendre très difficile la prise de recul qui serait nécessaire pour l'atténuer. C'est ainsi que s'explique pourquoi le parquet rechigne à mettre en cause tout ou partie des enquêtes de police. De la même façon, les avocats font peu appel à la chambre d'accusation (ou désormais chambre d'instruction), car celle-ci répugne le plus souvent à prononcer le moindre désaveu envers le magistrat instructeur. Et dans la même veine, le juge du siège sera fort peu enclin à mettre en cause le dossier préparé par le parquet. Tous autant de comportements qui respirent tout sauf la liberté de l'instance intime dans l'appréciation des choses aux dépens des fourches caudines dressées par l'acceptation de la soumission aux lois du pouvoir.

De façon parfaitement parallèle, celui qui s'est rangé sous la bannière vindicative a tout le mal du monde à sortir la tête de l'eau, ceci jusqu'à des exemples extrêmes, comme celui de victimes qui se révèlent incapables d'effectuer les mêmes marches en arrière que les instances judiciaires, lorsque ces dernières s'aperçoivent qu'elles ont, par erreur, mis en cause un innocent. Dans la même veine, le tableau de certaines situations où des parties civiles se ruent de poursuites en poursuites, ceci malgré de multiples condamnations déjà obtenues, voilà qui peut difficilement empêcher d'évoquer la chape de plomb emprisonnant complètement les acteurs, ne laissant plus s'entrouvrir la moindre brèche pour espérer pouvoir s'en dégager.

Chez le délinquant, de la même façon, la référence régulièrement réitérée à l'émoi initial va servir de manne à la poursuite des opérations. Cela va d'ailleurs, bien souvent, se colorer de quelques suppléments en termes de connotation vindicative, comme la "juste récupération" des biens du nanti. Mais tout ceci est également imbriqué dans une autre forme du thème de l'autorité supérieure. Car il existe, dans le clan auquel il appartient, un certain nombre de règles, dont la transgression serait lourde de conséquences. Autrement dit, le délinquant, tant qu'il adhère à cet émoi initial, accepte de lui-même la soumission à un engrenage dans lequel bien des choses lui sont imposées, aux dépens de son libre arbitre.

Le troisième trait : l'arrière-fond d'angoisse. Frustration, anxiété, excitation, voici trois caractères alimentant l'ambiance dans laquelle baignent alternativement les faits et gestes vécus sous les auspices du mécanisme, qui sont tous de la même veine que l'émoi physique caractéristique accompagnant l'immédiateté initiale ; frustration en cas d'échec ou au contraire excitation en cas de succès, pour toute action qui vient d'être perpétrée ; mais sensations qui de toute façon côtoient sans cesse l'anxiété, même si les menaces précises ne sont pas d'actualité. Car de multiples formes diffuses peuvent s'infiltrer à tout moment, autour du thème de la menace d'être un jour découvert chez le délinquant, et la menace du doute intérieur voire de l'émergence d'une erreur judiciaire chez le magistrat. De toutes façons, le chapitre 11 l'a déjà bien établi. Tout engagement dans un processus cherchant à prendre le contrôle exhaustif d'une situation quelconque, cela constitue le ferment idéal du déclenchement de l'angoisse. Ainsi, c'est probablement là que réside le fondement de l'étonnant mur de refus que dressent les instances judiciaires à la très grande majorité des demandes de révisions, car cela aurait pour conséquence inéluctable d'attiser cette catégorie de menaces. Bref, menaces en définitive inhérentes aux conséquences du cinquième trait : rien de définitif n'est lié à l'action en question. Voici qui se situe bel et bien aux antipodes de la paix intime.

Le quatrième trait, la dissymétrie dans les rapports entre personnes, cela coule de source, voire même est érigé en règle de conduite fondamentale. L'autorité répressive se situe d'office au dessus du citoyen, quel qu'il soit. D'ailleurs, la législation est bardée de multiples menaces vindicatives envers celui qui oserait poser des actes concrets allant contre la primauté du magistrat. Et parallèlement, le délinquant se complaît à piétiner le mode d'être et de vivre du représentant moyen de la population. Faute de quoi, encore une fois, pour celui qui arriverait à supplanter quelque dissymétrie que ce soit par le respect illimité de la personne tel que le révèle ce modèle, dès lors, en son for intérieur, toute insinuation à prendre autrui à partie retentirait comme une flagrante contradiction.

Par ailleurs, le cinquième trait (rien de définitif) enfonce le clou de l'anxiété. Non seulement le délinquant n'aura de cesse de protéger son forfait, mais son rang dans son milieu ne pourra se maintenir qu'à la condition de continuer à braver les autorités. Il n'y a donc rien d'acquis pour lui. Il n'y a pas davantage de solution définitive de l'autre bord. D'une part le taux de récidive montre à l'envi combien la réponse punitive reste peu corrélée avec l'émergence d'une conviction profonde chez le délinquant. D'autre part, l'exemplarité, argument générique censé s'adresser à ceux qui seraient tentés, paraît bien faible au vu des analyses statistiques, et est d'ailleurs mis bien mal en point par cet énorme taux de récidive. Finalement, cela ne trompe personne, en sorte que de toutes parts la menace de nouveaux délits n'en est pas le moins du monde atténuée.

Sixième trait. Le caractère non universel est non seulement manifeste, mais il est même érigé en règle de conduite dans chaque bord. Dans le milieu du délinquant, le respect de ses règles donne droit à la protection contre toute autre tribu, que ce soient des bandes rivales ou l'ordre établi. Quant au reste de la population, il représente le matériau sur lequel s'exerceront les exactions. Dans l'univers de la punition, pour que celle-ci puisse se pratiquer avec le moins de scrupules possibles, on appelle à la rescousse la division du monde en "bons" et "méchants". En tous cas, ce ne seront pas les juges d'instruction qui démentiront cette pratique, tant sont multiples les cas de figure de dossiers constitués par certains où le prévenu est présenté sous un jour assez détestable. Et a contrario, s'il est impossible d'appliquer cette méthode à un sujet jugé respectable, cela ira jusqu'à le soustraire à toute action punitive. À titre d'exemple caricatural, dans les années mille neuf cent soixante-dix, un penseur qui avait eu son heure de célébrité avait tué son épouse. Il n'avait pas fallu beaucoup de conciliabules pour établir que ceci s'était produit sous l'emprise d'une crise de démence ; et ceci a valu à l'auteur, en tout et pour tout, un traitement de deux ans dans un hopital psychiatrique. Il apparaissait bien trop difficile de le faire appartenir au clan des méchants !

Bien entendu, le mécanisme du bouc émissaire permet d'alimenter efficacement l'exclusive attachée à ce fameux clan des méchants. Et il est évidemment à l'œuvre pour entretenir le goût à l'emprisonnement. Les détenus représentent la catégorie idéale que l'on peut désigner du doigt comme cible préférentielle des actions punitives. Celles-ci sont, en effet, pressenties comme inéluctables, en bonne conformité avec les ambiances usuelles moralisatrices et culpabilisantes. Enfin, l'énorme taux de récidive sert à nouveau d'appoint pour consolider l'appartenance au clan des méchants ; et ceci permet efficacement de rester sous la chape de plomb qui tend à laisser croire que "le méchant", l'est pour la vie ; ceci, encore une fois, en évitant de se frotter au constat implacable montrant l'écrasante majorité de ces susdits "méchants" issus de la population la plus misérable !

C'est, en outre, là que se situe la principale source du traumatisme qu'a subi l'innocent qui a été emprisonné par erreur. On a osé le faire figurer solennellement dans la catégorie des méchants, et ceci via des processus qui ne pourront que lui apparaître à jamais comme abusivement destructeurs. En particulier l'encadrement carcéral va lui distiller quotidiennement l'évidence établissant qu'il a perdu à peu près tous les droits au respect de sa personne de citoyen. Bref, il ne pourra vivre tout ceci que comme une véritable agression contre son droit à exister. La rancœur résultante aura bien du mal à s'atténuer, d'autant plus que dans son environnement social ne manqueront pas les occasions de lui rappeler que le fait d'avoir séjourné en prison garde une empreinte indélébile. Au besoin, seront utilisées les catégorisations du genre : "ce n'est plus un homme tout à fait comme il faut" ou encore "il est devenu peu fréquentable". Bien entendu on nage ici dans le parfait déni de l'universel.

Et de façon générale, quels que soient les mécanismes génétiques, le résultat est le même en défaveur de celui qui a connu la prison. Il plane sur sa tête une chape de plomb faite de méfiance, voire mépris, teintée de rancœur vindicative, prouvant que d'une part, si réparation devait avoir lieu, elle est considérée comme absolument non effectuée, et d'autre part, que ces réactions se déroulent selon un rouleau compresseur situé hors de toute appréhension intelligente, établissant ainsi son origine parfaitement mécanique, bâtie sur moult relents éthologiques où figurent en bonne place le complexe du bouc émissaire et l'agressivité liée à toute incitation à défendre la tribu, subis en toute docilité sous la houlette de la loi du dominant.

Enfin, pour terminer cet aperçu, comment ne pas évoquer l'extrême susceptibilité des acteurs de l'ordre répressif ? Et comment éviter le parallèle qui se dessine manifestement avec le système du mécanisme actualisateur discuté au cours du chapitre 11 ? En clair, celui qui fait sien le métier de juger autrui, par la même occasion, cultive une fragilisation maximale vis-à-vis de jugements qui pourraient lui être adressés en retour. Il faut tout de même en convenir, on se situe là aux antipodes du retentissement intime.

Et cette remarque permet de conclure sur ce constat final qui met sérieusement à mal celui qui s'acharnerait à tenter de prouver qu'il y a un quelconque universel à la pratique de la punition. En effet, ni le politique, lequel passe son temps à décider des lois coercitives, ni le magistrat dont le rôle consiste en permanence à les appliquer, n'acceptent la moindre ouverture vers l'éventualité d'une quelconque démarche punitive se mettant en branle, suite à un quelconque préjudice subi par autrui consécutivement à l'une de leurs erreurs. Or bon nombre de lois répressives ont justement pour objectif de pouvoir mettre en branle les mécanismes de la sanction à l'encontre de tout citoyen dont les pratiques (y compris professionnelles) auraient engendré un dommage à quiconque. Voilà, finalement, qui s'inscrit comme un des pires contre-exemples envers le moindre caractère d'universalité que ces praticiens souhaiteraient attribuer aux divers processus de sanction.

13.3 L'alternative à la répression

Cela dit, il faut bien s'y attendre, si l'homme recèle effectivement cet être indicible qu'est l'instance intime, alors la surprise serait bien plutôt qu'une tentative de solution aussi naïvement issue du donné génétique, comme l'est l'exercice de la sanction, se voit dotée d'un quelconque caractère d'efficacité, voire même de la moindre trace d'harmonie avec la spécificité de la personne. Et ce ne sont pas les résultats désastreux de la récidive qui pourront venir à la rescousse de ce constat. C'est pourquoi, pour ce modèle, loin de toute tentative de chercher à polémiquer sur ce thème, la solution est, d'urgence, à chercher définitivement ailleurs.

Reprenant l'argument discutant de l'objet technique venant à tomber en panne, il va de soi que la ligne directrice de toute alternative à la répression ne saurait s'afficher en retrait ; et par conséquent, le mot phare de cette dynamique ne peut être que la réparation. En outre, il va non moins de soi que la composante que représente l'instance intime va doter ceci d'un pan très particulièrement spécifique.

Au moins trois étapes sont à mettre en œuvre, qui vont être explorées ici. Elles correspondent aux caractéristiques suivantes. Dans un premier temps, au même titre que pour l'objet technique, la première tâche va être de s'atteler à comprendre. Autrement dit, il y a lieu d'établir, ou bien réaffermir, combien l'acte violent, ainsi que tout autre agissement contre autrui, constituent une contradiction inacceptable avec la moindre authenticité concernant la personne. Bien évidemment, en parallèle, nécessité il y a lieu de disséquer l'ensemble des engrenages qui ont pu conduire à l'acte mis sur la sellette. Ensuite, et ce sera le second temps, il y aura lieu d'appliquer les constats obtenus à l'auteur du méfait, avec pour principale visée, d'une part, de l'inciter à se décider lui-même à s'engager dans les réparations concrètes s'avérant nécessaires, et d'autre part, de le convaincre qu'il pourra, à l'avenir, bien plus efficacement éviter les engrenages ainsi mis en lumière. Ces deux directions suffiront amplement à ce qu'il puisse ainsi retrouver l'ordre de l'instance intime, avec sa paix intime caractéristique. En outre, parallèlement et ce sera le troisième axe, vis-à-vis de la victime, toute assistance devra lui être apportée, pour éviter de la laisser sombrer dans les relents d'origine éthologiques, nantis de tous les attributs de la vindicte propre aux systèmes actuels. Et pour ce faire, un appoint supplémentaire d'importance pourra être la prise de connaissance des progrès dans ces opérations de réparation, voire même, si c'est possible, requérir sa participation.

Les sections précédentes l'ont suffisamment démontré : l'acte violent reste incompatible avec l'ordre de la personne. Et cela demeure tout aussi vrai lorsqu'une quelconque autorité s'en est arrogé le droit. Les six traits discriminants donnent une conclusion implacable à ce propos. C'est pourquoi, ils peuvent constituer l'arsenal minimal pouvant servir de trame à la compréhension de fond de ce qui a procédé à l'irruption de l'acte mis sur la sellette. C'est pourquoi encore, le bien-fondé de cette panoplie se devra d'être porté à la connaissance du fautif, ou à tout le moins réactualisé dans son for intérieur, ceci en utilisant tous les exemples possibles le concernant, qui puissent en prouver l'universalité s'appliquant, en particulier, à son propre compte.

D'autre part, parallèlement, le fait d'inventorier aussi universellement les choses ne pourra qu'amplifier la nécessaire reconnaissance de l'aspect inaccessible qui revient à l'instance intime de quiconque, quelles que soient les circonstances. Dans cet esprit, d'ailleurs, il y aura lieu d'illustrer combien, même pour des actes assez ténus, toute victime ne peut vivre l'acte violent que comme une forme d'atteinte à son propre droit à exister. Cela n'est pas une pure illusion, et encore moins un appel à quelque relent revanchard. Il se trouve, en effet, que la personne concrète constitue le siège de toute potentialité d'expression de l'instance intime. C'est pourquoi, tout coup porté à quoi que ce soit concernant cette personne concrète ne peut que se traduire en atteinte à cette potentialité d'expression, et finalement à l'instance intime elle-même.

Lorsque la crédibilité dans cette panoplie est suffisamment mûre, la première phase pourra être considérée comme terminée. Toutefois, il est absolument nécessaire de disposer d'acquis suffisamment bien établis pour passer à la phase suivante. En effet, faute d'avoir solidement bien fondé ses bases, toute mise en chantier trop précipitée de la seconde phase ne pourra éviter de sombrer dans une forme de moralisme, étant donné qu'il faudrait en passer par imposer au sujet un système auquel il n'a pas parfaitement adhéré ; et ceci n'a aucune chance de lui apparaître autre qu'un carcan placé au dessus des personnes, et auquel il faut donc se plier, et qui ne demande qu'à rappeler à la rescousse la condamnation envers quiconque se refuse à s'y plier.

À défaut, l'échec de la suite est pratiquement assuré. Les exemples abondent pour illustrer combien, par exemple, toute chape de plomb moralisante se traduit en obstacle à toute bonne efficacité. En effet, il s'agit de manifestations évidemment d'origine mécanique (les traits qu'elles portent sont clairement de ce côté, l'anxiété n'étant pas le moindre), dont il est extrêmement difficile de se libérer, y compris dans les métiers les plus techniques. Par exemple, le jeune informaticien aura toutes les peines du monde à montrer à un chevronné un programme qu'il vient de rédiger, car il s'imagine être personnellement impliqué dans les erreurs qu'il contient nécessairement, et que quelqu'un de plus expérimenté pourra découvrir avant l'ordinateur. Comme, d'une part, il est strictement impossible de rédiger un programme quelque peu conséquent sans qu'il y ait des erreurs, et, d'autre part, la plus grande part du métier consiste précisément en leur détection et leur correction à bon escient, de longues années de pratique finiront par avoir raison de ce réflexe de culpabilité.

C'est pourquoi, le succès de la suite des opérations passe par la nécessaire adhésion pleine et entière du sujet à cette panoplie, où se montre irrécupérablement transcendante l'instance intime de quiconque. Lorsque ceci est acquis, et seulement lorsque ceci est acquis, peut commencer l'application au fait précis incriminé. Ainsi, la succession de tous les avatars concrets ayant abouti à la violence va se voir décryptée minutieusement, en y recherchant systématiquement comment ils se sont laissés enferrés dans la succession des mécanismes se mettant en œuvre dès l'acceptation de la réaction instantanée initiale. Et, parallèlement, on aura beau jeu de faire miroiter comment les choses auraient pu se dérouler tout autrement en choisissant le clan de l'instance intime, à commencer par l'illustration de ce qu'aurait pu donner la prise de recul initiale.

Cette investigation ne saurait trouver la moindre exception. En effet, d'une part, elle correspondra à une nécessaire prise de conscience de la part du fautif, tremplin impératif pour que le cinquième trait, l'aspect solution définitive, trouve une assise sérieuse. D'autre part, même dans le cas de faits que les législations actuelles classeraient dans la catégorie des actes involontaires, il n'y a aucune raison valide à ce que ce processus soit éludé. À titre de contre-exemple, il faut bien convenir que n'est pas dénué de malaise le souvenir de l'acte meurtrier du penseur renommé cité ci-dessus, qui s'est purement et simplement conclu comme s'il ne s'était rien passé.

Tout ceci doit se dérouler dans un contexte d'universalisme d'où sont exclues toutes tentations d'exceptions. Par exemple, le cours du processus peut fort bien amener à constater que, concernant les méfaits en question, le fautif désigné n'est pas le seul en cause. Par exemple, l'examen scrupuleux des événements peut fort bien mettre en évidence comment les faits incriminés ont résulté d'un engrenage mécanique de rapports de pouvoir. Dans ces conditions, à moins de sombrer dans la dernière des hypocrisies, il devient hors de question de laisser se dérouler le processus à sens unique. C'est dire que quelle que soit l'autorité qui n'a pas su ainsi déjouer ces mécanismes, elle se doit, elle aussi, de participer au processus de réparation. C'est une condition sine qua non pour que le tout puisse continuer à se dérouler en parfaite cohérence avec le statut propre de l'instance intime, qui ne peut tolérer la moindre dérogation en matière d'inaccessibilité, et donc ne saurait faire bon ménage avec l'exception ; à défaut c'est immédiatement la supplanter par les âcres relents où figurent en bonne place les vindictes de relations de pouvoir.

Cela se situe évidemment bien loin de nombre de faits quotidiens où des comportements répréhensifs se sont clairement enclenchés suite à des maladresses autoritaires de la part des forces de police, et qui pourtant ne feront exclusivement l'objet de poursuite que contre les simples citoyens en cause. Or, que le traitement à mettre en marche reste symétrique cela constitue une condition nécessaire pour que le fautif participe sans arrière pensée à ce système de réparation. Quelle conviction serait-on en droit d'attendre de lui si en face subsistait une autorité refusant pour son propre compte de chercher à effectuer les amendements qui se sont pourtant révélés nécessaires, ce qui ne serait qu'une façon de dénier tout authentique bien-fondé à l'opération en cours ?

Enfin, le déroulement de cette phase aura tout loisir d'être en permanence l'objet d'une surveillance scrupuleuse de ce que les moindres petits progrès aillent de pair avec l'accession vers un espace de paix intime. Et il y aura lieu de provoquer la vigileance sur tout épisode apportant quelque avènement de cet ordre.

À ce point du processus, le sujet vient ainsi de se rendre compte comment, à l'encontre de la réalité propre de son instance intime, d'une part, il s'est laissé piégé dans des rouages mécaniques, et d'autre part il a pu porter atteinte à autrui, ceci constituant l'autre face du même processus logique. Il est donc prêt à s'atteler de lui-même à la réparation proprement dite. Et ceci lui est d'autant plus dicté par son for intérieur qu'il a pu davantage expérimenter l'irruption de la paix intime, puisque celle-ci ne saurait perdurer devant le refus de s'appliquer à réparer. Toutefois, il se peut, bien entendu, que ne persiste aucune conséquence à l'acte incriminé. Le processus est dès lors terminé. Et l'ensemble de l'entreprise trouvera son compte dans le fait d'avoir porté jusqu'à un clair degré de conscience la non-conformité avec l'instance intime, assorti de la découverte par le sujet des engrenages qui ont entraîné le méfait. En sont les témoins la sensation de paix qui entoure la chose ainsi que la conviction d'avoir résolu quelque point de façon définitive ; ceci implique, en particulier, la certitude d'être en mesure de déjouer une nouvelle occurrence des mêmes mécanismes s'ils venaient à se présenter de façon entièrement similaire.

Mais il se peut évidemment qu'il y ait eu acte réellement préjudiciable à autrui. Le cours du processus met désormais en pleine lumière, aux yeux de l'auteur, l'aspect inacceptable de ce préjudice. En effet, l'inaccessible grandeur de l'instance intime qui a été ainsi rendue manifeste ne peut en aucune façon faire bon ménage avec le constat selon lequel une personne devrait continuer à subir les conséquences d'un méfait qui lui a été infligé. L'argument est aussi simple, mais peut-être encore plus contraignant, que celui qui s'applique à un calcul erroné : il est hors de question de laisser perdurer les conséquences d'un tel calcul. Cela s'impose de soi-même, il faut y apporter les corrections voulues. Et de toutes façons, une fois encore, s'y refuser mettrait immédiatement un terme aux émois de paix intime qui auraient pu être initiés.

Ceci dit, les réparations concrètes, dans lesquelles le fautif se verra incité de lui-même à s'engager, ne constituent pas le point final du processus. Il reste, en effet la troisième phase dont l'objectif est de s'intéresser de très près au sort de la victime. Dans nombre de cas, en effet, elle a vécu un traumatisme dont on ne saurait laisser perdurer les traces sans que l'on ne s'efforce d'y mettre bon ordre. En effet, il y a toutes chances qu'elle soit guettée par la chape de plomb de la vindicte. Mais cela n'est pas tout. Car, comme déjà indiqué, la plupart du temps, elle va inéluctablement sentir quelque peu écorné son droit à exister. Et le minimum des questions, qui se soulèveront en son for intérieur rejoindra le bien classique "pourquoi moi ?".

De façon plus intime, l'attachement de la victime à l'objet qui s'est vu le jeu du délit en prend un sérieux coup. À titre caricatural, il n'est pas rare de voir le propriétaire d'une voiture volée se précipiter à la vendre, si, d'aventure, il a pu la récupérer. En effet, la tendance est grande, dans ces circonstances, de tenter d'accuser l'objet concerné d'être l'intermédiaire responsable de ce qui ne peut être ressenti que comme une provocation indue à l'encontre de l'instance intime. C'est pourquoi cela peut prendre de tout autres proportions s'il s'agit d'une violence physique, et si, par conséquent, le bien en question n'est autre que la personne concrète. Ainsi, la victime n'aura de cesse d'accuser son propre corps d'être le responsable du méfait subi. C'est ainsi qu'en cas de viol, est bien connu le dénigrement envers son propre corps, qui peut même prendre des allures de culpabilité, et qui va longuement hanter la vie de la victime.

Dans ces conditions, la plus simple des évidences implique que tout doit être fait pour tenter de gommer ce type de conséquences. Mais, ici encore, loin de tout moralisme, il n'est pas très sérieux d'éluder le passage obligé qu'est la compréhension en profondeur du problème. Or, si pour la pente vindicative, la situation est clairement établie par les premières sections, qui l'ont entièrement rangée du côté du mécanisme éthologique, les choses sont un tout petit peu plus compliquées à l'endroit de ce qui vient d'être évoqué. Et pour ce faire, la panoplie des processus déjà mis en lumière ne sera pas de trop. En particulier, une assistance substantielle peut être apportée si l'on prend soin d'appeler à la rescousse le concours du mécanisme actualisateur.

Il se trouve, en effet, que, a contrario, ne sont pas rares les cas de personnes pour qui survient une épreuve, pouvant éventuellement être très douloureuse, voire dramatique, mais dont l'intervention est purement accidentelle, et n'a dû son déclenchement à aucune initiative humaine. Dans nombre de ces cas, le sujet accepte l'adversité, et, plus encore, certains arrivent à y greffer un nouveau projet d'expression. Pour ne citer qu'un fait parmi les plus exemplaires, le jeune canadien Terry Fox, au début des année 1980, apprenant qu'il était atteint d'un cancer incurable, plutôt que d'abdiquer sans coup férir, s'est lancé dans un marathon à travers tout le Canada, en vue de récolter des fonds pour la recherche contre ce mal. Bien entendu ceci a précipité sa fin. Mais outre la recette financière pour la recherche, cela a dynamisé nombre d'autres personnes, dans la perspective de relever la tête et de se battre plutôt que subir de façon défaitiste cette épreuve.

Ceci milite pour l'indication suivante. Pour qu'un mauvais coup provoqué par autrui se voit subi comme une agression contre son être intime, il faut un élément supplémentaire. À défaut, cela ne peut pas dépasser l'aspect d'une anomalie, dont il faut tâcher, lorsque c'est possible, de réparer les effets concrets. Or il se trouve que le droit du dominant à exercer la punition est entièrement adopté, et mis en pratique par toutes les cultures. Certes, il s'agit bien d'un relent purement éthologique ; les sections précédentes l'ont suffisamment établi. Mais le point clé consiste en ce que, dans le for intérieur de chacun, cela est incrusté comme un droit parfaitement légitime, auquel il est nécessaire de se soumettre.

Et c'est là où le bât blesse. En effet, le fauteur de sévice s'est nécessairement comporté comme dominant, au moins par la force. Or, le lien (évidemment mécanique) entre dominant et droit à la sanction se trouve automatiquement activé, ce qui va inciter la victime à se voir l'objet d'une condamnation. Et cela sera vécu de façon d'autant plus insupportable que le délinquant sera davantage vu sous l'aspect du "méchant". Ce faisant, cette analyse apporte le type d'interprétation suivant. L'acceptation docile du droit du dominant à sévir a toutes chances de jouer le rôle de mécanisme actualisateur. C'est pourquoi, parallèlement à tout effort pour éviter de laisser la victime sombrer du côté de la vindicte, tout devra être fait pour désamorcer ce lien mécanique, et ainsi, ramener à ses yeux les effets résiduels du méfait à un simple mal accidentel, mal dont, bien entendu, les éventuelles séquelles concrètes se devront d'être réparées.

Ainsi, d'une façon très générale, il y aura lieu de procéder à une recherche assidue de toute intrusion de mécanisme actualisateur, dont la prise de conscience pleine et entière provoquera l'évanescence de l'emprise du mécanisme traumatisant. Par exemple, lorsque l'analyse précédente s'applique, c'est-à-dire lorsqu'une sensation d'auto-condamnation est entretenue par la docile acceptation du droit du dominant au sévice, le sujet aura pour tâche de procéder au concassage en son for intérieur de ce droit du dominant, ce qui ne pourra être vécu que comme une libération vis-à-vis de cette chape de plomb.

En outre, dans ce même esprit, il y a tout intérêt à permettre à la victime de suivre les progrès du fautif dans les efforts de prise de conscience où l'on s'attache à le conduire. Et même, si elle le désire, sa participation au processus ne pourra en aucune façon lui être refusée. En effet, rien ne sera aussi efficace pour réussir à briser les enchaînements mécaniques, ici discutés. Ainsi, lorsque l'analyse qui précède s'applique, toute manifestation de rapport de domination va, de façon flagrante, se voir ravalée à ce qu'il est naturellement, à savoir un pitoyable épisode éthologique en regard des lois de l'instance intime. À ceci, il faut adjoindre un élément non négligeable, qui revient à la prise en compte, lorsque cela a bien eu lieu, des progrès du responsable du méfait dans l'ordre de l'instance intime. En effet, à contempler le spectacle du délinquant se libérant de ses relents mécaniques et se rehaussant à un tout autre niveau de l'expression de sa personne, nul doute que cela constitue un apport de poids pour assister la victime à se dégager elle-même des susdits liens mécaniques dans lesquels elle risquait de se laisser emprisonner.

13.4 Sur quelques objections

Il y a évidemment lieu de s'attendre à ce que le contradicteur se lance dans de multiples diatribes, et tente de promulguer toutes sortes d'anathématisations, tout cela pour se ruer à faire barrage à toute tentative de mise en œuvre, et même de simple expérimentation en direction des processus qui viennent d'être discutés. Ainsi, quelques exemples d'objections sont évoquées ici. Et pour commencer, le modèle se doit de dire un mot sur le cas du forcené qui a sombré dans la folie meurtrière. Il va de soi que dans un premier temps tout doit être fait pour l'empêcher de continuer à agir selon sa démence, et donc au besoin maîtriser sa personne concrète, au moins durant le laps de temps pendant lequel elle ne permet plus l'expression pleine et entière de sa propre instance intime. Mais tout ceci n'aura d'autre objectif que la réparation, discutée ci-dessus. Et, comme on peut le constater avec évidence, les premières phases à enclencher se montrent particulièrement cruciales ici, puisqu'elles consisteront à comprendre pourquoi un tel naufrage vis-à-vis de l'instance intime a-t-il pu s'avérer possible. Soit dit en passant, chacun pourra noter l'énorme distance qu'il y a entre l'emprisonnement d'aujourd'hui, nécessairement pratiqué dans le creuset de la vindicte, et la susdite privation de liberté, complètement assujettie à réactualiser chez le forcené les lois de l'instance intime.

Il s'agit, toutefois là, d'une entreprise qui peut s'avérer extrêmement laborieuse, et c'est là une seconde objection, tant est fruste, dans le cas précédent mais aussi dans nombre d'autres, le degré d'évolution du délinquant moyen en ce qui concerne les acquis relatifs à une reconnaissance explicite de l'instance intime. En tout état de cause, cela risque de représenter un labeur d'importance d'aller dénicher dans sa vie présente et passée, ce qui concerne les expériences de claire conscience relevant du retentissement intime et de la détermination intime. Il y aura donc là beaucoup à faire. Ce faisant, il est à noter qu'il n'y a nul besoin que soit entériné le résultat final pour voir émerger les traits caractéristiques de la conscience. Chacun pourra, s'il le veut bien, vérifier pour son propre compte à quel point est efficace le simple fait d'entrer avec une détermination inflexible dans la perspective d'une telle compréhension, avec l'intention résolue d'y parvenir un jour ; cela suffit amplement pour que la paix intérieure balaye tous les relents inconfortables de rancœur et vindicte où fait plonger l'ordre de la punition. C'est que conformément à ce que prévoit ce modèle, la détermination intime n'a nul besoin du résultat final pour manifester ses effets spécifiques. Voilà qui possède tout de même un avantage de taille : l'ampleur du labeur pour cette tâche ne peut même pas servir d'excuse pour qui chercherait à éviter de se lancer dans l'aventure ! Et bien entendu, cela ne préjuge en rien des effets du retentissement intime lorsque quelque succès aura pu être glané. Là, personne ne pourra résister à la sensation résultante d'une grandeur au delà de toutes mesures, liée au statut de personne humaine. En réalité, chercher à provoquer des moments de cet ordre chez le délinquant lui-même constituera un tremplin impératif pour atteindre l'objectif visé.

Autre objection, il existe des cas de figure où il n'est plus possible d'effectuer réparation, comme dans le cas de handicaps définitifs, voire de mort d'homme. Bien entendu, il s'agit de la phase de réparation concrète, car toutes les autres n'en sont pas le moins du monde atténuées ; et n'est pas la moindre celle concernant le retour à la paix pour ceux qui restent victimes de l'état de fait. Et tant que ceci ne sera pas suffisamment avancé, la nécessité de réparation ne pourra pas être considérée comme résolue. Bien entendu, il y aura lieu de vérifier, en ce qui concerne une réparation concrète, si des équivalents ne peuvent pas être inventés, dont les conséquences positives colmateraient, au moins pour partie, les effets de l'anomalie résultant du méfait en question. Bien évidemment, il s'agit là d'un problème sérieux, dont les solutions ne coulent pas de source. Mais la difficulté résultante ne saurait être brandie en guise de prétexte pour tenter de faire barrage aux processus de réparation. En effet, d'une part, les violences aboutissant à mort d'homme constituent une infime part des délits, ainsi que des motifs d'emprisonnement, et donc ne sauraient constituer une objection valide au traitement par réparation de tous les autres forfaits. Mais d'autre part, l'immense majorité des morts provoquées par autrui sont le fait des citoyens ordinaires, via les accidents sur les routes ; et il y aurait ainsi un assez fort relent d'hypocrisie à réserver un traitement spécial aux seuls homicides perpétrés au coeur de la délinquance.

D'ailleurs, puisque les systèmes moralisants n'ont plus cours ici, et que par conséquent un homme ne peut se sentir sujet à exclusive, on voit mal pourquoi quelqu'un qui aurait produit de façon totalement involontaire un méfait contre quiconque pourrait se voir dispensé de toute réparation. Car lu dans cette perspective, l'acte de réparation devient l'acte qui va restituer à la nature humaine la grandeur qui lui est due, et qui resterait déniée par le préjudice infligé, laissé sans rectification. Revenant aux traits distinctifs du mécanisme et de la conscience, comment nier que tout ceci puisse se dérouler en toute paix et conviction d'une solution définitive ?

Autre objection, nombreux sont ceux qui estimeront qu'un système aussi respectueux des personnes risque fort de renforcer la faculté du délinquant à nier toute participation à un délit, lorsque les preuves font défaut pour déterminer l'auteur du méfait à coup sûr. Dans les systèmes judiciaires actuels, de multiples pratiques coercitives sont mises en place pour tenter de forcer les choses, au risque de faire avouer un innocent, abus qui malheureusement n'est pas un fait si rare. Ceci va jusqu'à la pratique de la demande de mise en préventive par le juge d'instruction, dans l'espoir d'extorquer des aveux. Et si le prévenu était innocent, tant pis pour lui !

Cela est clair, le praticien des instances punitives rencontre une opposition farouche de la part du vrai "dur", en vue de tenter d'échapper aux mesures qui s'amoncellent sur sa tête. Mais cette opposition farouche est elle-même motivée par la répression hors de toute mesure qui va s'abattre sur son dos dès que le système judiciaire trouvera son compte dans les éléments fondant sa culpabilité. Le qualificatif adéquat est la disproportion de la peine vis-à-vis du préjudice. Ainsi, par exemple, quiconque en sera venu aux mains avec autrui, en sorte que ce dernier soit mis en arrêt de travail pour quelques jours, encourt d'office plusieurs mois de prison ferme. À ce propos, chacun se souvient du fameux adage de la Bible "œil pour œil, dent pour dent". Tous les commentateurs s'accordent pour reconnaître à ce texte l'énoncé de la nécessaire limitation de toute entreprise vindicative. Comme par ailleurs l'historien lui reconnaît un âge de plus de trois mille ans (c'est-à-dire au moins mille ans avant l'ère chrétienne), force est de conclure que bien des pans de l'arsenal légal d'aujourd'hui, qui correspondent davantage à "dix yeux pour un œil, dix dents pour une dent", se montrent totalement indignes de niveaux de moralités plus que tri-millénaires[3] !

Dès lors, comment jeter la pierre à celui qui, de par ses actes, risque les foudres d'un tel système répressif, et de ce fait se livre à une bataille farouche pour éviter que des éléments trop probants ne viennent à la lumière ? Cette hargne réciproque lui permet, en outre, de se laver de tout élan où il aurait pu se laisser emporter, au vu de ses actes qui, à ses yeux-mêmes, ne lui paraissent pas vraiment honorables ; dans sa vindicte, en effet, le corps social ne se montre certainement pas meilleur que lui. Aussi, dès le départ, tout est en place pour la récidive, dans laquelle il risque de sombrer avec une détermination toujours plus dangereuse.

Que ceci se situe à des années-lumière de ce qui découle de ce modèle, voici qui est une triviale évidence. Mais la question qui s'ensuit d'emblée est claire. Y a-t-il vraiment une quelconque chance que puisse exister une autre voie que cette alternative extrême : ou bien la vindicte implacable et impitoyable, ou bien l'inébranlable détermination à rechercher la réparation définitive ?

Quoi qu'il en soit, les deux systèmes sont si éloignés que l'on ne saurait attribuer à ce modèle les dérives du système répressif actuel ; et en tous cas dans un contexte qui ne fait que respirer la réparation, on voit mal comment cette obstruction fébrile à faire la lumière pourrait ici systématiquement perdurer. Que gagnerait l'auteur de méfaits à s'arc-bouter en dénégations, alors que tout ce qu'il risque au travers de ce système de réparations est de sortir grandi de l'affaire, et, en particulier, de retrouver le chemin de la paix intime ? En outre, dans un monde où seraient mis en pratique ces comportements, et qui par voie de conséquence baignerait dans une ambiance d'extrême respect de la personne, un individu incapable d'apporter une réponse convaincante à des suspicions à son égard aurait toutes les chances de s'enferrer dans une vie qui, même en toute liberté, s'avérerait autrement plus inconfortable que ce qui l'attendrait du côté de la réparation. En particulier, il aurait quelque malaise à devoir, en permanence, affronter le regard d'autrui, du simple fait que seraient connues, au vu de tous, ses dénégations contre vents et marées.

---

[3]Sans oublier, pour ceux qui se disent chrétiens, que cette loi dite du talion a été abolie par Jésus de Nazareth, et remplacée par "l'amour des ennemis", ce qui ipso facto interdit toute entreprise vindicative.

13.5 Conséquences

Car en fin de compte, si les mafias peuvent perdurer, c'est bien parce que des clans peuvent maintenir leur cohérence face au corps social qui n'a pas l'argumentaire suffisant pour prouver que son côté est meilleur. Les profiteurs en chef des mafias ne pourraient certes pas maintenir avec succès leur prospérité, s'ils ne pouvaient s'appuyer sur une foule d'intermédiaires, en situation nettement plus précaire. Les organisations criminelles, peut-être encore plus que les sociétés légales, pratiquent le partage non équitable des butins, en sorte que la plus grande part va aux dominants, et les miettes aux autres. Et pour que ces autres restent dans de tels clans, il faut bien que l'ordre social ne montre rien de bien attirant à leurs yeux, au point de préférer ces miettes à ce qui les attend dans ce bord.

Bien entendu, quoi que l'on fasse, tant que le respect de la personne reste trop flou, il laisse trop facilement percer d'une part les rejets d'origine éthologique, et d'autre part les évaluations en termes financiers. Et c'est là que le recrutement des troupes ne pose plus guère de problème ; il va être assez facile de récupérer des éléments parmi les populations victimes de rejets, lorsqu'on leur fait miroiter des miettes un peu moins ténues que ce dont elles devraient se contenter du côté de l'ordre établi.

Or, dans un contexte qui porterait un respect sans limite envers la personne, tel qu'il ressort de la vision de ce modèle via l'inaccessibilité de l'instance intime, la tâche du mafioso déterminé devient autrement plus compliquée. Ceci tient tout simplement à ce que les compensations financières qu'il aurait à consentir devraient se montrer d'un tout autre ordre pour réussir à convaincre quiconque de quitter un ordre social aussi respectueux de la personne de chacun. Mais voilà qui sombre dans la simple incohérence arithmétique. Comment s'assurer des troupes suffisamment garnies, si l'on doit leur distribuer une part autrement plus conséquente que de simples miettes ?

Ainsi, d'une façon générale, n'importe quel clan de délinquants se protégeant mutuellement perdra la plus grande part de sa propre justification s'il est entouré d'un ordre social faisant sien le respect de la personne le plus résolu, sans aucune exception ni aucune hésitation, et où la vindicte de la punition est remplacée par l'acharnement à chercher réparation. D'ailleurs, à titre de contre-exemple caricatural, la période dite de la prohibition, instaurée au début du siècle dernier par les États-unis, est là pour rappeler combien l'acharnement de la vindicte a plutôt pour conséquence première d'assurer la fortune des clans du crime organisé, et ceci de façon probablement définitive !

Et pourtant, cet obscurantisme vindicatif est à nouveau la pratique la plus commune sur la planète, en ce qui concerne ce nouveau fléau qu'est la toxicomanie ; et de ce fait, ceci a permis, une fois de plus, l'instauration de puissants clans mafieux particulièrement dangereux, souvent dénotés "cartels de la drogue", dont on voit mal aujourd'hui comment ils pourraient être démantelés par la force. Et pourtant, ici, il s'agit de faits où la victime et l'acteur ne font qu'un, et donc d'un cas de figure où la réparation est dispensée de toute prise en charge d'un quelconque préjudice envers autrui. Et là, il devrait s'avérer particulièrement simple de faire miroiter aux yeux du toxicomane qu'il a devant lui le choix entre d'une part une jouissance physique, et d'autre part l'expression de ce qu'il y a d'ineffable dans la détermination intime et le retentissement intime. Du moins est-ce le choix qui se présente lorsqu'il est question d'absorbtion conduisant à une véritable échappatoire vis-à-vis du monde réel, quel que soit le produit, alcool compris ; car en cas de légère consommation, encore une fois alcool compris, le problème ne se pose même pas chaque fois que cela n'entraîne nulle obstruction à la libre expression de l'instance intime.

Ainsi, le modèle rappelle de façon flagrante que, d'une part, le problème de la toxicomanie ne peut que concerner les cas de consommations entraînant une quelconque entrave à la libre expression de son être intime, et d'autre part que le traitement pour y faire face consiste essentiellement en une intense effervescence à provoquer cette expression, seul matériel pouvant se montrer efficace pour inciter le sujet à effectuer le bon choix[4]. Ceci ne pourra, d'ailleurs, éviter de s'interroger sur l'étonnante facilité qu'il y a à recruter de nouveaux amateurs en toxicomanie. Et ce modèle aura beau jeu de rétorquer aux divers pouvoirs coercitifs de l'ordre social d'aujourd'hui que ce sont justement, en tout premier, ces mêmes carcans coercitifs qui constituent le meilleur ferment pour inciter les personnes s'estimant bridées de toute part à chercher à se réfugier dans la quête d'un autre monde, même s'il est parfaitement fictif. Bref, s'acharner à restituer chez le citoyen la conviction de la grandeur de l'homme, cela serait d'une toute autre efficacité que de disperser la totalité de son énergie à s'obstiner contre le trafiquant.

En ce qui concerne la petite délinquance, le sociologue y détecte, très généralement, une sorte de protestation contre le sort assez misérable auquel sont voués les jeunes qui s'y enferrent. Pour ce modèle, l'interprétation est encore plus radicale. Tout d'abord, s'il est vrai que l'instance intime fait assez peu partie du message brassé par la culture ambiante, néanmoins, une sorte d'intuition diffuse de sa réalité explicite hante tout un chacun, de façon plus ou moins claire. Et quels que soient les ukases des dominants, chacun vit de temps à autres des moments où il ressent une sorte de revendication à une certaine transcendance de son être intime, vis-à-vis de tout le contexte environnant.

C'est pourquoi, pour ce modèle, bien des comportements de la petite délinquance relèvent d'une sorte de bravade face aux carcans mis en place par les autorités, qui sont vécus de façon plus ou moins floue comme des mécanismes injustifiés, par le fait qu'ils sont subis comme des sortes d'étouffoirs de l'expression de l'être intime. Autrement dit, ces comportements ont pour sollicitation cruciale de tenter d'obliger le corps social à reconnaître cette transcendance, et

[4]Il est à noter à ce propos que ces considérations relèvent à un tout autre niveau l'attention portée à l'égard de toute réflexion concernant l'usage de substances dites de substitution, prôné pour les toxicomanes sujets à dépendance, lorsqu'ils sont en période de manque. Et la première conséquence qui en découle sera de vérifier si les produits disponibles sont dotés d'un effet se cantonnant à déconnecter cet effet de manque, et, en conséquence, s'abstiennent d'entraîner la moindre baisse de conscience de la personne ; et s'il apparaît qu'ils ne parviennent pas à éviter une sorte d'abrutissement dont l'effet majeur consiste simplement à mettre entre parenthèses le susdit effet de manque, alors devra s'imposer une recherche assidue pour tenter d'éviter au maximum cet effet assez incompatible avec le statut de la personne.

pour ce faire de s'essayer à briser les régulations mécaniques mises en place, dans lesquelles elles contraignent chacun à se plier. Ceci est en tout point similaire aux faits et gestes du petit enfant qui brave explicitement les interdits clairement énoncés par ses parents, pour tenter de se rassurer sur leur amour à son égard, c'est-à-dire en réalité, sur la reconnaissance de sa propre transcendance par son père et sa mère.

Vue au travers de cette analyse, toute réponse vindicative sombre dans la bévue, pour ne pas dire l'absurdité. La seule réplique admissible de la part des autorités ne peut être que toute forme d'entreprise qui pourra afficher de façon péremptoire des affirmations aussi définitives que : "nous vous reconnaissons comme des êtres transcendants, et nous allons tout faire pour vous le prouver". Dans ces conditions, plutôt que de se lancer dans quelque polémique sur le sujet, il y a urgence à monter des expériences en ce sens, pour tenter de vérifier le bien-fondé de ces considérations. Car dans le cas où elles s'avéreraient correctes, il va de soi que la susdite répartie aurait pour effet inéluctable d'immédiatement désamorcer le processus ; et il ne resterait plus qu'à utiliser le bénéfice de cette reconnaissance vécue par les protestataires pour leur faire rectifier les désordres ainsi provoqués.

Ainsi, non seulement il faudrait s'attendre à l'évanescence naturelle de la délinquance organisée, mais la petite délinquance aurait toutes chances de revenir à un niveau très anecdotique. Par ailleurs les incohérences, pour ne pas dire absurdités, des systèmes actuels se trouvent automatiquement levées. Quelques unes des plus flagrantes sont discutées ici.

Tout d'abord, dans l'état actuel du fonctionnement judiciaire, le traitement accordé à la victime en reste à un niveau plus que balbutiant. En France, par exemple, il a fallu des lois pour que le magistrat se doive de s'occuper explicitement de la victime, et notamment d'organiser une rencontre entre elle et l'auteur du forfait. Ici, cela devient une conséquence incontournable que le traitement global considère central le problème de la victime. En particulier, tant que celle-ci n'a pas retrouvé un certain état de paix intérieure vis-à-vis du préjudice qu'elle a subi, il est impossible, c'est-à-dire strictement contradictoire avec toute logique, de prétendre que la réparation soit accomplie.

Dans cet esprit, et cela a été suffisamment établi par la section antérieure à la précédente, il est absolument nécessaire que le préjudice matériel, s'il existe, soit réparé. À ce propos, dans le contexte actuel, il se trouve que, dans le cas de sanctions pénales, cette réparation se trouve la plupart du temps remise aux calendes grecques, ceci par les vertus de l'emprisonnement. Et même, bien souvent, cela entraîne comme conséquence ultime qu'elle n'aura même pas le temps d'être sérieusement mise en application. Ici, impossible d'accepter une telle conclusion ; si la réparation matérielle est possible, il faut qu'elle soit entreprise par l'auteur du forfait comme étape incontournable de la réhabilitation du respect de la personne. Ceci étant mis en chantier, cela ne pourra que favoriser les conditions pour que la victime participe à un effort de compréhension en profondeur, hors de toute vindicte, de ce qui a rendu le forfait possible. Comme déjà mentionné, un des objectifs préalables est d'avoir amené le délinquant à une claire conscience de l'aspect d'origine animale de ce qui a présidé à son action, et que ceci constitue un obstacle rédhibitoire à l'expression de sa propre instance intime, dans toute son ampleur d'inaccessibilité. Dès lors, ce faisant, si la victime parvient à partager ce constat, cela va représenter à ses yeux un moteur essentiel par lequel elle va pouvoir accepter son préjudice moral ; elle ne pourra plus, de ce fait, échapper à une certaine paix intérieure qui va nécessairement accompagner ce trait nouveau représenté par la manifestation de l'instance intime chez le fautif ; tout ce processus constituera d'une certaine façon la solution définitive d'un progrès dans l'ordre de la spécificité de la personne auquel elle aura ainsi pu participer.

Ceci est à opposer à l'état de choses actuel, qui démontre de façon irrécusable que l'emprisonnement, aux yeux de la population, ne constitue nullement une réparation. Il suffit, pour s'en convaincre, de constater le tollé qui en général accompagne la seule éventualité de remise en liberté d'un criminel célèbre, quel que soit le temps qu'aura duré sa détention. Et à cet égard ce ne sont pas les pouvoirs publics qui pourront jeter la pierre aux citoyens, tant leur exemple a pris les devants. En effet, non seulement au sortir de la prison tous les préjudices financiers vont être réclamés à l'ancien détenu (au passage bonjour l'attente, pour ceux qui comptaient sur cette réparation !), mais au delà d'une certaine gravité, celui-ci a perdu de façon définitive tous ses droits civiques, ce qui le prive entre autres de toute possibilité d'embauche par l'État, même pour les travaux les plus élémentaires. C'est dire combien, même aux yeux de celui qui l'ordonne, l'emprisonnement ne possède aucun caractère de réparation, ce qui revient à constater qu'il ne lui reste que la seule propriété de représenter un comportement purement vindicatif ; et cela rend bien difficile de pouvoir reprocher au système carcéral des dérives qui enfoncent le clou en ce sens.

Dans cet esprit, une autre anomalie se lève. Elle concerne la durée du processus qui peut désormais rester totalement déconnectée de toute appréciation en termes de gravité des faits, ceci, une fois de plus en toute contradiction avec ce qui se passe aujourd'hui, puisque là, il s'agit d'emprisonnement donc de réponse vindicative, qui se prétend proportionnée au délit. L'échec total de cette pratique est manifeste aux yeux des statistiques. Pour les petits méfaits, donc assortis d'une "légère" peine de prison, la récidive est de loin la règle générale. Échec promis par la contradiction interne que véhicule ce système. Puisque la réponse consiste à décerner un certain mal proportionné à l'action incriminée, elle reste nécessairement bien trop courte dans le temps. Et il faut attendre que le violent, tenté par les méandres de la délinquance, ait commis de lourdes exactions, pour que l'on ait tout son temps pour envisager une certaine réparation (on appelle cela travailler à la réinsertion des détenus). Au contraire donc, pour ce modèle, il n'y a aucune raison de relâcher un investissement obstiné à chercher à atteindre, quoi qu'il arrive, le réveil de la prise de conscience du délinquant, aussi ténue soit sa bévue. Il n'y a là nulle disproportion, puisque par construction, il ne saurait y avoir trace d'un quelconque sévice.

Ce type d'anomalie se trouve d'une certaine façon poussé à l'extrême dans les cas de préjudices graves ne donnant pas lieu à sanctions pénales, comme le sont la plupart des accidents de la route. Ici, un certain préjudice sera accordé aux victimes, cela va sans dire. Il sera d'ordre financier. Mais l'auteur du méfait n'en ressentira pas le moindre impact, puisque tout ceci sera couvert par son assurance[5]. Ainsi, les choses vont être considérées comme définitivement résolues, sans que le responsable n'ait eu à engager lui-même explicitement le moindre processus de réparation envers les personnes qui auront été atteintes. Voici qui ne va pas les aider à supporter leur peine.

Dans la même veine, une autre contradiction est écartée, qui concerne le traitement du cas de l'enfant. Aujourd'hui, le système se trouve parfaitement démuni vis-à-vis d'un petit délinquant mineur. Il faut pratiquement attendre qu'il commette un crime de sang pour que l'on puisse s'occuper de son cas avec les outils disponibles. C'est que depuis quelques dizaines d'années, un consensus est accepté par la majorité de la population (au moins en France), qui consiste à trouver inacceptable l'emprisonnement d'un enfant (bon début pour trouver inacceptable l'emprisonnement tout court, mais on en n'est pas encore là !). Bien entendu, il ne s'agit de rien moins que de l'émergence de la prise de conscience de l'évidente brutalité vindicative de l'emprisonnement, qui du coup devient inacceptable si on l'applique à l'enfant.

En revanche, dans un univers qui se développe en harmonie avec les principes conformes à ce modèle, il n'existe plus de brutalité vindicative, mais une attention apportée à la détection de la spécificité de l'instance intime. Dans ces conditions, le traitement qui est pratiqué pour l'adulte s'étant montré défectueux au point d'attenter à son semblable, a fortiori doit-il être appliqué à l'enfant. Et même, le plus tôt sera le mieux ! Et encore une fois, ici le temps à consacrer à la chose n'a aucune raison de se voir limité, puisque tout ceci se déroule hors de toute vindicte, et donc ne saurait dispenser de mal prétendument proportionné au méfait.

Dans la même veine, un autre aspect quelque peu abusif propre à l'emprisonnement revient à la nécessaire peine qui s'abat sur l'entourage proche du coupable. Tous les liens affectifs dont il se trouvait l'objet se voient brusquement soumis à une très sévère raréfaction. Et donc tous ceux pour qui ces liens constituaient un tissu important de leur vécu en subissent durement les conséquences, ceci alors qu'ils sont parfaitement innocents !

De façon tout à fait symétrique, il apparaît que la lame de fond complètement vindicative qui sous-tend le processus judiciaire n'offre strictement aucune ouverture du côté de la paix intime chez la victime et son entourage. Cela provient de l'essence mécanique, et donc ici éthologique, de ces relents de rancune pour lesquels nul ne peut espérer la moindre solution définitive, conformément au cinquième trait discriminant. Ceci va jusqu'à l'énormité moult fois constatée dans les états où sévit encore la peine capitale : il se trouve que jamais l'exécution du coupable ne délivre les proches de la victime de leur hargne vengeresse ; et même, nombreux sont les témoignages où l'on entend ce type de mort qualifiée de bien trop douce pour le coupable ! Au contraire, dans le cadre du système de réparation discuté ici, le retour vers la paix intime est un des objectifs incon-

[5] Attendu que celle-ci, si elle reporte quelque impact sur l'auteur de l'accident (notamment via les mécanismes dits du malus), ceci se fera sans tenir le moindre compte de ce qu'il y aura eu des victimes humaines ; et, même en considérant les montants en jeu, ceci restera identique au cas où il n'y a eu que de simples petits dégats matériels !

tournables des opérations en jeu. Cela coule de source, nul ne peut prétendre se trouver bien engagé dans la voie de la réparation tant que les victimes continuent à subir de plein fouet les conséquences du forfait. Bien entendu, comme déjà indiqué, cela passera par toute attention à chercher à déconnecter de tout élan vindicatif. Et même, cela pourra aller jusqu'à provoquer la participation à la "réparation" proprement dite du fautif, si l'on arrive à réunir les conditions qui permettent de s'y prêter. Qui peut nier, en effet, que concourir à l'émergence des lois de l'instance intime chez le délinquant, en lieu et place de sa soumission aux comportements de pure vindicte animale, contribue largement à délivrer de ses propres rancœurs ? En outre, cet effet réparateur aura tout lieu d'émerger dès le début des opérations, dans la mesure où une des conditions de bon fonctionnement est qu'une ténacité indéfectible se doive de constituer la lame de fond de toute l'entreprise : rien ne pourra arrêter le processus tant que la réparation définitive ne sera parachevée, aussi bien en ce qui concerne le délinquant que la victime.

Une autre conséquence quelque peu embarrassante concerne le cas de la prescription. Au delà d'un certain temps (dont la durée dépend de la nature du délit), plus aucune poursuite n'est possible. Et par voie de conséquence, aucune réparation ne sera entreprise. Ceci est en tout point conforme à la nature vindicative de la sanction. Ordonner une punition trop longtemps après l'acte réprouvé apparaît du même ordre que se livrer à une colère bien longtemps après les faits responsables. Non seulement elle devrait ne plus avoir lieu d'être, mais en outre le coupable a probablement tellement changé que s'en prendre à lui est presque synonyme de s'en prendre à un autre. De toutes façons, dans la représentation qu'en donne ce modèle, la réponse vengeresse est imbriquée dans une réaction éthologique en toute immédiateté. S'y livrer bien trop longtemps après les faits la coupe de sa justification génétique de base.

Ici, rien de tel. Comme rien ne dispense de réparation, quel que soit le délai atteint, l'évidence de cette nécessité ne peut être éludée. Et au minimum, il ne peut être évité de vérifier explicitement si cette réparation a encore lieu d'être. Il est tout à fait possible, en effet, que le temps ait remédié aux préjudices. Mais si ce n'est pas le cas, rien ne pourra s'opposer à ce qu'elle soit entreprise en bonne et due forme. De la même façon, dans l'univers technique, rien ne dispense de la correction d'une erreur ; et par exemple, quel que soit l'âge d'un programme informatique, son auteur ne saurait en tirer avantage pour tenter de se dégager de la responsabilité qui lui incombe de continuer à assurer les éventuelles corrections s'étant avérées nécessaires. Ici, c'est encore plus impératif, s'il est possible ; car il reste absolument contradictoire avec toutes logiques que le respect de la personne, tel qu'il découle de l'inaccessibilité de l'instance intime, puisse s'accommoder d'une atteinte à autrui laissée telle quelle, sans rien entreprendre pour tenter d'en atténuer les effets.

Enfin, une autre pratique se verra nécessairement revue sous un jour nouveau ; il s'agit de l'usage des moyens coercitifs. Aujourd'hui, les instances répressives n'arrivent pas à imaginer d'autres outils que de véritables armes de guerre. Entre parenthèses, lorsque l'on prend conscience de ce qu'il y a belle lurette que des armes douces ont été inventées pour la manipulation des fauves, on constate ici un indice supplémentaire de la totale absence de prise de recul à laquelle conduit cette soumission aux lois éthologiques, aboutissant, entre autres, à la classification en bons et méchants. Or il va de soi que la vision de ce modèle exige d'office l'invention d'armes douces. Elles pourraient, par exemple, décocher un double effet. Le premier serait de provoquer une immobilisation immédiate, mais qui durerait le temps que se produise un second, tel que l'endormissement. Voici qui changerait radicalement les choses, aussi bien pour les décisions à prendre, car les conséquences seraient autrement moins dramatiques (en particulier en cas d'intervention précipitée), que pour l'ambiance résultante, incomparablement moins chargée de stress et d'agressivité.

13.6 Sur quelques considérations numériques

Au terme de ce tour d'horizon, le contradicteur aura beau jeu de brandir l'énormité des efforts à dispenser pour mettre en œuvre cette vision. Il est clair qu'aujourd'hui le mot clé est souvent : on n'a pas le temps. Et même, plus souvent qu'à leur tour les instances pénales peuvent à bon droit se voir qualifiées d'expéditives. Et dès lors, beaucoup seront tentés de conclure que le citoyen n'est pas prêt à payer le prix pour aller vers ce mieux.

À ceci, la réponse consiste en un double constat fort simple. Tout d'abord, il est trop clair que l'organisation sociale est complètement encapsulée dans le processus du pouvoir. La participation du citoyen se réduit à déposer dans l'urne son bulletin de vote, acte par lequel il se démet de tout droit à pouvoir intervenir dans les affaires de la cité. Il en résulte que le fonctionnement de tous services à usage général se retrouve entre les mains, soit de représentants élus, soit de professionnels désignés par les pouvoirs en place, tous autant d'intervenants qu'il faudra bien rémunérer. On sait déjà combien tout ceci s'avère bien peu conforme à la vision qui découle de ce modèle. En outre, et c'est le second constat, ceci exclut toute approche d'une réelle universalité en marche. Ainsi, de même que la conduite automobile ne saurait satisfaire la tension vers l'universel sans la participation pleine et entière du citoyen, de même, ici, il n'y a aucune raison de croire que quiconque a droit de se démettre de sa participation à la responsabilité collective à faire avancer les choses vers l'expression de l'authenticité de la personne. Dès lors, l'argument des contradicteurs se réduit à cette formule. Aller vers ce mieux promis par ce modèle coûtera fort cher, uniquement dans un monde qui continue à priver le citoyen de la participation responsable à la marche vers ce mieux.

Par ailleurs, en ce qui concerne l'aspect de démesure que semble évoquer l'effort à consentir vers cette direction, il s'agit là d'une impression qui risque fort d'être sérieusement mise à mal, si l'on se prend à procéder à quelques considérations quantitatives précises. En outre cela se trouve cruellement amplifié grâce aux conséquences impliquées par le choix de la vindicte, c'est-à-dire du pan mécanique, entériné par l'ambiance culturelle en place. En particulier, le cinquième trait ne laisse espérer aucun répit. Quoi que l'on fasse, les choses seront toujours à remettre sur la sellette. Il n'y a donc aucun espoir de ce côté à pouvoir se délivrer de la nécessité à renouveler trop souvent ces efforts longs et coûteux. Mais cela n'est que le fait du choix animal effectué, et ne saurait être attribué au clan de l'instance intime, puisque là, solution définitive il y a. Ainsi, le processus de récidive n'est qu'une propriété inéluctable du choix éthologique vindicatif, et le coût résultant lui revient de façon exclusive. Or, ce surcoût peut s'estimer simplement. En effet, de façon précise, si p est le taux de récidive, un calcul simple montre que le nombre moyen de traitements judiciaires que subira un délinquant primaire sera [6] : $\frac{1}{1-p}$. Pour un taux souvent cité de 80 pour cent, cela donne un facteur 5. Ainsi donc, par délinquant primaire, c'est un facteur 5 qu'il faut appliquer à l'ensemble du temps passé sur son cas, la première fois ! Et encore, à condition que les méfaits constitués par les récidives ne nécessitent pas de temps de traitement accrus !

Donc, pas si économique que cela le système actuel. Or ce n'est pas tout, car de l'autre bord, lorsque l'on concède à tous les citoyens le droit de participer à l'avancée du corps social, c'est un effet massivement inverse qui prend le relai. En effet, l'entreprise de réparation à la charge de chacun, via la compréhension en profondeur, entraîne un effet "boule de neige", bien connu dans l'univers scientifique, et qui peut s'illustrer de façon quelque peu simplifiée de la manière suivante. Pour ce faire, fera l'affaire l'hypothèse suivante : existe un processus qui permet non seulement de convaincre définitivement une personne de rester (ou bien revenir) dans le chemin du respect absolu de la personne, mais également de la rendre capable à son tour de transmettre la même conviction chez une autre personne, et ainsi de suite. Or, à l'encontre d'une impression trop hâtive, il ne faudra qu'un tout petit nombre d'opérations successives pour avoir convaincu toute la population. Pour illustrer ceci de façon numérique, il suffit de partir de la quantité approximative du nombre de magistrats en France (qui est d'un ordre de grandeur de 10 000), et ainsi supposer que pour sa première mise en œuvre le susdit processus dispose de mille cellules fonctionnant en parallèle. Comme, une fois achevé, le processus en question entraîne le doublement du nombre de personnes convaincues et devenues capables de convaincre autrui, la question revient à savoir combien de doublements successifs faudra-t-il pour atteindre la totalité de la population française (de l'ordre de 60 000 000). Mais, puisque $2^{16} = 65536$, il se trouve que 16 processus successifs suffiront ! À comparer avec la valeur de 60 000 à laquelle reste rivé tout système restreignant le droit d'intervenir aux seules personnes désignées par le pouvoir en place, c'est-à-dire ici aux mille cellules prises en hypothèse[7]. En tous cas, cette valeur est prodigieusement hors de toute atteinte, même sans tenir compte du facteur 5 apparu au paragraphe précédent. Évidemment, la conclusion est radicalement inverse

[6] Au premier traitement, il faudra en recommencer un autre avec la probabilité qu'il y ait récidive, soit $+1 \times p$, ainsi qu'un autre supplémentaire avec la probabilité qu'il y ait une seconde récidive, soit $+1 \times p^2$, etc... Et ceci donne l'expression : $1 + p + p^2 + p^3$ ..., progression géométrique bien connue, dont la somme ultime est effectivement $\frac{1}{1-p}$

[7] À l'adresse de celui qui voudrait ergoter sur l'hypothèse des mille cellules de départ, il y a lieu d'ajouter le petit codicille suivant. Si l'on tient à partir d'une seule et unique cellule, alors le nombre d'opérations successives devient 26, puisque $2^{26} = 67108864$; voilà qui ne change à peu près rien aux conclusions !

pour l'autre valeur numérique, puisque le nombre 16, rapporté à la moyenne de durée de vie en France, qui est de l'ordre de 80 ans, permet de conclure que la population entière sera convaincue, si l'étape moyenne du susdit processus dure un maximum de 5 ans.

Qu'il s'agisse là d'une illustration quelque peu idéalisée, chacun en conviendra aisément. Mais en revanche, il sera plus difficile de totalement évacuer tout espoir d'un effet "boule de neige" propre à tout processus qui, d'une part, fait voler en éclat l'appropriation par quelques professionnels ou élus de la gestion de l'ordre social, et d'autre part, cultivent la compréhension suffisamment en profondeur en sorte de transmettre tout le dynamisme résultant à autrui, comme l'est le système de réparation discuté dans tout ce chapitre. Et finalement, ceci constitue une raison de plus pour quelque peu atomiser l'impression d'énormité du coût que pouvait laisser craindre une estimation quelque peu trop hâtive, laquelle énormité semble bien davantage relever d'un effet pervers des systèmes demeurant asservis sous la coupe des processus du pouvoir. En outre, dans ce dernier cas, la conviction d'une perspective tout à fait hors d'atteinte est amplifiée dans un monde dont la préoccupation majeure est le maître argent, et ceci aux dépens du respect de la personne. Et, comme le signalait une section précédente, il n'en faut pas plus pour sécréter les mafia qui se chargeront de combler tous les vides dans les secteurs où de l'argent malhonnête peut être extrait. Et par conséquent, dès qu'un tel vide s'est créé par le truchement d'une lutte coercitive, d'autres acteurs vont s'empresser de le combler, et ceci tant que perdurera l'attitude consistant à se résoudre à ne faire à peu près rien pour tenter de désamorcer sérieusement les divers appâts dans desquels tout ceci mijote.

13.7 Conclusion

Dans cette perspective, celui qui compte un peu trop sur l'indolence du citoyen moyen pour étouffer tout élan vers cet ordre de choses, risque fort de faire un bien mauvais calcul. En effet, dans un premier temps, il est facile de comprendre combien le prétexte à l'immobilisme est largement attisé par le bien faible niveau de conviction que s'avèrent en mesure de susciter la plupart des tentatives innovatrices expérimentées à ce jour à l'endroit de la délinquance. C'est ainsi que si l'on cherche un dénominateur commun à la quasi totalité des expériences tentant d'aménager les divers systèmes punitifs, on relèvera essentiellement deux traits. D'une part, ils se cantonnent à reculer (plus ou moins loin selon les systèmes) le moment où la décision punitive va finir par reprendre ses droits. D'autre part, l'exigence de réparation explicite et précise reste à un niveau assez dérisoire, et encore lorsqu'elle n'est pas complètement occultée. Voilà qui va avoir tout le mal du monde à emporter une quelconque adhésion chez celui qui a fait sien le choix de la sanction vindicative. Tout ceci va simplement lui apparaître comme un cadeau gratuit et à peu près injustifié, au nom d'une bonne volonté angélique quelque peu injustifiable.

Dans la même veine, la plupart de ces tentatives se présentent dans une mouvance cherchant à réinculquer des normes, présumées absentes chez le jeune défaillant. Tout ceci se trame autour du thème : perte des repères. Or, il s'agit là d'un processus explicitement mécanique, qui occulte complètement tout aspect relevant de l'instance intime. Ainsi, en rester à un tel niveau mécanique, voilà qui n'a vraiment que fort peu de chances de réussir à ébranler la chape de plomb (mécanique elle aussi, encore une fois) sous laquelle se soumet celui qui a fait son choix de la pratique punitive. Cela représente assez efficacement un déni à l'existence d'un universel intrinsèque propre à l'instance intime de quiconque. A contrario, il n'est pas si certain que même le plus endurci du clan de la vindicte resterait inébranlable si existaient des résultats concrets indiscutables, démontrant, chez le fautif, sans qu'il ait été besoin d'appeler à la rescousse une artillerie moralisante, l'éveil de traits relevant explicitement de l'instance intime, assorti d'une volonté concrète de réparation. Or, il y a toutes chances que de tels avènements voient le jour si l'on se prêtait à cultiver tous procédés qui permettraient de visualiser ou représenter d'une quelconque façon son propre comportement aux yeux du défaillant (par exemple en lui projetant un extrait filmé de son comportement répréhensible), avec pour seule directive de l'inviter à l'apprécier le plus authentiquement possible ; son instance intime ayant pour tâche de faire le reste !

Ceci ne serait rien d'autre que chercher à devenir conforme aux déductions de ce modèle, qui aboutissent à renverser complètement la perspective. Le seul et unique objectif devient la recherche, au nom des lois de l'instance intime, de la pleine et entière réparation. Et là, devant le constat d'une réparation dûment achevée, que peut-on exiger de plus ? Dans ces conditions, rien n'empêchera que fasse son chemin dans l'esprit de chacun le parallèle qui en découlera quoi que l'on fasse. D'un côté l'indissoluble malaise qu'entraîne le bilan des systèmes répressifs, qui sont enferrés dans des sensations :

1. de n'avoir rien résolu du tout, et, en particulier, de n'avoir rien réparé du tout ; les chiffres de la récidive sont criants dans ce sens (et d'ailleurs à ce propos, qui accepterait de semblables taux d'échec à l'égard de ses appareils ménagers ou techniques venant à tomber en panne ?) ;
2. de n'avoir pas délivré la victime de sa rancœur ;
3. d'en être resté à un niveau où rien n'est vraiment expliqué et compris.

De l'autre côté, les sensations propres à l'univers de l'instance intime, nécessaire moteur de l'implacable obstination à chercher réparation, qui impliquent obligatoirement d'aboutir à :

1. l'évidence d'avoir compris quelque chose ;
2. la certitude d'avoir participé à une avancée vraiment définitive ;
3. une certaine plénitude pour avoir participé à une réparation explicitement parachevée.

Ainsi, il serait quelque peu présomptueux celui qui continuerait à prétendre qu'un tel parallèle n'engendrerait aucun impact chez la majorité des citoyens, et, en particulier, ne les inciterait nullement à envisager un complet changement de cap dans cet ordre de choses.

Enfin le partisan du statu quo ne peut même pas se rabattre vers l'agitation d'épouvantails du genre : on ne peut pas supprimer les lois coercitives, car il y a trop de gens prêts à toutes les folies ! Tiens ! Encore une fois, il s'agit des autres ! La parade est évidente. Conservons donc les lois coercitives ; mais on ne peut les appliquer qu'aux individus refusant de jouer le jeu de la réparation, et encore, juste le temps qu'ils persistent dans leur refus. Dès lors, puisque évidemment personne ne peut décider pour autrui, chacun peut faire le choix pour son propre compte, mais pour son propre compte seulement. Dans ces conditions, si l'on mettait aux voix un nouveau pan de la constitution qui permettrait ainsi à tout citoyen de pouvoir choisir l'application à son égard soit du système coercitif actuel, soit d'un système de réparation, alors les partisans du statu quo pourraient tranquillement se préparer à faire leurs valises, tant serait écrasante la déroute.

Chapitre 14

Un dynamisme spécifique de la personne

L'organisation de la vie économique et productive en vigueur ne s'embarrasse pas de fioritures pour marteler la nécessaire primauté des deux axiomes, qui, paraît-il, doivent être entérinés sans le moindre état d'âme. Ce sont les principes de la carotte et celui de la concurrence. Autrement dit, aux yeux de l'économiste, la seule rétribution efficace est nécessairement matérielle, et le dynamisme du progrès ne peut être assuré que via la concurrence.

La seule et unique mesure de la qualité d'un travail est donc la rétribution matérielle. Le principe est si exclusif que, dans un cadre donné, que ce soit production, que ce soit innovation, les divers intervenants trouvent totalement insupportable une inégalité qui n'irait pas dans le sens de leur avantage. Ceci est si prégnant qu'il n'existe pas d'autre solution pour qui veut refuser cette chape de plomb, que de s'extraire de tout contexte du genre, et aller vivre en parfait isolationniste une tentative d'instauration d'une quelconque rébellion contre cet ordre de choses.

La conséquence évidente de ce principe est qu'une partie significative des énergies dispensées s'investit dans les combats entre les personnes. Tout est bon pour tenter de démontrer que sa propre part doit excéder celle de ses voisins. Et pour ce faire, on aura tôt fait de dériver hors de la simple instigation à produire le meilleur de soi-même. Les luttes incessantes des plus anciens vont vite démontrer que la véritable qualité est bien trop difficile à déceler, et les rapports de force purement éthologiques autrement plus efficaces pour déterminer les gratifications. Cet affrontement pour la meilleure part est d'autant plus acharné que l'on monte haut dans la hiérarchie, mais par voie de conséquence d'autant plus propice à gaspiller les énergies.

Le principe de la concurrence ne dépare pas le tableau. Partant de l'axiome selon lequel le meilleur doit gagner, lorsque deux groupes produisent des objets similaires, tout sera mis en œuvre par chacun pour tenter de faire croire que les siens sont plus avantageux. Si en France un arsenal légal tente de tempérer les agressions conséquentes, cela a pour effet d'imposer une certaine retenue aux seules attaques proférées au grand jour, mais manifestement pas celles qui vont bon train par derrière, truffées de mensonges et affirmations diffamatoires envers le concurrent. Au total, à décrypter les publicités officielles, on serait bien en peine de dégager des critères objectifs assurant le bon choix. Pourtant le résultat final est redoutable : le vainqueur a récupéré le tout, le perdant n'a plus rien. Les économistes libéraux ont toujours prétendu y voir la seule conduite apportant l'efficacité maximale pour l'organisation du travail. Et il s'est trouvé que le fiasco des sociétés collectivistes, en regard des espaces où sévit la concurrence, n'a pas pu servir à tempérer leur assurance.

14.1 Les fondements éthologiques des moteurs économiques

Que tout ceci relève du strict mécanisme animal, cela coule de source. En tous cas, en ce qui concerne ce modèle, c'est un jeu d'enfant de vérifier comme les traits distinctifs entre mécanisme et conscience le situent bien de ce bord. En effet l'immédiateté y est assurément vécue sans bémol. Que ce soit à l'intérieur d'une structure lorsqu'un individu essaie de se faire valoir, ou que ce soit entre sociétés, lorsque l'une d'entre elles montre ses dents, la levée de boucliers est instantanée, et le combat se déclenche dans la foulée. Le caractère imposé est orchestré par les refrains du genre "telle est la dure réalité de la vie", par lesquels on assure l'homme assujetti à ces pratiques par nécessité de survie, ceci, bien évidemment, en se dispensant de la moindre trace d'argumentaire sérieux et vérifiable. Bien entendu, le fond d'anxiété sous-jacent constitue le lot quotidien de tout un chacun dans son lieu de travail. Peut-être les plus agressifs qui dispensent le plus clair de leur énergie à ces luttes y sont-ils un peu plus sujets que les autres, mais cela reste à démontrer. En ce qui concerne la dissymétrie, elle est posée d'emblée comme l'objectif explicite non seulement à instaurer, mais même à pousser au paroxysme, et ceci dans les deux cas. Et par conséquent, plus le gagnant l'aura poussée loin, plus il s'en félicitera. En outre, que rien ne soit définitif en constitue un trait permanent. Même lorsqu'un adversaire ou un concurrent a été abattu, sitôt passée la période d'excitation qui s'ensuit, il devient très vite clair, et par suite lancinant, que rien n'empêche un autre de venir prendre la relève. Il n'y a enfin pas à épiloguer sur le non-universalisme résultant de tout cela.

Que les traits distinctifs rangent ces principes du côté du mécanisme, cela risque de paraître bien banal aux yeux de celui qui ausculte le comportement animal, tant paraissent évidentes les similitudes. La lutte pour les plus hautes places dans la hiérarchie a été maintes fois évoquée ici.

Toutefois, pousser à l'extrême la seule logique de la lutte pour la place de dominant, cela devrait conduire à l'éclatement de toute structure. La seule manière d'atteindre à tous coups la place du prince et de n'avoir aucune obligation d'obéissance consiste à se recroqueviller dans un isolationnisme résolu. Or en réalité, dans la nature, très peu d'espèces y sont parvenues. Mais il s'agit toujours de genres particulièrement doués, certains de par leurs qualités spécifiquement physiques comme la plupart des félins, d'autres plutôt par leur capacité de ruse, comme les renards ou les ours.

Cependant cet éclatement reste exceptionnel, et l'on trouve des espèces encore bien plus douées, comme les orques ou les grands singes, qui vivent en tribu. Et donc à part quelques cas isolés, l'organisation en groupes est la règle, assortie des processus de hiérarchisation, déjà maintes fois évoqués. Et même, pour les espèces ayant réussi à vivre isolément dans la nature, lorsque la main de l'homme les rassemble en groupe (par exemple dans des parcs animaliers), les lois de la hiérarchie reprennent tous leurs droits.

Quoi qu'il en soit, si pour l'immense majorité de la gent animale, la vie en cohésion dans une tribu est la règle, il faut bien que des attributs génétiques y prédisposent, qui, de toute évidence, ne peuvent exister sans l'intervention de gènes gérant une machinerie incitant à la défense du groupe et à la participation à sa meilleure efficacité. En particulier, ceci s'applique à la protection du territoire en sorte que, en cas de rareté, se déclenchera une lutte sans merci, au terme de laquelle il n'y aura pas d'autre issue que la victoire totale pour un clan et l'élimination de l'autre.

Ainsi, il serait totalement déraisonnable de s'imaginer que les gènes prédisposant à vivre en tribu ne soient pas partagés par l'espèce *Homo sapiens sapiens*. Et il y a vraiment peu de chances que la prolifération de groupes tous azimuts constatée à ce jour soit étrangère à cette origine éthologique, que ce soient les groupes de partisans (on parle de "supporters" en sports, de "fans" dans certains cercles culturels, de partis en politique), ou que ce soient des associations pour soutenir des idées aussi diverses que variées.

Dans les tout derniers cas, on pourra aisément objecter que l'origine éthologique reste difficile à mettre en première ligne, du moins si l'on veut passer par une lecture via les six traits discriminants. En effet, l'appartenance à un groupe pour soutenir une idée a nécessairement dû passer par une prise de recul qui, au minimum, cultive l'argumentaire conduisant à l'adhésion à cette idée. Mais, en aucun cas cette prise de recul initiale ne saurait, à elle seule, garantir le même niveau de conscience sur les comportements à venir. Et il y aura lieu d'y revenir dans quelques instants. En revanche, dans le cas caricatural du "supporter", les choses sont sans aucune équivoque.

Ainsi, quiconque changeant par choix délibéré de lieu de résidence devient quasi systématiquement sujet à prendre le parti des équipes locales, lorsqu'elles présentent une certaine valeur dans les sports pour lesquels il éprouve quelque passion. Le caractère d'immédiateté et l'aspect inéluctable sont véhiculés dans des formulations dont le contenu n'explique rien du tout, mais qui se contentent d'affubler le tout d'un aspect prétendu proprement "inéluctable", façon d'endosser sans y regarder de près le second trait : déroulement vécu comme imposé de l'extérieur. Les victoires et les défaites sont vécues, loin de toute sérénité, respectivement dans l'excitation et la frustration, constituant par là-même le creuset où l'anxiété va s'empresser de construire son gîte. La dissymétrie y est solennisée chaque fois que l'équipe "supportée" monte dans les classements. Tout cela est évidemment l'objet d'une totale remise en jeu à chaque compétition. Enfin le tout baigne dans un parfait déni de l'universel.

Tout ceci est parfaitement antinomique du groupe qui s'est donné pour tâche la promotion d'une idée. Le point de départ contient nécessairement la prise de recul que représente l'adhésion à cette idée. L'application de chacun à ce qu'une certaine efficacité soit atteinte n'est vraiment vécue que suscitée de l'intérieur, de par la conviction concernant l'objectif. Cette conviction recèle en elle-même l'arrière fond de sérénité qui baigne tout engagement de la détermination intime. Toute trace d'une quelconque dissymétrie devient parfaitement contradictoire avec l'enjeu ainsi posé. Chaque succès obtenu à faire partager l'accès à cette idée prend un aspect définitif. Enfin le tout relève de la plus spécifique universalité, liée aux significations authentiques.

Toutefois ne se trouvent que très peu de groupes (peut-être même aucun) qui parviendront à perdurer dans cet état idéal. Très vite les relents de partisans vont venir s'infiltrer de partout. En effet, les refus opposés par certains à l'évidence de l'idée à promouvoir seront propices à se voir interprétés comme abusifs ; ainsi donc, là où la moindre prise de recul consisterait à chercher à comprendre pourquoi l'argumentaire s'est montré inefficace, le dépit conséquent, subi en toute immédiateté, aura tôt fait de rappeler à la rescousse les mécanismes éthologiques par lesquels le partisan va prendre le relai par tous les moyens qui lui paraîtront appropriés.

Ce n'est évidemment pas les avatars de l'histoire qui pourront s'inscrire en faux contre ceci, en ce qui concerne les rassemblements à caractère politique. Mais les univers culturels ne se montrent guère en reste de par les multiples mouvements de rénovations bien vite essoufflés et se recroquevillant en instances normatives parfaitement partisanes. Et l'on voit mal comment tout ceci pourrait s'expliquer sans l'omniprésence des mécanismes éthologiques de protection et de cohésion de la tribu.

Ainsi donc, tout laisse à penser que ces modes de comportement n'ont pas été inventés par l'homme, mais figurent bel et bien dans le patrimoine génétique d'*Homo sapiens sapiens*. Et "la dure réalité des lois économiques" n'a guère d'autre fondement que la résurgence chez l'homme de lois éthologiques où figure en bonne place le couple constitué d'une part des lois de la hiérarchisation et d'autre part de la propension à vivre en tribu assortie de la lutte pour la sauvegarde du territoire. Dans cette perspective, il paraît plus que probable que l'échec des sociétés collectivistes est à imputer à la décision abstraite de supprimer par la force les comportements résultants, et ceci, sans leur substituer une dynamique authentiquement spécifique de la personne.

14.2 Les dénis opposés à la loi économique

Car, dès la moindre tentative de prise de recul, comme on pouvait s'y attendre et enfin contrairement à ce que ses partisans tentent de laisser croire, les "lois de la carotte" ne peuvent absolument plus conserver ce caractère d'inéluctable lorsque fait surface la spécificité de la personne. Autrement dit, nombreux sont les faits qui militent dans le sens de la primauté de cette spécificité, aux dépens des susdites lois. Pour illustrer ceci de façon quelque peu circonstanciée, peuvent se mettre en avant les deux catégories de comportements ci-après, jouant en parfait désaveu du dit principe.

La première concerne les personnes elles-mêmes, vis-à-vis du rapport entre rétribution matérielle et intelligence. Plus la renommée en intelligence s'accroît, moins la rétribution financière des autres paraît une compensation à la hauteur. Et il n'est pas rare de voir un PDG désarçonné de sa superbe lorsqu'il se retrouve face à une personne connue pour être de grande valeur en son domaine. De ce fait, ils pullulent les cas qui montrent la rétribution par la renommée prenant le pas sur la rétribution financière, dans les secteurs où l'intelligence apparaît davantage prépondérante. Bien qu'il s'agisse là d'une forme de rapports pas très éloignés de la lutte pour la première place, cela constitue un sérieux pavé dans la mare du soi-disant aspect inéluctable de la carotte matérielle.

Le second fait concerne les efforts de recherche fondamentale. De plus en plus on assiste à un essor de la communication en lieu et place de la concurrence. En ce sens, il apparaît vraisemblable que l'explosion initiale du réseau internet a été provoquée par les chercheurs en mal de communication instantanée. Encore plus frappants sont les consensus marquant les recherches fort coûteuses. De plus en plus, ces recherches sont décidées de façon concertée au niveau de tous les organismes concernés, plutôt que déterminées dans la mouvance de la concurrence. Et ceci s'applique d'une façon extrême à la recherche de la fusion thermonucléaire controlée. Alors qu'il s'agit là d'une perspective aux conséquences économiques colossales, puisqu'il ne s'agit de rien moins que de la promesse de production d'une énergie virtuellement illimitée (à l'horizon de quelques dizaines d'années, il est vrai), on assiste depuis un certain temps à la mise en commun au niveau planétaire de tous les résultats de recherche. Enfin, que dire de la façon dont les principes économiques ont dû battre en retraite à propos du séquençage de génome humain. Alors qu'outre-atlantique il était prévu de déposer moult brevets sur le sujet, il n'en a finalement rien été, essentiellement grâce à la détermination du reste de la planète qui s'est obstinément refusé à tremper dans ce jeu, et ceci tout simplement, que le mécaniste convaincu le veuille ou non, non pas pour les beaux yeux d'une quelconque loi économique, mais bien au nom d'une sorte de suprême respect attribué solennellement à la personne.

Voici donc deux catégories de faits qui ouvrent une brèche de taille dans le prétendu caractère inéluctable de la loi économique imposée jusqu'à ce jour. En outre, le second laisse percer une démarche spécifique de la personne qui peut, à bon droit, être considérée comme le fer de lance de toute économie dynamique, et qui pourtant prend toutes ses distances vis-à-vis du principe de la concurrence. Il s'agit de l'innovation, et il convient de s'y arrêter quelque peu.

Pour la gent animale, la lutte pour le territoire reste circonscrite par la nécessité de survie, et l'organisation en tribu n'a pas d'autre besoin à satisfaire. Pour l'homme, la potentialité signifiante lui ouvre un espace qu'il n'y a aucune raison de pouvoir limiter. Sans cesse de nouveaux pans vont pouvoir être imaginés, que rien n'empêchera d'être librement exploités. Vu dans ce contexte, l'intrusion de la concurrence devient parfaitement sans objet. Là en effet, il n'est plus question de territoire limité dont l'appropriation est synonyme de survie. Au contraire, pour qui veut jouer le jeu de cette potentialité indéfinie, il n'y a plus aucune raison de parler de limites ; et par conséquent il n'y a aucune entrave à l'hypothèse qui veut que, à coup sûr, il y aura de la place pour tout le monde, c'est-à-dire pour tous ceux qui seront tentés par l'aventure.

Or l'effervescence résultante est bel et bien un aspect propre à l'activité de l'homme ; et ceci s'applique non seulement au cas du chercheur, mais également à tout un pan des économies occidentales. Certes, il ne saurait être question d'y plaquer une quelconque image d'Epinal. L'aspect de concurrence est tellement incrusté dans les habitudes que les mesquineries qui en découlent s'infiltrent au cœur même du bouillonnement d'innovations. Elles prennent la forme de copiages camouflés ou bien encore d'irruptions en force dans des créneaux supposés prometteurs. Il est clair que l'évidence du constat qui vient d'être énoncé, selon lequel il y aura de la place pour chacun, reste encore bien loin d'être partagé par tous. En outre, l'appétit des plus forts n'aura de cesse de se laisser aiguiser par les éventuelles réussites des petits.

Aussi, c'est bien parce que l'innovation s'y est montrée fort vivace que ces systèmes se sont avérés meilleurs que les autres. Or là, réside toute leur ambiguïté. Par nécessité de survie, ils ont dû récupérer ces attitudes dynamiques, car qui ne l'a pas fait s'est montré par trop inefficace, et n'a pu résister longtemps. Mais tout ceci s'est aussitôt encapsulé dans les combats proprement éthologiques. Dès qu'une innovation commence à se montrer efficace, de plus gros acteurs vont utiliser tous les moyens pour en récupérer tout le bénéfice à leur profit. Cela se fera par l'étouffement, soit par voie financière, soit par monopolisation de certains circuits, comme l'approvisionnement ou les débouchés. Ceci fait, l'innovateur qui n'a pas eu la prudence de blinder la propriété de son invention se retrouvera totalement démuni, et ceci sans le moindre état d'âme de la part de ceux qui l'auront phagocité.

14.3 Les distorsions du système économique actuel

C'est ainsi que ces économies dites modernes montrent, d'une part, le visage d'une réelle effervescence d'innovation, mais en grande partie située dans le bouillonnement de créations de multiples petites entreprises, et d'autre part, parallèlement la voracité des plus gros à s'accaparer à leur profit ceux de ces petits qui auront eu le malheur de coïncider avec leur intérêt. Quelques rares fois, ceci se ponctue d'exemples de petits devenus à leur tour de gros acteurs eux-mêmes, mais bien entendu après avoir repris à leur compte les mêmes méthodes d'accaparement des congénères. Voilà qui aide à faire rêver tout un chacun que le prochain bon numéro sera en sa faveur !

Autrement dit, le système économique actuel montre le visage d'un imbroglio entremêlant intimement un dynamisme propre à la personne et des incitations purement éthologiques. Rien n'en réchappe, bien que le poids respectif de chaque bord s'avère d'autant plus du côté de l'animalité que l'on s'éloigne davantage de l'innovation. Toutefois, même au beau milieu de cette dernière, les traits distinctifs, a priori du côté de la personne, se trouvent bridés par les relents éthologiques. C'est ainsi que la prise de recul initiale n'aura pas le caractère exhaustif qui lui serait naturellement propre, ceci en raison des barrières érigées sous la houlette des secrets industriels jalousement gardés. Le caractère non imposé se trouve quelque peu limité par différents moteurs, dont les effets de mode, et autres dirigismes pompeusement baptisés de stratégies commerciales. Il s'agit d'entraves qui, bien entendu, introduisent un caractère dissymétrique implicite. Enfin, les trois conséquences que sont la sérénité, l'universalité et le caractère de solution définitive seront bridés par la claire conviction que ces entraves auront empêché d'aller aussi loin que l'on aurait pu.

Bien entendu, c'est encore pire lorsque l'on passe au niveau de l'amélioration de l'existant, ce qui correspond à une sorte d'innovation déjà beaucoup plus incrustée dans le concret de la production elle-même. Et cela va jusqu'à montrer le spectacle d'un emballement poussé jusqu'à l'absurde. Le cas caricatural, déjà maintes fois désigné du doigt un peu partout sur la planète, est celui de nombre de formes de productions agricoles. Un exemple parmi les plus extrêmes est celui des céréales. Une pression féroce continue à s'appliquer sur leur production, alors que non seulement il n'y a nulle pénurie dans le domaine, mais même leur impact sur le prix final est devenu presque négligeable : par exemple, même en se basant sur le prix réel[1], le coût du blé dans une baguette de pain représente moins de cinq pour cent, et ceci même pour les produits bas de gamme ! Autrement dit, on doublerait le prix réel du blé, que cela resterait à peine perceptible pour le consommateur ! En outre, ceci est assorti d'une tricherie établie au niveau planétaire, qui consiste à pratiquer un prix fictif, très en dessous de la réalité, ceci pour les beaux yeux de sa majesté la concurrence, prix fictif qui est bien entendu rectifié pour les producteurs par divers systèmes de subventions.

Ceci montre finalement le spectacle d'un processus tellement emballé jusqu'à l'absurde, que non seulement l'impact éventuel sur le consommateur final est devenu presque imperceptible, mais qu'en outre, les conséquences néfastes continuent à s'accumuler dangereusement, que ce soient les conséquences sur l'environnement induites par les quantités colossales de produits chimiques déversées en vue d'accroître les rendements, ou que ce soient les impacts sur les agricultures des pays moins outillés, soumises à rude épreuve par ces systèmes de prix fictifs. Aussi, lorsque l'argument de la productivité a été repris par les sociétés jouant la carte d'organismes génétiquement modifiés (ceci jusqu'à être rendus stériles, pour ne pas pouvoir être récupérés par des tiers), il s'est bien vite fait démasquer pour laisser transparaître le véritable objectif : asservir la planète, en devenant les uniques sources d'approvisionnement des semences.

Enfin, à ce panorama, il faut adjoindre les multiples exemples de produits industriels qui ont réussi à devenir prépondérants sur le marché par la simple vertu d'une agressivité commerciale ayant su s'imposer par la force, et ceci en

[1] C'est-à-dire, montant des subventions inclus.

parfait déni du rapport performance coût vis-à-vis des produits concurrents. Et ceci n'est pas moins vrai dans les secteurs dits de haute technologie comme l'informatique, qui en montre des exemples caricaturaux.

À ce point de la discussion, un premier bilan ne peut que relever une surprenante contradiction. D'une part, les axiomes économiques que sont la concurrence et la "loi de la carotte" continuent à imprimer leur contrainte dans la vie industrielle, ceci jusqu'à une certaine forme de férocité, alors même qu'elle n'est assortie d'aucune authenticité spécifique de la personne, mais relève de stricts relents éthologiques. D'autre part, pourtant, la survie d'une quelconque structure économique n'a aucune chance de se voir assurée si elle n'appelle pas à la rescousse tout un pan procédant de la spécificité de la personne, qui a pour nom l'innovation. Comment ce curieux mélange peut-il bien perdurer sans qu'aucune prise de recul ne vienne y mettre bon ordre ? C'est que tout cela s'appuie sur certaines propriétés accordées a priori à l'argent, considérées comme des axiomes intangibles. Or il se trouve qu'ils ont pour conséquences inéluctables de s'engager dans un processus excluant d'emblée toute possibilité de solution.

14.4 Les dictats de l'argent et leurs incohérences mathématiques

Pour toute initiative, le problème se pose d'emblée de pouvoir faire face au financement initial. Cela va de soi, il faut de toute évidence résoudre la question que soulève la nécessaire prise en charge des besoins des participants à une innovation, durant le préalable incontournable que constitue sa mise en œuvre. À ce jour, pour les petites et moyennes initiatives, elle provient d'un apport de capitaux privés, pour la plupart des cas, lesquels vont se voir dotés d'un droit de propriété et de pouvoir absolu sur l'avenir de l'entreprise, mais également assortis du risque maximal en cas d'échec. En ce qui concerne les très grosses initiatives, nulle part sur la planète, y compris dans les systèmes libéraux les plus féroces, il n'est possible de se priver de l'apport massif des pouvoirs publics. Cela prend le visage de commandes de la part de services publics divers, en premier lieu armée et police, via diverses agences dites de recherche, liées à ces organismes. Or dans ce second cas, les conséquences liées aux subsides financiers sont exactement inverses du premier. En effet, les droits de pouvoir et propriété qui auraient pu retourner aux subsides publics se sont évaporés, mais le risque encouru continue à leur revenir en intégralité. Si, au vu de cette parfaite contradiction, il ressort une évidence, c'est bien celle d'admettre que ce système de gestion de l'apport initial n'a fait l'objet d'aucune réflexion, et relève du simple ukase des maîtres de l'argent.

Que l'argent ait tous les droits aux yeux de celui qui s'y soumet, cela se lit de façon caricaturale dans de multiples exemples, comme en particulier ceux qui montrent le cours d'une action en bourse se mettre à la hausse à la simple annonce de licenciements massifs ! Voilà qui laisserait croire que pour les détenteurs de l'argent, il y aurait contradiction entre leur intérêt et celui des personnes qui font fructifier par leur travail ce même capital ! Il semblerait que ne vienne même pas à leur esprit l'évidence d'une ambiance délétère qui ne peut qu'ainsi s'engendrer, et qui risque de coûter un maximum à l'encontre de tout espoir de meilleure prospérité.

À contempler ces pratiques, s'il existe un qualificatif adéquat à décerner aux rapports créés par le pouvoir dont veut se doter le maître argent, c'est bien le terme de férocité. Par conséquent, il y a lieu de s'interroger sur le bien-fondé des exigences dont il s'est gratifié. Dans un premier temps, il est clair que n'importe quelle tentative d'innovation n'a aucune chance de pouvoir être menée à bon terme sans un apport initial destiné à couvrir au minimum les frais d'installation ainsi que les rémunérations qu'il faudra bien distribuer avant que les recettes suffisantes puissent venir équilibrer les comptes. Dans ces conditions, on concédera aisément que cet apport a droit à rétribution. Voici donc une justification assez incontestable de l'existence d'une bonification pour le prêteur. À ce jour, ce sera le dividende pour l'actionnaire, et d'une façon générale l'intérêt de l'argent.

Mais, là où le bât blesse, c'est qu'un dictat aux conséquences critiques assortit cet intérêt d'un double pouvoir en quelque sorte auto-générateur et éternel. Le premier attribue à l'intérêt le même privilège que pour l'apport initial, et par conséquent il se doit de produire, lui aussi, un intérêt de même ordre. Et le second attribue à ce processus une pérennité sans limite. Mais voilà une absurdité dont la nature relève de la simple explosion exponentielle bien connue. Deux exemples numériques suffiront à illustrer sa démesure.

En tout premier, supposant que la population totale de la planète ait été multipliée par cent depuis le début de l'ère chrétienne, et que la fortune moyenne par tête ait été multipliée par mille (là, on conviendra aisément que l'on est, pour le moment, loin du compte), la question peut être posée de savoir quel doit être l'intérêt moyen de l'argent qui permet d'atteindre ces quantités. Il faut donc résoudre l'équation suivante, dans laquelle x est l'intérêt cherché :

$$(1+x)^{2000} = 100000$$

Le résultat est de l'ordre de 0,34 pour cent ! Autrement dit, tout intérêt supérieur ne peut perdurer qu'à la condition de s'en prendre aux biens d'autrui !

Le second exemple est encore plus dévastateur. Il consiste à supposer que l'on a placé à intérêt composé (conformément au dictat de l'intérêt éternel) la somme de un seul euro à la naissance de l'humanité. Pour ce faire, deux hypothèses peuvent être envisagées. Tout d'abord, on peut se situer à la naissance des hominidés. En réalité, on va se contenter de deux millions d'années, sachant qu'il faut probablement remonter encore plus avant. Ceci dit, cet unique euro placé à 0,002 pour cent (!) aurait produit aujourd'hui, à lui seul, une fortune tellement considérable que, redistribuée aux habitants actuels de la planète, cela approcherait les trente millions d'euros pour chacun d'eux ! On voudrait bien ! D'une autre façon, on peut se contenter de l'apparition de l'espèce *Homo sapiens sapiens*, que le biologiste situe généralement aux alentours de soixante mille ans. Dans ce cas-ci, une fortune de même ordre serait atteinte par habitant, si cet unique euro avait été placé à un intérêt composé de 0,066 pour cent !

Illustrations quelque peu fracassantes, mais qui ne surprendront pas l'ingénieur et tout praticien des domaines techniques : rien ne résiste à l'explosion exponentielle. Or que l'on continue à doter d'emblée l'argent de propriétés déclenchant d'office ce déchaînement, voilà qui ne milite pas en faveur de la moindre prise de recul à ce sujet, et finalement, rien ne permettra de pouvoir éviter la conséquence inéluctable : aucun intérêt composé ne peut perdurer trop longtemps sans finir par emprunter les chemins de l'agression contre autrui.

Bien évidemment sur une courte période, il y a lieu d'affiner ce constat. Il est clair, en effet, que depuis deux siècles, les progrès, au moins dans l'univers occidental, se sont avérés bien supérieurs à tout ce qui a pu advenir auparavant. Aussi un taux d'augmentation un peu plus significatif peut aisément se constater. Toutefois, les chiffres objectifs restent modestes. Par exemple, à l'heure actuelle, un accroissement du PIB[2] de trois pour cent représente une année particulièrement faste. Or même à ce niveau, ces trois pour cent enclenchent très vite l'explosion exponentielle si on les laisse perdurer dans le temps ; cela va se traduire par un PIB multiplié par près de 20 au bout d'un siècle, 370 au bout de deux, 7100 au bout de trois, etc. Bien évidemment, ces chiffres sont au delà de toute réalité censée, même le premier, qui n'est qu'un facteur de pas tout à fait 20 au bout d'un siècle. Et il faudra bien s'attendre à des arrêts brutaux, voire des récessions, pour que tout cela reste dans une fourchette admissible.

Pourtant, il se trouve que le dictat de l'argent situe d'emblée l'intérêt exigible à un niveau bien supérieur à ce taux. Autrement dit, avant toutes choses, la finance tente de se servir à une hauteur supérieure à tout ce qui sera disponible. En effet, supposant que la totalité de l'intérêt de l'argent contient en particulier la valorisation du capital, si ce qui l'excède ne retourne pas intégralement à la consommation cela déclenche ipso facto une explosion exponentielle bien supérieure, qui ne pourra trouver aucune solution purement mathématique. Ainsi à titre d'exemple, si un taux d'accroissement de 3 pour cent fait multiplier par près de 20 au bout d'un siècle, un intérêt composé de 4 pour cent fait multiplier par 50 dans le même temps !

Comme un tel accaparement est mathématiquement impossible, il va bien falloir que divers mécanismes se mettent en branle pour tenter de résorber le problème. Certains sont d'ordre institutionnel, comme les prélèvements fiscaux. Toutefois, ils sont d'un effet très mince, car les détenteurs de l'argent l'anticipent largement ; et au besoin, ils choisiront, lorsque c'est possible, les lieux où le fisc est le plus conciliant. D'autres mécanismes sont purement financiers, et le plus simple est l'inflation. Certes celle-ci reste dans le collimateur des gouvernants lorsqu'elle touche aux biens de consommation courante, mais pas en ce qui concerne les objets de luxe. À titre d'exemple caricatural, il suffit de considérer l'évolution du prix du mètre carré de terrain au centre des grandes villes.

Mais il n'y a aucune raison de croire que tous ces mécanismes suffiront à résorber la tension automatiquement mise en place par le niveau des intérêts exigés d'office. Et il n'y a aucune chance que l'on puisse éviter la répartition non équitable des profits ; et encore, heureux lorsque cela ne va pas dans le

[2]Initiales de : Produit Intérieur Brut.

sens de la paupérisation de certains. Ainsi, le monde agricole montre l'exemple d'un domaine où la productivité s'est accrue dans des proportions considérables depuis un demi-siècle ; mais on peut malheureusement affirmer que cela est resté vraiment peu corrélé avec un accroissement du niveau de vie du producteur. Et dans la même veine, cet ukase de l'argent à vouloir tout accaparer sans vergogne se vérifie régulièrement dans les cas de surproductions agricoles : alors que les distributeurs vont en profiter en se procurant des produits à des prix dramatiques pour l'agriculteur (qui ne paieront même pas leur travail), ils n'en répercuteront que très peu l'effet sur le consommateur ; car pour leur part, il est hors de question qu'ils touchent au montant de leurs marges.[3]

Finalement, il est mathématiquement impossible que l'ukase attribué d'office à l'argent puisse trouver une solution qui puisse éviter l'agression contre autrui. Et tout ceci s'auto-entretient à travers un système qui fait sien des leitmotiv du genre "croître ou mourir", qui se transforment automatiquement en "croître plus vite que les autres ou mourir". Encore une fois, que celui qui a participé a la mise en route d'une activité, via un apport financier, ait droit à rétribution, on voit mal comment le lui refuser. De la même façon, le droit d'auteur constitue un système permettant de rétribuer l'apport culturel auquel chacun aura pu donner le jour, dans un certain nombre de domaines. Mais dans ce cas-ci, ce droit ne perdurera qu'un temps lorsqu'il aura été transmis aux héritiers. Dans la même veine, la durée dont peuvent profiter les avantages accordés à la propriété intellectuelle, protégée par les systèmes de brevets, s'avère encore bien plus courte, et ne dépasse pas, au mieux, un tout petit nombre de dizaines d'années, et la plupart du temps en reste à quelques années. Aussi, on voit mal les raisons qui vont justifier un privilège exorbitant accordé à l'argent en rendant son effet éternel (alors que, encore une fois, cet effet est totalement annulé si l'argent vient de subsides publics !), hormis le fait de découler sans la moindre prise de recul du droit qui était jadis accordé au Prince.

14.5 Repenser les rétributions économiques

Il n'est peut-être pas besoin de davantage s'étendre sur ces aspects, montrant à quel point les régulations économiques actuelles n'ont fait l'objet d'aucune réflexion, mais se sont, petit à petit, construites sur les simples phénomènes d'actions et réactions bâties sur les processus éthologiques. De toutes façons, remettre tout ceci à plat est une nécessité de survie. Si l'on prend à témoin le modeste trois pour cent conduisant à un facteur 20 au bout d'un siècle, force est de constater que rien ne pourra permettre d'atteindre une telle ampleur. La planète a déjà suffisamment été mise à mal par les dérèglements industriels,

[3] Par exemple, si un produit agricole jouit d'un prix moyen de 1 euro à la production, un coût de 4 euros à la consommation est usuel ; d'où il en résulte un montant de 3 euros pour l'ensemble des marges des intermédiaires. Mais, si par malheur un contexte de surproduction fait chuter le coût à la production à 0,60 euro, aucun intermédiaire n'acceptera de baisser sa marge, de sorte que le coût à la consommation va, au mieux, passer de 4 à 3,60 euros ! Et voilà comment un cours dramatique pour le producteur se traduit par un effet à peine perceptible pour le consommateur final.

pour en déduire sans hésitation qu'elle sera complètement détruite bien avant d'avoir atteint ce facteur 20 !

A contrario, que chacun veuille bien, au moins un court instant, se prendre à considérer les individus des groupes adverses non plus comme des membres de tribus concurrentes, mais bien comme des personnes dotées chacune de cette suprême structure qu'est l'instance intime, laquelle ne demande qu'à se manifester dans la communication universelle ; dès lors, toute cette chape de plomb risque bien d'engendrer quelque malaise à se voir si facilement endossée en toute docilité. Car la section précédente, hors de tout état d'âme, ne laisse aucune place à la moindre ambiguïté. En effet, dans un premier temps, s'il n'y a pas de conséquences néfastes à ce que l'apport initial jouisse de gratifications, la propriété qui lui est d'office consentie non seulement de pouvoir durer éternellement, mais également de pouvoir profiter de tous les accroissements provenant de l'éventuelle prospérité de l'entreprise, cela est déjà très curieux, mais en outre, cela est fort dangereux. Très curieux, car cela n'existe nulle part dans la nature ; et d'ailleurs, l'impact concret de l'apport initial dans la bonne marche de l'entreprise, après une dizaine d'années de fonctionnement par exemple, est la plupart du temps devenu assez dérisoire[4]. Alors comment justifier cet énorme avantage qui lui est décerné de pouvoir faire grossir ses gratifications au rythme où progresse l'entreprise ? D'autre part cela est très dangereux, car cela ne pourra pas, dans la pratique, éviter le déclenchement de l'explosion exponentielle. Et celle-ci ne pourra éviter la mise en place d'une foire d'empoigne généralisée avec son cortège de conséquences dramatiques, sans oublier l'impact sur l'environnement, déjà sérieusement pris à partie par les développements industriels anarchiques.

Évidemment, la prise de recul qu'implique une remise à plat ne peut paraître que considérable, tant la vie quotidienne se trouve infiltrée dans ses moindres interstices par tous ces relents d'origine éthologique. Toutefois, on peut estimer suffisamment attisé le malaise dérivant des considérations de la section précédente ; et ne pourra être éludée la nécessité qu'il y a de finir un jour par remettre tout ceci sur le tapis. Et il y a donc lieu de donner un aperçu de quelques principes qui se doivent de présider à une telle remise en cause.

Bien entendu, il va de soi que ces principes ne pourront en aucune façon contredire les résultats déjà acquis. C'est dire, entre autres, qu'aucun ne pourra faire l'objet de démarche coercitive, qu'il s'agisse d'un nouvel arsenal légal, ou tout autre démonstration de force. Ce serait, en effet, remettre tout ceci sous la coupe des rapports de pouvoirs, lesquels ont déjà maintes fois été écartés par ce modèle. En outre, l'histoire pullule de contre-exemples qui ont montré combien toute tentative du genre ne peut éviter de sombrer dans les excès monstrueux envers le respect de la personne. Et de toutes façons, en ce qui concerne un

---

[4] D'ailleurs, à y regarder de près, les curiosités ne manquent pas, étalées par ces privilèges de l'argent. Par exemple, lorsqu'un bien de production a été amorti (c'est-à-dire que son coût a été intégralement remboursé), cela ne peut être que le fruit du travail des salariés. Comment donc justifier qu'après cet amortissement, ceux-ci n'héritent d'aucun droit de propriété sur le susdit bien de production ? En outre, le principe accordant la totalité de la propriété à l'investissement initial devient une véritable incongruité si on le transpose au niveau de la propriété intellectuelle ; ceci impliquerait que toute nouvelle idée utilisant une trouvaille antérieure devrait ipso facto voir sa propriété rétrocédée à la première !

nouvel arsenal légal, l'exemple des pratiques quotidiennes a suffisamment montré la vivacité qu'ont les plus voraces à contourner légalement tout ce qui les gêne.

Par ailleurs, il ne fait aucun doute dans l'esprit de l'économiste libéral que la vision de l'homme à laquelle aboutit son système n'a rien de bien reluisant. Le refrain déjà bien rodé se montre toujours aussi vivace : "telle est la dure réalité de la vie", ou encore "le progrès a un certain coût". D'une façon plus générale, tout défenseur du système libéral est intimement persuadé qu'il s'agit là de la dynamique la plus efficace pour l'avancée de l'homme. C'est pourquoi, en fin de compte, aucun principe prétendant restaurer la primauté de la personne ne peut en aucune façon éluder le défi que lui propose ce même système, à savoir, se montrer encore plus efficace que lui. Or, il se trouve que gagner ce défi représente la seule solution non coercitive pour s'imposer de façon durable. D'où le méta-principe incontournable : aucune règle ne saurait être authentique de la personne si elle ne sait pas se montrer d'emblée plus efficace que les autres.

Le préalable à une remise à plat, évitant toute agressivité inscrite d'emblée dans les règles, doit passer par la nécessité de repenser la gratification consentie à l'argent. Il va de soi que le problème n'est pas simple. Cela tient en tout premier à ce que certains utilisent leurs disponibilités financières pour se constituer un revenu régulier. Aucune considération mathématique ne peut a priori s'opposer à ce principe. Mais faut-il pour autant continuer à l'accepter ? La réponse n'est pas si simple. En tous cas, l'affirmative conduira nécessairement à repenser le problème de la durée à consentir à l'intérêt de l'apport initial, ainsi que l'éventualité de lui attribuer une certaine part de la plus-value engendrée par le développement de l'entreprise. Bref, nécessité il y a, dans ce cas, de repenser tous les problèmes liés a la propriété des biens de production. Une première lignée de réflexion pourrait être d'encapsuler les apports initiaux dans des systèmes qui, d'un côté évitent de leur répercuter les éventuels échecs, mais de l'autre ne restitueraient en cas de succès que des gratifications limitées, à la fois dans le temps, et en quote-part relative. Cela ne se rapprocherait-il pas de la vérité des choses ? Qu'une innovation aboutisse à un succès ou un échec, le prêteur n'en porte vraiment que bien peu de responsabilité !

Mais cette voie n'est pas la seule, car existent déjà des bribes d'autres formes de solution. Les sociétés à caractère mutualiste en sont des exemples. D'autre part, en ce qui concerne les gratifications, des solutions de rechange existent, mais qui ont leur détracteurs, que, bien entendu, il faut bien prendre en compte (c'est le prix à payer pour la création-communication) ; et un bel exemple de débat toujours ouvert dans cet ordre de choses est le système des retraites.

Le système en vigueur en France est le système de la répartition. Il consiste à prélever un certain montant sur les richesses produites par les personnes actives, et de le reverser immédiatement (ou presque), aux retraites. Au vu, d'une part, des sommes colossales en jeu, et d'autre part du prétexte selon lequel l'allongement de la vie va nécessiter des modifications, les serviteurs de l'argent tirent à boulets rouges sur ce principe, et militent pour la mise en place de fonds de pension, c'est-à-dire, en fin de compte, de placements financiers réutilisables à l'heure de la retraite. Que le débat ainsi ouvert ne soit pas encore résolu montre, une fois de plus, combien la prise de recul est bien laborieuse chez les partisans du maître argent. En effet quel que soit le système, il reviendra toujours, de toutes façons, à prélever une partie de la richesse produite par le travail des personnes actives, et la redistribuer aux retraites . Ce constat purement arithmétique aboutit nécessairement à l'équation suivante. Si T est la somme des temps d'activité, R la somme des temps de retraite, et p le coefficient entre le revenu moyen de la retraite et celui du citoyen actif, le pourcentage x du prélèvement sera nécessairement :

$$x = p\frac{R}{T}$$

Par exemple à l'heure actuelle, la durée moyenne de la retraite est de l'ordre de 20 ans, et celle de la vie active de 40 ans ; en outre, un ordre de grandeur de 2/3 s'applique entre le revenu des personnes actives et celui des retraités. D'où il ressort que le coefficient x doit aujourd'hui être de l'ordre de 1/3. Or si la durée de vie du retraité augmente sans que la vie active ne fasse de même, l'arithmétique ne laisse aucune alternative à ce dilemme : ou bien le niveau de vie du retraité baisse, ou bien le pourcentage du prélèvement augmente. Et ceci restera inéluctable, quel que soit le système adopté. Et si certains partisans de l'argent prétendent pouvoir faire mieux, il faudra qu'ils expliquent de quel chapeau ils tireront des ressources supplémentaires. De dividendes et des plus-values issus de fonds de pension ? Mais ceux-ci auront bien dû être prélevés d'une façon ou d'une autre sur la richesse produite par les personnes actives[5] ! Ainsi donc la conclusion suivante est imparable. Si un groupe de personnes réussit à se procurer une retraite nettement au dessus des rapports sus-indiqués, il n'aura pu le faire qu'en se servant dans la part déstinée à d'autres. Par ailleurs, la seule distinction en termes d'efficacité entre les systèmes sera son coût de gestion. Et là, ce n'est pas gagné de réussir à faire croire que gérer des fonds de pension pendant de longues années coûtera moins cher que la simple répartition immédiate !

Par ailleurs, en ce qui concerne le critère clé établi par ce modèle, à savoir le respect absolu revenant à l'instance intime, il n'y a vraiment aucune chance que l'irruption de la finance via les fonds de pension puisse faire aussi bonne figure que la répartition. De même, d'une façon générale, il n'est pas très difficile d'imaginer des méthodes de rétribution basées sur des systèmes similaires, selon lesquels les intervenants se montrant plus spécialement efficaces dans le lance-

[5] Pour celui qui serait tenté de croire que les plus-values effectuées sur les biens industriels échapperaient à cette équation, il y a lieu de rappeler que tous les économistes s'accordent pour reconnaître que le cours d'une action, lissé sur une période suffisamment longue, est en rapport direct avec les richesses accumulées (et encore ! Probablement pas évaluées à hauteur de l'intégralité de leur valeur) et les dividendes effectivement distribués, pondérés par un coefficient représentant le niveau de confiance dans la promesse de dividende à très court terme. Autrement dit, quoi que l'on fasse, la valeur moyenne des actions ne saurait excéder le montant des richesses accumulées, attendu que la pondération sur l'ensemble des actions du coefficient lié à la promesse de dividendes immédiats s'annule globalement. Il en résulte donc que les plus-values sur les actions relèvent, d'une façon ou d'une autre, de prélèvements effectués sur la richesse produite par les personnes actives. C'est d'ailleurs pour cette raison que la valeur d'une action d'une "holding" est toujours inférieure à ce qui résulterait de la somme des actions qu'elle détient en propre ; ceci tient à ce que l'ensemble des bénéfices qui en découle sera nécessairement échancré par le coût de gestion de la holding elle-même.

ment d'une activité puissent bénéficier d'une répartition accrue. Et celle-ci peut prendre effet, ou bien au moment de la retraite, ou bien même dès le décollage de l'entreprise assuré. En outre, cela a toutes les chances de pouvoir se déterminer tout en optimisant le respect de la personne. En effet, dans le contexte actuel, on voit mal comment celui-ci peut rester indemne devant les exorbitantes inégalités de revenu que l'on peut constater aujourd'hui ; et de la même façon, a contrario, un quelconque respect de la personne ne sortirait certainement pas grandi d'un refus d'accorder des gratifications accrues à celui à qui l'on doit la naissance d'une nouvelle activité.

Bref, si l'on veut bien s'en donner la peine, on s'apercevra que les idées ne manqueront pas pour remplacer les droits insolents accordés à l'argent, lesquels conduisent inéluctablement à la foire d'empoigne généralisée, par d'autres systèmes (la répartition pourrait bien en être un) au moins aussi efficaces (dans la mesure où ils ne véhiculent pas intrinsèquement les germes d'agressions mutuelles) et autrement plus respectueux des personnes.

14.6 Quelques traits du choix de société résultant

Évidemment, les gros possédants ne sont absolument pas prêts à entendre ce langage, puisqu'il aurait pour conséquence de leur faire accepter de réduire leurs avantages. Il est trop clair que se complaire dans leurs privilèges ne se peut qu'à condition d'avoir très efficacement éradiqué toute notion qui rappelle de près ou de loin ce qui relève du partage. Cela dit, leur avis est loin de pouvoir posséder, aujourd'hui, un poids qui pourrait, à lui seul, emporter toute décision. Et les droits consentis à l'argent n'ont pu perdurer jusqu'à ce jour que parce que leurs effets ont, en quelque sorte, été démocratisés. Autrement dit, une grande partie de la population est désormais concernée, selon toutes sortes de systèmes de "placements", allant des simples caisses d'épargne jusqu'aux propriétés directes des biens de production via les systèmes boursiers.

Or, pour la très grande majorité des petits propriétaires, l'épargne qu'ils tentent ainsi de constituer ne dépasse guère la perspective d'une préparation à une grosse acquisition qui surpasse largement la consommation courante. Et pour ceux-ci, leur seule préoccupation concernant leur petit patrimoine est que celui-ci évite de se faire éroder par le temps, voire éventuellement qu'il puisse profiter quelque peu de la moyenne de l'accroissement de la fortune du pays, le cas échéant.

Pour toutes ces personnes, il va de soi que le plus clair de leurs forces et de leurs investissements est ailleurs, et, en particulier, se situe dans leur vie de travail. Et pour tous ceux-ci, il ne va pas être très difficile d'attirer leur attention sur les "équations" qui sautent aux yeux de ce modèle, et finalement susciter chez eux un impérieux désir de profonde révision et remise à plat.

En effet ces "équations" établissent deux faits incontournables. D'une part, les lois de l'argent constituent un système qui n'a aucune solution mathématique, et qui ne peut que s'enferrer dans la foire d'empoigne généralisée, laquelle se verra truffée de séismes divers. La crise de 1929 en est un bon exemple ; mais elle pourrait n'être qu'un pâle épisode en regard de ce qui se prépare, avec cette fois des conséquences écologiques à la fois catastrophiques et durables. Et d'autre part, ces lois de l'argent n'ont pas d'autre support que les comportements éthologiques, qui parallèlement constituent le ferment de multiples fonctionnements relevant de l'agression mutuelle, qui constituent une bonne part du cadre de la vie de travail.

C'est pourquoi, plus les argumentaires de ce modèle hanteront les esprits, plus il deviendra évident que l'implacable brutalité engendrée par les privilèges actuels de l'argent vont de pair avec les multiples formes d'agressions qui sévissent sur les lieux de travail ; et finalement plus il deviendra clair que tout ceci s'érige en une barrière étanche à ce que puisse se donner cours la libre expression du bien-être en quelque sorte absolu qui est le propre des composantes fondamentales de la conscience, détermination intime et retentissement intime.

Autrement dit, le maintien de ces dangereux privilèges de l'argent exige la pérennité des lois génétiques comme base de l'organisation du travail. Et ceci édifie un obstacle rédhibitoire à ce que puisse s'épanouir le "j'existe absolument", qui dans le travail en commun n'aurait demandé qu'à se transformer en "nous existons ensemble absolument". Ainsi donc, à participer activement à la foire d'empoigne généralisée, c'est à la fois participer à l'avènement d'un futur aux risques catastrophiques, et c'est en même temps se priver du suprême moment d'existence propre à l'homme. Il est plus que douteux que, devant une telle claire vision, la plupart ne souhaitera pas entreprendre une révision radicale.

Quoiqu'il en soit, la suite de cette section ne va pas se priver d'illustrer quelques composants cruciaux qui exigent une complète remise à plat par la prise en considération d'un tel choix extrême. Il s'agit de la rémunération des participants, de la recherche de consensus pour les décisions, de la hiérarchisation, et enfin de la gratification du capital.

À ce jour, le "principe de la carotte", que l'économiste libéral prétend ériger en loi inéluctable, constitue de fait la règle de conduite que la plupart adopte en vue d'optimiser sa propre part. Pour tous ceux qui s'obstineront à vouloir la faire perdurer malgré l'argumentaire de ce modèle, il n'y aura plus guère de répit à ce qu'ils soient hantés par l'évidence de leur participation à un monde au futur dramatique, et ceci tout en se privant de toute trace de paix intime relevant des composantes fondamentales de la conscience. Pour les autres, on voit mal quelle autre solution ils pourraient envisager que la mise en chantier d'un système où la gratification de chacun optimiserait le respect dû à la personne. En effet, on voit mal comment celui-ci pourrait rester indemne face à une sur-évaluation de certains ou à une sous-évaluation d'autres.

En conséquence, à l'encontre de tout ce qui se passe à ce jour, la gratification à consentir à chacun ne saurait se priver d'une intense effervescence d'échanges, sur la base des principes de la création-communication, en vue d'aboutir à un ensemble d'évaluations qui optimise le respect de la personne. Bien entendu, non seulement le résultat final, mais également les arguments qui le fondent, se devront de figurer dûment répertoriés dans des documents appropriés. Ceci permettra efficacement toute mise à jour, que ce soit en raison d'une meilleure appréciation, ou que ce soit en raison des évolutions de chacun. Le facteur, qui permet à tout ceci de s'établir dans une solidité concrète durable, n'est autre que le retentissement intime. En effet, il n'y a aucune chance que celui-ci puisse perdurer chez quiconque qui a réussi, d'une quelconque façon, à gonfler sa propre part aux dépens de celle des autres. Et donc la survie du retentissement intime exige de chacun qu'il s'abstienne de trop en demander en regard de ce qui est disponible. Dès lors, l'avènement de ce retentissement, ainsi nourri de conserve, risque fort de se traduire en sur-motivation à s'investir dans le travail à venir.

De la même façon, en ce qui concerne les prises de décision, elles restent, à ce jour, le privilège exclusif des divers échelons hiérarchiques auxquelles elles sont d'office attribuées. Et si, d'aventure, quelques-uns de ses membres jugent bon de les faire précéder de quelques préparations, voire de mises en valeur par quelque système de conseil, c'est leur affaire à eux seuls, et cela ne jouit d'aucune sorte de valorisation ni reconnaissance de la part des hiérarchies supérieures. De ce fait, lorsque quelque membre d'une structure donnée juge bien mauvaise une décision qui se prépare, il faut voir les trésors d'habileté qu'il se doit de dépenser, s'il veut que son point de vue reçoive quelque accueil, en avançant sur la pointe des pieds une argumentation qui fasse tous les efforts du monde pour éviter de laisser croire que cela s'inscrit en violation de la loi du dominant ! Tout cela, bien entendu, au beau milieu d'un marasme de frustrations et d'angoisse, propre à tout ce qui se déroule selon les mécanismes éthologiques.

Pour ce modèle, au contraire, il est hors de question de se priver de la création-communication, quel que soit le niveau de décision à prendre. Cependant, dans les structures actuelles, la chose ne coule pas de source. En effet, les lois de l'animalité, base de toutes ces structures, va immédiatement interpréter comme un signe de faiblesse toute requête de validation adressée à un inférieur hiérarchique. Et par conséquent, il va être bien difficile d'enrayer les relents d'agressivité que cela risque fort de déclencher.

C'est pourquoi, là encore, on voit mal comment on pourra se priver de la mise en place de structures spécifiques dont l'objectif est de préparer un consensus universel (au moins à l'intérieur de la structure en question), ceci, une fois de plus, via le processus de création-communication, et où toute étape se doit d'être assortie d'un argumentaire dûment répertorié, servant d'appui aux avancées ultérieures.

En ce qui concerne les aspects hiérarchiques, qui ont été élevés au rang d'impérieuse nécessité pour toute structure d'une certaine complexité, il s'agit là d'une chape de plomb martelée chez tout un chacun, qui, pourtant, se voit opposer de multiples contre-exemples inventés par "mère nature" ; le cas le plus remarquable est celui-là même de la vie. Les êtres vivants que nous sommes, ainsi que ceux que nous croisons tous les jours, sont, en effet, des organismes d'une complexité qui surclassent les plus grosses structures inventées par l'homme. Et pour leur fonctionnement interne, il n'y a tout au plus que des traces de hiérarchie toute locale, et qui n'ont vraiment pas grand chose à voir avec la lourdeur des organisations de l'homme ; mais, en revanche, y pullulent pléthore de systèmes de communications en tous sens, notamment entre les divers organes ; et c'est véritablement sur eux que s'appuie la solidité de la vie.

Peut-être cela va-t-il tempérer l'élan de ceux qui s'apprêtent à invectiver d'utopiques les quelques lignes qui suivent. En effet, pour ce modèle, les seules instances uniques, telles qu'elles ont été évoquées au chapitre 8, doivent être retenues comme jalons d'une organisation spécifique de la personne. Quelques exemples s'imposent. La compétence de chacun est dûment répertoriée, avec argumentaire à la clé, et ceci selon un processus continu, se chargeant des mises à jour apparues nécessaires ; évidemment ce processus est entre les mains d'une instance unique, laquelle a pour critère incontournable de faire apporter l'acquiescement de tous, personnes concernées incluses. D'autres instances uniques sont là pour organiser la mise en place de projets, et pour ce faire elles disposeront du matériel des compétences dûment répertoriées, mis en place par la précédente. Diverses autres instances sont également là pour la gestion de projets ; en réalité, elles ont pour rôle essentiel de faire prendre le recul maximal sur le déroulement, en vue, d'une part, de l'optimiser, et d'autre part, d'accumuler un savoir-faire en matière de gestion de projets, qui pourra être réutilisable ultérieurement. Il existe également des instances dont le rôle sera de définir avec le maximum de précision les capacités de réalisation et production de la structure. Et pour ce faire, elle ne se contentera pas d'un état des lieux, mais s'appliquera à regarder vers le futur, ce qui aura pour effet majeur de dynamiser la perspective de développement. Enfin, d'autres instances ont pour objectif d'optimiser l'adéquation entre ces capacités et les demandes extérieures, avec, au besoin, comme effet de bord, de répercuter des appels à évolutions et progrès internes. Enfin, bien entendu, conformément à leur définition, ces instances ne peuvent en aucune façon imposer de façon discrétionnaire leur point de vue. Et elles se doivent, au contraire, de prendre en considération toute objection, et a fortiori tout apport en provenance de quiconque. Et encore une fois, tout état est dûment répertorié dans des documents où figurent entre autres les arguments fondant le bien-fondé des conclusions finales.

Par ailleurs, ce n'est pas parce qu'une telle structure aura besoin d'une sorte d'instance unique principale, censée la représenter partout à l'extérieur, que pour autant celle-ci se doive de revenir dans le clan de la hiérarchisation ; son caractère de représentativité lui suffira largement. Peut-être lui adjoindra-t-on la responsabilité supplémentaire à bien vérifier que le processus de création-communication fonctionne correctement là où le consensus est encore en gestation. Par ailleurs, une instance unique particulière risque de se montrer nécessaire, concernant les accrocs qui ont toutes chances d'apparaître du fait que rien ne garantit que les relents de l'animalité via les mécanismes éthologiques ne pourront plus faire irruption. Aussi, cette instance se verra confier la charge de rappeler l'implacable logique, déjà maintes fois mise sur le tapis. Faire exister et perdurer le "j'existe absolument" n'a aucune chance de succès si l'on ne passe pas par les susdits processus. Comme par hasard, tout ceci évoque curieusement les multiples systèmes de coopération entre les organes et complexes qui font exister la réalité d'un être vivant[6] !

[6] Pour celui qui aurait besoin de se rafraîchir la mémoire à ce propos, faut-il rappeler comment la pérennité de la vie repose sur de multiples systèmes sans rapport hiérarchique les uns vis-à-vis des autres. Ainsi, en se cantonnant à observer dans les grandes lignes le règne animal ayant colonisé la terre ferme, pour la survie courante, on trouve notamment les systèmes pul-

Enfin, en ce qui concerne la gratification du capital, il suffira de reprendre les considérations du premier point concernant la rémunération des participants. Rien n'empêchera d'imaginer des gratifications qui optimisent le respect de la personne entre les parties. Et si quelqu'un tient encore à rétorquer " celui qui a pris le risque mérite rétribution", voire "plus le risque a été grand, plus la rétribution devra se montrer à la hauteur", ce modèle renchérira : en effet, pourquoi pas ; mais en quoi cela doit-il aboutir à une mainmise démesurée ?

Voici pour les grandes lignes. Il convient toutefois d'insister sur un point clé qui permet à tout ceci de pouvoir perdurer de façon efficace. Il s'agit de la nécessaire matérialisation de tout état des lieux via une documentation appropriée, consultable par tous. À titre d'exemple, l'illustration de ce trait sur la description de la compétence de chacun mérite un petit détour. Par la force des choses, de tels documents vont nécessairement contenir l'historique de la progression de chaque membre. Mais voilà qui va agir comme support matériel à une incitation à encore davantage accentuer sa progression. En d'autres termes, voilà qui remplace avantageusement les plans de carrière chers aux faiseurs de hiérarchie. Ainsi, il ne fait aucun doute que, par ce type de processus, l'incitation à se dépasser non seulement ait complètement changé d'ordre de grandeur, mais également se soit complètement dégagée de toute agressivité, de tout jugement, et même de tout rapport dissymétrique avec autrui. En outre, il paraît indéniable que le fait pour chacun de pouvoir disposer de ce genre de description concernant tout autre protagoniste ne peut que servir de support à cultiver un respect de la personne toujours plus effectif, qui pourra se concrétiser aussi bien en reconnaissances motivantes pour les plus réussies qu'en incitations à aider autrui envers ceux qui se montrent à la traîne.

14.7 L'efficacité découlant de la spécificité de la personne

À l'adresse de ceux qui voudront taxer tout ceci d'utopique, il faut rappeler que c'est déjà ce vers quoi commencent à converger les recherches les plus avancées au niveau planétaire ; en outre, l'argument se généralise vers les domaines de haute technologie : plus le projet est pointu, plus on y progresse au rythme de consensus, en lieu et place de rapports hiérarchiques. Donc démarche pas si irréaliste que cela. D'autre part, loin de toute morale, deux types de dynamismes cruciaux portent cette perspective. En premier, dans tout contexte où les besoins physiques de base ont toute chance d'être assurés, la survie biolo-

monaires pour la respiration, les systèmes circulatoires dépendant du rythme cardiaque, les systèmes digestifs. Pour faire face aux agressions externes, on rencontre les systèmes de cicatrisation, de réparation des os, les systèmes immunitaires. Voici autant de systèmes tous aussi nécessaires les uns que les autres à la survie, qui non seulement se contentent de communiquer entre eux, mais en outre, restent parfaitement hors du bon vouloir du système cérébral, que pourtant on aurait tendance à décorer du titre de maître des lieux. Or, on pourra difficilement taxer ce type d'organisation de fragile utopie, au vu de sa robustesse et sa faculté à relever la tête face aux multiples catastrophes écologiques qu'il a fallu affronter depuis plus d'un tiers de milliard d'années que cela existe.

gique n'a plus d'emprise pour empêcher la libre expression de la personne. Dès lors ces principes correspondent à la manière la plus spécifique de faire exister les personnes, puisqu'il s'agit de respecter la bonne marche pour la meilleure manifestation des composantes de la conscience : détermination intime dans l'investissement des démarches, retentissement intime sanctionnant les résultats obtenus. En second lieu, c'est là que réside, et de loin, la plus grande efficacité, et ceci pour trois raisons au moins.

Tout d'abord les luttes entre les personnes deviennent sans objet. En effet, ces relents propres à l'animal humain vont apparaître de bien dérisoires réductions en regard de tout ce processus cherchant à révéler la spécificité de la personne. D'où un premier pan considérable d'énergie à récupérer. Un autre pan non moins considérable provient de l'économie effectuée à ne pas refaire en double les choses similaires. C'est d'ailleurs l'objectif avoué des mises en commun de la recherche avancée. Enfin, dans aucun autre système, les incitations à produire le meilleur de soi-même, et donc le goût à l'innovation, ne seront aussi prégnantes. Ni les lois du secret ni les rapports d'autorité ne peuvent avoir la moindre prise sur les projets innovatifs correctement motivés. Et celui qui chercherait par trop à dormir sur ses deux oreilles n'aboutirait qu'à un seul résultat : s'écarter de lui-même de l'avancée universelle.

Tout ceci montre au moins une chose ; si tous ces argumentaires sont effectivement valides, il y a toutes les chances que tout groupement ou association jouant à plein ce jeu surclasse en efficacité ses homologues restés rivés aux pratiques actuelles. D'ailleurs, il convient de relever combien l'axiome prétendant accorder le maximum d'efficacité aux organismes soumis au moteur de l'argent se trouve déjà quelque peu mis à mal par l'exemple de maintes sociétés construites dans un cadre dit mutualiste. Le domaine des assurances en montre de nombreux cas, pour lesquels le niveau des prix pratiqués peut difficilement être mis à l'avantage des sociétés usuelles ; comme si la nécessité de distribuer des dividendes toujours plus replets se traduisait en prestations dont le coût peut difficilement être en faveur du consommateur !

Malgré tout, il faut s'attendre à ce que nombreux soient ceux qui seront tentés par le haussement d'épaules, assorti d'un décret péremptoire rembarrant tout ceci à l'état de chamboulement impossible. Chamboulement, en effet, est le mot si l'on se prend à comparer la perspective qui découle de ce modèle avec l'état des lieux à ce jour. Pourtant, une telle crainte n'a pas lieu d'être. En effet, rien n'empêche que les divers éléments ici évoqués ne se mettent en place de façon assez continue. D'ailleurs, encore une fois, cela est déjà en marche pour la recherche fondamentale et la technologie très pointue. Et d'une façon parfaitement similaire, si le banquier d'aujourd'hui a vraiment très peu de chances de se convertir à ces vues, en revanche, rien n'empêche un groupe de personnes convaincues par ces argumentaires de mettre en commun leurs disponibilités pour assister la naissance de structures bien plus proches de ce qui est évoqué ici.

Et de façon encore bien plus concrète, rien n'empêche que des organismes ne mettent en place que certains des éléments ici abordés. Ils sont tous assez indépendants les uns des autres, même si leur efficacité s'optimise à en prendre davantage dans le même mouvement. Or, il se peut fort bien que cela change la face des choses pour nombre d'entre les petites et moyennes entreprises, en ce qui concerne leur avenir immédiat. On ne compte plus, en effet, celles qui ont périclité, essentiellement en vertu de répartition financière ou de rapports hiérarchiques devenus conflictuels au delà de toute mesure. Et pour celles qui retrouvent ce type de marasme, la mise en application des considérations leur correspondant parmi celles qui précèdent pourraient bien constituer la seule et unique chance de survie qui leur reste.

14.8 Ultimes considérations quantitatives

À tout ceci, il faut bien convenir que le spectacle des contradictions qu'affiche le monde actuel est tel que son énoncé exhaustif exigerait encore de multiples chapitres. Toutefois, comment ne pas relever l'une des plus sévères que constitue le spectacle que l'on observe systématiquement dans les grandes villes : alors même que plus aucune pénurie n'existe dans les sociétés occidentales, il y a toujours nombre de personnes réduites à "faire la manche" pour subsister ; et peut-être même ce nombre augmente-t-il.

Qu'il s'agisse là d'un des effets de la foire d'empoigne généralisée relevant des privilèges de l'argent, cela ne fait évidemment aucun doute, puisque c'est bel et bien une déconfiture en matière de ressources financières qui a mis la plupart de ces gens à la rue. Mais ce que l'on aurait tort d'ignorer, c'est que ces effets pervers ont toutes chances de s'accélérer. En effet, d'une part, de multiples raisons militent pour que le taux de croissance s'effrite inexorablement ; c'est que non seulement les incitations cruciales ont disparu, puisqu'il n'y a plus de pénurie, mais en outre, comme l'a bien montré une section antérieure, cet accroissement engendrant une explosion exponentielle, rien ne pourra permettre qu'il perdure bien longtemps. D'autre part, le progrès technique a pour implacable conséquence de réduire continuellement la durée du travail nécessaire pour un résultat identique. Le rapprochement de ces deux termes conduit immédiatement au constat selon lequel l'ensemble du travail disponible ne peut que continuellement décliner, et ceci d'une façon de plus en plus accélérée.

À ceci, il faut encore ajouter l'effet de l'augmentation de la durée de vie, déjà évoquée. Ces deux facteurs vont donc jouer de façon inexorable dans le sens de l'accroissement du rapport entre le temps global d'inactivité et le temps de travail. Dans ces conditions, la solution mécanique du clan de l'argent reviendra, quoi que l'on fasse, à accroître démesurément les prélèvements effectués sur les richesses produites par les personnes actives. En effet, l'hypothèse extrême consistant à réduire comme une peau de chagrin la part des personnes inactives (que ce soit les retraites ou les indemnités de chômage) entraînerait des désordres économiques sévères, de par la réduction résultante de la consommation de ces personnes, représentant une part de plus en plus importante de la population.

Or, il se trouve que la conséquence moult fois évoquée par ce modèle de la nécessaire revalorisation du rôle du citoyen apporte une certaine pondération aux accroissements effrénés auxquels il faudrait s'attendre. En effet, à l'heure actuelle, alors que le temps de travail servant à faire face aux besoins économiques ne peut que s'effriter, en revanche le temps nécessaire pour l'organisation sociale ne peut que croître. L'exemple de l'éducation nationale est criant et tient à ce que, quoi que l'on fasse, la connaissance (même en se cantonnant à la connaissance utile pour l'économie) ne peut que croître, ce qui va nécessairement impacter en conséquence le temps à y consacrer. De la même façon, la gestion de l'ordre social va exiger bien davantage d'énergie.

Et bien voilà une tension qui se résout très naturellement si l'on rehausse le rôle du citoyen à un niveau adulte, aux dépens des fourches caudines du pouvoir qui se doit de décider de tout (et, par voie de conséquence, accumule les dépenses auxquelles il faudra bien faire face). Ainsi donc, coule de source la nécessaire implication responsable des citoyens inactifs à la construction et au progrès social. Et comme par hasard, cela rehaussera, entre autres, à un tout autre niveau le statut des personnes à la retraite, ce qui ne sera rien d'autre que rétablir la place qui devrait être due à l'expérience de l'âge.

En définitive, au vu de tout ce panorama, il n'y a guère de chances que les éléments les plus créatifs de nos sociétés, sur qui l'on compte en ce qui concerne leur investissement le plus intense dans la technicité, acceptent encore longtemps de se voir traînés dans les processus mécaniques de l'animalité d'*Homo sapiens sapiens*, lorsqu'il s'agit de traiter des rapports interpersonnels et sociaux. En effet, à partir du moment où leur apparaît clairement qu'un argumentaire à la hauteur de leurs compétences techniques se montre suffisamment solide pour faire miroiter un corps social d'une toute autre allure, tout investissement dans leur propre métier ne pourrait que davantage asseoir leur détermination à s'engager à changer les choses.

Et les tenants des sociétés bâties sur les rapports éthologiques se prépareraient des lendemains bien difficiles.

Quatrième partie

Appendices

Annexe A

Le symbolisme

Les considérations de la première partie traitent de la signification d'une façon manifestement intemporelle. Rien n'est dit du processus de perception réellement à l'œuvre. Il n'y est partout question que de perceptions achevées. Le parallèle avec une théorie mathématique est évident, puisque là aussi toute présentation s'appliquant à la faire connaître ne s'intéresse qu'aux résultats et à leur preuve ; elle ne se soucie nullement de l'émergence qui a sécrété la naissance de ses objets.

D'ailleurs, traiter ici de la perception dans le temps a tout lieu d'apparaître d'une certaine façon hors sujet, puisque, en effet, l'objectif se circonscrit à tenter une description suffisamment précise des propriétés des significations pour être en mesure d'en déduire un maximum de propriétés concernant l'être capable de les percevoir. Cela ne veut pas dire que le thème est en soi de peu d'intérêt ou encore incohérent avec cette démarche ; il est en quelque sorte hors de l'épure.

Toutefois, il est utile d'en toucher quelques mots ici. Tout d'abord parce qu'il n'est pas inintéressant de tenter de déchiffrer cette sorte de passage à la limite qu'est le franchissement de la perception. Ensuite parce que cela peut servir de cadre d'accueil pour fournir une représentation du fait symbolisme ; or il s'agit là d'un domaine jugé si essentiel dans certains cercles, qu'il vaut mieux pour ce modèle se montrer capable de s'expliquer sur ce thème.

Que ce caractère d'essentiel ne soit pas celui qui lui sera reconnu ici, cela ne constitue pas une observation méritant davantage de considérations que la précaution usuelle : il reste simplement à vérifier pour l'éventuel contradicteur ce en quoi la représentation esquissée ici pourrait se montrer incompatible avec les faits réels.

A.1 La perception dans le temps

Lorsqu'il s'agit de contenus anodins ou déjà parfaitement perçus et assimilés, la perception peut garder un aspect apparemment instantané. Mais ce n'est certes pas le fait de nouveautés fortes, et le cas de l'objet propre n'en est pas le moindre témoin ; sa perception va requérir un labeur d'importance.

En se situant dans un mode conceptuel, l'enjeu est le suivant : percevoir la référenciation d'une nouvelle classe illimitée débordant infiniment le savoir antérieur. Le support comprend l'énoncé (plus ou moins explicite) de la référenciation, ainsi que les propriétés qui caractérisent l'appartenance à cette nouvelle classe. Puisqu'il s'agit d'objets ne figurant pas dans le savoir antérieur, ce support ne peut a priori qu'entraîner une sensation de flou, qui pourra carrément côtoyer le malaise, signe évident témoignant de ce que la perception est loin d'être entérinée. Et cela n'épargne personne, au point que même les mathématiciens ont longtemps été tentés d'attribuer aux nouveaux concepts des noms rappelant le bouleversement auquel cela les obligeait à se confronter. D'ailleurs, ce flou est toujours ce que devra s'appliquer à apprivoiser l'élève ou l'étudiant dès les classes secondaires.

À part quelques surdoués, il y aura tout intérêt, pour tous les autres, à visiter nombre d'exemples, et en tout premier, si possible, montrer comment certains savoirs suffisamment familiers se ramènent à des cas particuliers du nouveau concept. Bien entendu ; il y aura lieu d'illustrer, en parallèle, ce en quoi la connaissance est réellement étendue par ce nouvel intrus, quitte à montrer pourquoi des descriptions impossibles auparavant deviennent désormais accessibles.

Ainsi, pour qui n'a pas l'habitude mathématique, il lui suffira de se remémorer la sensation que lui a infligé l'énoncé de la définition de la relation d'équivalence, administrée dans le cours du premier chapitre. D'ailleurs, même chez la plupart des habitués, il n'est pas besoin d'aller fouiller loin dans leurs souvenirs pour se rappeler à quel point cela les avait laissés pantois. Car cet énoncé n'a à peu près rien à voir avec l'intuition usuelle d'équivalence. Cela tient à ce que sa formulation se refuse à toute obédience envers la connotation habituelle, et n'a recours qu'aux seules deux propriétés qui la caractérisent (transitivité et symétrie).

Pour se convaincre que l'on a ainsi atteint la quintessence de l'équivalence, il faut d'abord visiter un certain nombre d'équivalences bien connues, et vérifier que les deux critères s'appliquent à tous coups. Il faut également s'assurer que pour d'autres relations qui ne sont manifestement pas d'équivalence, au moins une des propriétés manque à l'appel. Par exemple "plus grand" est bien transitif, mais pas symétrique. Enfin, l'ambiguïté se lève sans coup férir, là où le savoir antérieur restait perplexe. Ainsi, "proche", semble intuitivement assez voisin de l'équivalence, et pourtant ne peut en aucune façon prétendre en être une : à prendre une suite suffisamment longue d'éléments tels que deux consécutifs d'entre eux soient proches, cela ne garantit nullement que deux quelconques le soient ; autrement dit, la transitivité n'est pas du tout assurée.

Tous ces exemples et contre-exemples ne sont évidemment pas des représentants réellement valides du nouvel objet à percevoir. Ils ne restent que des illustrations particulières bâties sur le savoir antérieur. En outre, ils ne devront pas se limiter aux seules propriétés de la définition, mais s'appliquer aussi aux résultats les plus marquants. C'est ainsi que la principale propriété de l'équivalence (diviser son domaine en classes disjointes) devra à son tour être le jeu d'exemples. Et la nature de l'équivalence apparaîtra plus clairement comme également caractéristique de cette propriété. Notamment, il ne sera pas anodin de vérifier qu'à toute division d'un ensemble en classes disjointes on peut faire correspondre une relation d'équivalence déterminant une subdivision identique, qui n'est autre que la relation "appartenir à la même classe".

Tout ce parcours, dont nul ne pourra faire l'économie à l'approche du nouvel objet, constitue une étape préliminaire à la perception, dont, pour alléger le langage, il convient de lui attribuer le droit à une notation.

Notation. Une PERCEPTION PARTIELLE est le nom donné à une combinaison associée à l'inclusion de sa signification propre dans une nouvelle signification qui reste à percevoir.

Ceci posé, chacun pourra en témoigner, il n'y a pas continuité entre ces perceptions partielles et la perception pleine et entière du nouvel objet. En effet, pour qui s'est appliqué à pratiquer cet effort long, voire laborieux, fait de multiples perceptions partielles, va finalement se déclencher, en un laps de temps extrêmement court, le déclic ou l'étincelle d'où va s'illuminer l'unification de toutes ces perceptions partielles sous la forme de la signification nouvelle : c'est la première perception authentique de l'objet.

À cet instant, même si tout n'est pas terminé, les impressions besogneuses ont fait place à un retentissement intérieur qui peut, à bon droit, paraître d'un tout autre ordre que les péripéties qui l'ont suscité. Ainsi nombreuses sont les personnes qui ont gardé un souvenir d'une intense sensation intime lors de la première perception, dans le cours de l'enfance, en se découvrant potentiellement capable d'un dénombrement infini.

Ce processus d'accès vers la perception de l'effet radicalement nouveau possède son pendant dans les modes non conceptuels. Ainsi, dans l'univers musical, chercher à percevoir le contenu d'une œuvre d'un genre tout à fait original a vraiment peu de chance de réussite via le rabâchage de cette seule et même œuvre, et c'est au contraire prendre tous les risques d'aboutir à une sensation de rengaine assez vide d'expression. Bien plus efficace sera l'approche consistant à décliner toute une plage d'œuvres du même auteur, qui, pour la plupart, s'avéreront tout aussi inaccessibles dans un premier temps. Et comme pour les modes conceptuels, la durée de cet apprentissage va contraster avec la sensation de jaillissement instantané, lorsque va se déclencher le déclic qui va brusquement organiser tout ceci autour de la perception pleine et entière de la spécificité de l'auteur.

A.2 La perception antérieure aux modes de créativité

Jusqu'ici a été évoquée l'approche de significations nouvelles dans des domaines bien caractérisés, appartenant à des modes de créativité déjà constitués.

On sait y discourir par combinaisons, et les règles de manipulations légitimes y sont clairement identifiées.

Il va de soi que la perception de significations a nécessairement dû passer par une étape plus primitive où sont plus que réduites les possibilités d'agencements pour engendrer de nouveaux objets signifiants. Par voie de conséquence, ces perceptions premières sont loin de posséder le caractère d'évidence qui leur est octroyé aujourd'hui. Comme le processus en jeu n'a rien d'automatique, il faut bien remplacer par quelque opération le système de perceptions partielles propres aux âges plus avancés.

Ceci va se faire par l'insertion du support de l'objet à percevoir (ou de son nom) dans celui d'autres significations censées l'utiliser. Il s'agit en quelque sorte d'une combinaison entièrement constituée d'objets liés. Certes, à un niveau de développement ultérieur, des représentations conceptuelles (au moins pour partie) pourront prendre le relai. Mais une telle étape plus primitive a nécessairement dû exister. D'où l'utilité de nommer les choses.

Notation. Est dénotée PRÉ-PERCEPTION la signification propre d'une combinaison ne contenant que des objets liés (ou leur nom), dans un domaine où les manipulations légitimes ne peuvent être représentées de façon conceptuelle.

Ainsi, de multiples pré-perceptions peuvent s'organiser autour d'un thème en constituant leur point central. C'est bien pourquoi dans ce genre de contexte, les messages importants sont très souvent transmis au travers de récits d'événements concrets, dans la narration d'une histoire, censés exprimer judicieusement l'objet à communiquer.

A.3 Le symbole

Dans le concert des perceptions à l'honneur dans les sociétés primitives, en existent bon nombre dont les pré-perceptions associées figurent dans les canons culturels en place. Ainsi, peut se définir :

Notation. Est dit SYMBOLE un système de pré-perceptions concernant un objet signifiant précis, ce système étant entièrement codifié dans un environnement culturel donné.

Un symbole est donc inscrit dans une convention universellement adoptée dans un univers culturel donné. Les combinaisons que sont les pré-perceptions en sont les rites associés. C'est ainsi que dans de nombreuses pratiques religieuses, une certaine intention de purification se trouve ainsi encapsulée dans des rites où l'eau joue un rôle prépondérant.

La propriété de signification liée, où tout cela s'encastre, laisse entendre que dans nombre de cas, le tout possède des racines éthologiques indiscutables. C'est le cas pour l'eau ci-dessus, pour le soleil chez les égyptiens et aztèques, ainsi que bien d'autres. Ceci explique sans doute de nombreuses constantes se retrouvant dans de multiples sociétés disparates, sans lien apparent entre elles.

A.4 Perspective du symbolisme

Pour qu'il y ait symbole au sens ci-dessus, il est nécessaire que la pré-perception soit le seul mode d'accès vraiment disponible, mais aussi qu'un consensus en fixe clairement l'agencement dans un univers donné. Dans ces conditions, il est douteux que de nouveaux symboles émergent là où le conceptuel est déjà bien avancé.

En revanche, il peut fort bien subsister là où un tel acquis n'est plus complètement actuel. Et ceci concerne au moins deux situations que sont la petite enfance et le rêve. En outre, le processus de pré-perception reste le seul accès possible pour ce qui ne saurait se représenter en termes signifiants ; y figurent notamment, si l'on en croit les déductions du chapitre 9, les effets de conscience et les relations interpersonnelles.

En tout premier, en ce qui concerne la petite enfance, le symbolisme, et plus généralement la pré-perception, est un détour dont il serait vraiment hasardeux de se passer à l'égard des premières expériences signifiantes, et pour cause ! Le développement conceptuel en est encore à ses premiers balbutiements. C'est pourquoi est élaborée toute une batterie de pré-perceptions qui est exploitée pour rédiger les récits pour enfants et constituant par là-même le matériau avec lequel ils sont construits. Les personnages sont des animaux dont l'essence même du comportement qui leur est conventionnellement décerné correspond à un système de pré-perceptions caractérisées. De la même façon, dans le rêve où les moyens d'expression conceptuelle sont ramenés à très faible niveau, nombre de scènes sont représentées en termes de pré-perceptions. Par extension de la notion de symbolisme posée ici, ces pré-perceptions sont souvent dénotées symboles, dans des cercles spécialisés. Ici, le critère de représentativité dans un système culturel précis semble supplanté par celui d'une certaine répétitivité ou même de simples canons propres à une "école" donnée.

Dans un tout autre ordre d'idée, existent des expériences qui ne sauraient se représenter en termes signifiants, parmi lesquelles figurent au moins les effets de conscience et les relations interpersonnelles. En ce qui concerne les premiers, la seconde partie s'est expliquée à leur sujet. Pour les secondes, il faut convenir que vouloir a priori réduire l'amour à un jeu de concepts induit quelque chose de suffisamment choquant pour que celui qui voudrait insister dans cette voie s'arme d'un argumentaire particulièrement serré.

La façon usuelle de rendre compte de ce qui relève de ces domaines ne peut faire l'économie de passer par un système équivalent à la pré-perception. L'effet à produire est encapsulé dans un récit de faits et d'expériences, qui est censé le reproduire. Le roman, le théâtre et le cinéma sont autant de modes où les thèmes sont tapissés de pré-perceptions de cette sorte. Que l'on puisse en discuter l'effet obtenu (le critique d'art s'en charge quelquefois plus que de raison), il n'empêche que, de par la reconnaissance universelle qu'engendrent les plus réussis d'entre eux, il faille convenir que le résultat ait bel et bien atteint un niveau d'authenticité indiscutable.

Annexe B

Relations entre instances intimes

Tout ce modèle s'est développé à l'abri de toute intervention d'ukase, et même de moralisation. Jamais il ne s'attarde à dire ce qu'il faut faire, et n'a eu nul besoin d'introduire les concepts de bien et de mal. Il s'est contenté de dégager ce qui est spécifique de la personne, et par voie de conséquence de distinguer ceci de ce qui relève de la nature de primate d'*Homo sapiens sapiens*.

Ce faisant, le bilan final ne se réduit nullement à un jeu purement intellectuel, déterminant ce qui est d'origine physique et ce qui appartient à la personne. Si c'était le cas, le contradicteur aurait beau jeu d'enchérir : la belle affaire ! Or au contraire, tout ce qui a trait à la spécificité de la personne se trouve être le foyer de tout un espace de bien-être intrinsèque, représenté par les composantes fondamentales de la conscience, retentissement intime et détermination intime, que rien ne peut empêcher de prendre infailliblement le pas sur les avatars d'origine animale. Et à cet égard, on ne court guère de risque de se tromper en assurant que tout un chacun est plus ou moins clairement hanté par une certaine vibration intime s'inscrivant dans une sorte de transcendance résultante propre à la personne. Et même, il y a tout lieu de penser que tous les systèmes moralistes ont leur source dans cette sensation, avant, bien sûr, de se fourvoyer dans des rigidités réductrices, aboutissement inéluctable de toute tentative de codification de cette transcendance.

Ainsi, respecter la spécificité de la personne n'est pas un jeu gratuit, mais sécrète nécessairement des moments de sentiment d'existence non accessible autrement, et par ailleurs se charge d'une ambiance de sérénité hors d'atteinte par toute autre voie. C'est pourquoi, la seule et unique façon qu'a un corps social de se montrer compatible avec cette spécificité, est non pas de se livrer à pléthore de régentements de toutes sortes, mais bien d'assister sans relâche ceux qui sombrent de façon trop évidente dans l'animalité, pour les aider à sortir la tête de l'eau, avec, pour principal instrument, de leur apporter la conviction de la gratification toute spéciale qu'ils vont découvrir en eux-mêmes à se comporter comme des personnes.

Toutefois, tout ceci n'a guère de connexion évidente avec ce que recouvre usuellement le concept d'amour. Certes, certaines expériences s'en rapprochent, comme la connivence qui sanctionne la célébration de la valeur universelle de toute perception, et aussi, dans une certaine mesure, le respect de la personne, lorsqu'il est cultivé à l'égard de ceux qui constituent l'entourage quotidien. Mais, il est loin d'être certain que tout puisse se réduire à cela. Il manque dans ce cas, en effet, quelque trait qui puisse spécifiquement s'appliquer à une personne précise pour pouvoir prétendre que l'on ait pu en rendre compte. Bien entendu, il ne rentre pas dans les habitudes de ce modèle de décréter que, sous prétexte qu'il n'a encore rien dégagé de tel, il faudrait conclure que rien de cet ordre ne saurait exister. C'est pourquoi, dans cet esprit, les quelques lignes qui suivent sont là pour tenter de débroussailler le chemin par lequel ceci pourrait s'explorer avec quelque précision.

Cela n'est pas lui faire injure, la relation amoureuse ne peut certes pas, à ce jour, faire l'objet de considérations possédant un niveau de rigueur comparable avec ce qui précède. Dans un premier temps on conviendra que le terme "amour" recouvre des faits bien trop disparates pour désigner partout la même pratique. Entre l'amour captatif montré par certains et une relation touchante de fidélité cultivée par d'autres, il y a un monde. De même lorsque Jésus de Nazareth affirme qu'il n'y a pas de plus grand amour que de donner sa vie pour ses amis, on voit mal le rapport qui peut exister avec l'inquisition qui prétendait mettre sur le bûcher au nom du même amour !

Un examen quelque peu attentif conduit donc à suspecter que sous ce même terme sont rangés des comportements purement mécaniques d'une part, et des aspirations relevant d'un tout autre domaine d'autre part. Ceci va s'illustrer au travers de trois types d'expériences : la relation de couple, la relation entre parent et enfant, la relation de fête.

La relation de couple est l'exemple même qui recèle le maximum d'ambiguïté. D'une part, elle est construite autour d'un fait de prime abord parfaitement biologique qui est le rapport sexuel. En tant que tel celui-ci peut fort bien se cantonner à une simple expérience de jouissance physique. Et c'est bien comme cela qu'il est souvent pratiqué aujourd'hui. Mais dans ce cas, il n'est guère question de relation de couple. Celle-ci ne saurait par conséquent se réduire à une telle conduite. Par ailleurs, il est totalement non crédible que puisse exister un comportement d'origine biologique sur lequel ne puisse se greffer d'expérience spécifique de l'homme, et qui, en particulier, ici de façon très évidente, se développe dans une sensation de fête du corps. Et finalement, il vaut mieux éviter de traiter de menteurs tous ceux pour qui cette festivité vécue dans une intimité physique extrême qu'est l'acte sexuel devient le support d'une intimité qui se veut non moins extrême en bien d'autres domaines, ce qui peut à son tour conduire à une connivence elle aussi extrême en son genre.

Que cette connivence puisse exister, tout le monde en conviendra. Ce qui pose quelque problème cependant, c'est qu'elle puisse perdurer d'une façon qui contredit tout ce qui se passe chez les espèces voisines (au sens génétique). Une explication qui mettrait en avant l'échange à base de significations comme moteur alimentant cette relation en sorte que cela puisse s'auto-entretenir, cela trouverait bien peu de partisans. Et c'est même son contraire qui est brandi par les opposants au bien-fondé d'une relation de couple durable : l'effervescence suscitée par la communication de significations est bien mieux ravivée en multipliant les partenaires. Par conséquent se révèle bel et bien un dilemme. La relation de couple durable est-elle une absurdité, ou bien alors, rélève-t-elle d'un fait d'une autre nature entre les personnes ?

La relation entre parents et enfants s'appuie elle aussi sur un donné génétique, par conséquent d'origine mécanique. Toutefois, ce donné est moins évident pour le père. Si l'on s'en tient aux comparatifs avec les grands singes, le père a tout au plus, principalement lorsqu'il est dominant, un rôle de protecteur envers l'ensemble de la tribu, mais pas vraiment de relation spécifique avec ses propres enfants. Mais de toute façon, pour les deux sexes, la relation avec leur progéniture s'atténue implacablement avec le temps, et ceci au point de se transformer en véritable rejet des enfants devenus adultes. Au contraire, les deux parents chez *Homo.sapiens.sapiens*, pour la plupart d'entre eux, développent des liens d'attachement envers leurs enfants qui, en parfaite contradiction avec ce qui se passe chez l'animal, ne seront en rien atténués avec le temps. En outre, il est quelque peu téméraire d'assurer que cet attachement trouve sa source de pérennité dans le renouvellement d'expériences signifiantes. La remarque, selon laquelle la fidélité dûment vécue dans la relation amoureuse ne doive pas grand chose à un conditionnement signifiant peut se prolonger à l'identique ici. Il paraît non crédible que l'attachement des parents pour leurs enfants puisse trouver ses racines dans des expériences signifiantes précises.

Enfin, dans le cours d'ambiances de fêtes réussies, se tissent des liens qui eux aussi évoquent indiscutablement une forme de connivence qui ne semble pas devoir grand chose à une attirance qui serait issue d'échanges en termes de significations. Et même, il se peut bien que l'on ne puisse pas circonscrire cette complicité à un ensemble de personnes bien précis.

Ces quelques lignes suggèrent une piste de lecture qui reste à explorer. Existeraient de véritables liens entre les personnes, dotés d'une connotation toute particulière en termes de connivence, qui, si de toute évidence ils ne peuvent se réduire au mécanisme, ne peuvent pourtant pas davantage émerger d'expériences signifiantes précises.

D'où la question : n'existerait-il pas entre instances intimes une forme de relation qui ne passerait pas par la détection signifiante, et qui pourtant serait parfaitement du ressort de cette même instance intime et l'atteindrait pleinement ? Dès lors, toute manifestation authentique de l'amour ne serait-elle pas façonnée selon la spécificité de cette relation directe ?

Il en résulterait naturellement des amendements à apporter aux phénomènes de conscience. Et en particulier, il y aurait lieu de répertorier les conséquences additionnelles que cela induit, puisque, manifestement, il y aurait là une nouvelle classe de composantes fondamentales de la conscience, au sens de ce modèle. Il va de soi que cela ne pourrait que faire abondamment renchérir sur les remises à plat quelque peu radicales esquissées ici, en particulier celles que n'ont pu s'abstenir d'évoquer les deux derniers chapitres.

SCIENCES ET SCIENCES COGNITIVES

EXPÉRIENCES DE LA MODÉLISATION, MODÉLISATION DE L'EXPÉRIENCE
LERBET-SERENI Frédérique
La notion de complexité devient opératoire si elle permet de sortir du mythe positiviste selon lequel "l'explication" d'un phénomène impose d'en traiter en " éliminant le contexte". S'attacher à la complexité, c'est introduire une certaine manière de traiter le réel, c'est reconnaître que la modélisation se construit comme un point de vue pris et assumé sur le réel. C'est dans cet esprit qu'une pluralité de points de vue se tisse dans cet ouvrage autour d'un "objet" : le processus de modélisation. C'est un questionnement critique sur notre propre rapport au modèle que nous invite cet ouvrage.
(Coll. Ingénium, 16 €, 174 p) *ISBN 2-7475-7040-1*

HERBERT SIMON ET LES SCIENCES DE CONCEPTION
DEMAILLY André
préface de Jean-Louis LE MOIGNE
Herbert Simon (1916-2001) est l'un des rares penseurs et scientifiques du 20e siècle qui aient excellé dans les domaines les plus divers comme la psychologie, les sciences politiques, la recherche opérationnelle ou le management. Cet ouvrage retrace son cheminement, en s'aidant du fil d'Ariane de la conception ("design") qu'il met au cœur des sciences de l'artificiel (réaliser ce qui n'existe pas encore, en évoquant "ce qu'il pourrait être" pour atteindre tel ou tel but) et du naturel (rendre intelligible ce qui existe déjà, en imaginant "ce qu'il devrait être" s'il visait telle ou telle fin).
(Coll. Ingénium, 21.20 €, 243 p) *ISBN 2-7475-6827-X*

LUCIEN CUÉNOT
L'intuition naturaliste
CHOMARD-LEXA Annette
Préface de Jean Gayon
Avant-propos d'André Rossinot
Cette étude, basée sur la découverte d'archives inédites, fait revivre un des derniers grands naturalistes français du XXe siècle, Lucien Cuénot (1866-1951). Il fut le premier biologiste français à adopter d'emblée le néo-darwinisme, dans une France lamarckiste, hostile au courant darwinien anglo-saxon. Ce libre penseur fut l'un des pionniers de la génétique. L'analyse de son oeuvre scientifique, à la lumière des apports de la biologie contemporaine, offre un éclairage nouveau sur les raisons complexes de son éclipse imméritée.
(Coll. Mouvement des savoirs, 31 €, 364 p) *ISBN 2-7475-6153-4*

NEUROSCIENCES DE L'ÉDUCATION

Centre et apprentissage

DWORCZAK Fabien

De nouvelles méthodes permettent d'explorer les différences interindividuelles dans l'anatomie du cerveau et dans ses modalités de fonctionnement. Dans le futur, la nouveauté des résultats qu'apporteront les techniques de neuro-imagerie sera directement conditionnée par la qualité des paradigmes cognitifs qui seront mis en œuvre pour sonder l'esprit. Ces résultats influenceront la conduite des actes éducatifs et de formation : remédiations pour les dyslexiques, nouveaux apports pour l'apprentissage de la lecture, traitement des dyscalculies et des troubles des apprentissages...

(Coll. Mouvement des Savoirs, 25 €, 293 p) *ISBN 2-7475-7342-7*

PASTEUR ET LA PHILOSOPHIE

PINET Patrice

Cette étude sur les rapports de Pasteur avec la philosophie et les philosophes veut combler une lacune. Si quelques études existent sur l'œuvre de Pasteur d'un point de vue épistémologique ou sociologique, aucune ne traite des sources philosophiques de son œuvre scientifique et de sa pensée intime. L'esprit de Pasteur, s'il est gouverné par l'activité scientifique, recèle des convictions intuitives ou ancrées par son éducation. Pasteur est donc analysé en tant que philosophe, malgré lui, puisqu'il voulait séparer totalement les domaines de la science et de la philosophie.

(Coll. Acteur de la Sciences, 20,50 €, 234 p) *ISBN 2-7475-7266-8*

LE PROFESSEUR JEAN BRACHET, MON PÈRE

Biologiste moléculaire

BRACHET Lise

Préface du professeur André JAUMOTTE

A l'aube de sa trajectoire scientifique, Jean Brachet s'est vu offrir par son Maître Albert Dalcq, embryologiste inspiré et justement réputé, un choix entre deux sujets : les acides nucléiques ou les rayons mitogènes. On peut se demander de combien le développement explosif de la biologie moléculaire eût été retardé si Jean Brachet n'avait pas fait le bon choix ! Son livre le plus connu, L'embryologie chimique, a nourri des générations de chercheurs. La fille de Jean Brachet a pris l'initiative de lui consacrer ce livre, tant que certains de ses collaborateurs sont encore là pour témoigner.

(Coll. Acteurs de la science, 20.50 €, 211 p) *ISBN 2-7475-7497-0*

REGARDS SUR LES BIOTECHNOLOGIES

sous la direction de Claude DURAND

Les découvertes de biotechnologies avec le décryptage du génome humain, le clonage d'animaux, les interventions transgéniques sur les plantes, le développement des OGM, se révèlent avoir, outre leur intérêt scientifique, un impact économique et social considérable. Les effets thérapeutiques, économiques et sociaux attendus de

l'application des nouvelles technologies se heurtent à une mise en question éthique et sécuritaire de plus en plus vigilante.
(Coll. sciences et société, 27 €, 296 p) *ISBN 2-7475-5789-8*

LA RELATIVITÉ. Poincaré et Einstein, Planck, Hilbert
Histoire véridique de la Théorie de la Relativité
LEVEUGLE Jules
Il est aujourd'hui de plus en plus souvent reconnu que Henri Poincaré et Hendrik Antoon Lorentz sont les véritables fondateurs de la théorie de la Relativité et que "l'article fondateur" d'Albert Einstein, en 1905, est une compilation de leurs travaux. Un tel secret a été possible parce que la "Belle Epoque" n'est pas une période normale, c'est une époque de nationalisme déchaîné et pour les scientifiques allemands de l'Université de Göttigen il fallait absolument que cette découverte revienne à l'Allemagne.
(25 €, 330 p) *ISBN 2-7475-6862-8*

LES SAVOIRS D'ACTION. Une mise en mot des compétences?
BARBIER Jean-Marie, GALATANU Olga.
Groupe "Savoirs d'action" du CNAM
coordonné par J.M. BARBIER et O. GALATANU
L'association à la fois vertueuse et paradoxale des savoirs et de l'action est-elle pertinente? Pourquoi les savoirs d'action sont-ils autant valorisés aujourd'hui? Comment peuvent-ils être définis? Quels rapports entretiennent-ils avec les capacités et les compétences? Dans quels contextes sociaux sont-ils énoncés? Quelle est leur fonction sociale? Les auteurs de cet ouvrage ont investi ces questions dans l'étude de cinq situations professionnelles ayant donné lieu à énonciation de savoirs d'action (contrôleurs de gestion, enseignants, kinés, concepteurs-formateurs, monde agricole).
(Coll. Action et Savoir, 27 €, 324 p) *ISBN 2-7475-6903-9*

Achevé d'imprimer par Corlet Numérique - 14110 Condé-sur-Noireau
N° d'Imprimeur : 754458 - Octobre 2017 - Imprimé en France

Made in the USA
Monee, IL
05 November 2026

67808184R00146